"十三五"职业教育系列教材

液晶电视原理与实践

主　编　孙宏伟

副主编　赵　凤　宋　睿　涂代国　李东林

编　写　刘　波　闫　伟　简元金　申　勇

　　　　罗　庚　何义奎　文福林　王　静

　　　　张迪茜　刘晓杰

中国电力出版社
CHINA ELECTRIC POWER PRESS

内 容 提 要

本书为"十三五"职业教育系列教材。

本书从实用出发,系统地介绍了电视的基本知识、液晶电视的原理与维修、数字电视实用技术和 3D 电视技术,并在讲述基本概念和原理的同时,结合康佳、TCL、海信等品牌机型的典型故障检修实例进行分析和介绍,有助于读者对液晶电视技术有一个全面的认识,更好地掌握液晶电视的相关知识和维修技术。其内容丰富,层次分明,系统性强,实用性强。

本书可作为高职高专院校无线电技术、应用电子技术、电子信息工程技术和电子声像技术专业教材,也可供有关技术人员阅读参考。

图书在版编目(CIP)数据

液晶电视原理与实践/孙宏伟主编. —北京:中国电力出版社,2017.2(2024.1重印)

"十三五"职业教育规划教材

ISBN 978-7-5198-0162-5

Ⅰ.①液… Ⅱ.①孙… Ⅲ.①液晶电视机-职业教育-教材 Ⅳ.①TN949.192

中国版本图书馆 CIP 数据核字(2017)第 006174 号

中国电力出版社出版、发行

(北京市东城区北京站西街 19 号 100005 http://www.cepp.sgcc.com.cn)

北京九州迅驰传媒文化有限公司印刷

各地新华书店经售

*

2017 年 2 月第一版 2024 年 1 月北京第六次印刷

787 毫米×1092 毫米 16 开本 14.75 印张 358 千字

定价 36.00 元

前　言

随着人们生活质量的不断提高以及对生活品质的追求，电视已经由原来的黑白电视演变为后来的彩色电视，以及现在的液晶电视。液晶电视已成为电视机市场的主流产品，现在的液晶电视可以装载操作系统，加载应用程序，打破了单一功能模式，并通过网线、无线网络即可上网。为了使相关专业的学生、技术人员对电视技术有所了解和认识，作者编写了此书。

本书共8个项目。项目一讲述电视信号产生与发送的基本理论；项目二讲述液晶电视整机结构；项目三讲述液晶电视电源和DC/DC变换电路故障检修；项目四讲述液晶电视信号处理与控制电路故障检修；项目五讲述液晶电视背光源与高压逆变电路；项目六讲述液晶面板接口与T-CON电路故障检修；项目七讲述数字电视实用技术；项目八讲述3D电视技术。在每个项目后面除了配套练习题外，还有实践训练。

本书体现了高职教育的特色，针对高等技术应用型人才的培养目标和高职高专的特点编写。书中正确处理了理论知识和技术应用的关系，理论知识的讲授以技术应用为目的，强调应用性；正确处理了传统内容与新知识、新技术的关系，使内容具有先进性；同时理论联系实际，使教材具有实用性。

本书主编孙宏伟，副主编赵凤、宋睿、涂代国、李东林，参加部分编写工作的还有刘波、闫伟、简元金、申勇、罗庚、何义奎、文福林、王静、张迪茜、刘晓杰等。

由于电视技术的不断发展，作者水平和经验有限，若书中存在不足和疏漏，敬请读者批评指正。

孙宏伟

2016 年 10 月

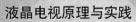
目　　录

绪　　论

电视，是 20 世纪人类最伟大的发明之一。

1. 电视发明技术简介

电视不是哪一个人的发明创造。它是一大群位于不同历史时期和国度的人们共同的结晶。早在 19 世纪时，人们就开始讨论和探索将图像转变成电子信号的方法。

俄裔德国科学家保尔·尼普可夫在柏林大学学习物理学期间，开始设想能否用电把图像传送到远方？此后他开始了前所未有的探索。经过艰苦的努力，他发现，如果把影像分成单个像点，就极有可能把人或景物的影像传送到远方。不久，一台叫作"电视望远镜"的仪器问世了。这是一种光电机械扫描圆盘，它看上去笨头笨脑的，但极富独创性。1884 年 11 月 6 日，尼普可夫把他的这项发明申报给柏林皇家专利局。这是世界电视史上的第一个专利。专利中描述了电视工作的三个基本要素：①把图像分解成像素，逐个传输；②像素的传输逐行进行；③用画面传送运动过程时，许多画面快速逐一出现，在眼中这个过程融合为一。这是后来所有电视技术发展的基础原理，甚至今天的电视仍然是按照这些基本原理工作的。

英国发明家约翰·贝尔德对尼普可夫的天才设想兴趣极大。1924 年，他采用两个尼普可夫圆盘，首次在相距 122cm（4in）远的地方传送了一幅十字剪影画。后来他成立了"贝尔德电视发展公司"。随着技术和设备的不断改进，贝尔德电视的传送距离有了较大的增加，电视屏幕上也首次出现了色彩。贝尔德本人则被后来的英国人尊称为"电视之父"。

德国科学家卡罗鲁斯也在电视研制方面做出了令人瞩目的成就。1942 年，卡罗鲁斯小组设计出比贝尔德的电视要清晰许多的机械电视。

1897 年，德国的物理学家布劳恩发明了一种带荧光屏的阴极射线管。当电子束撞击时，荧光屏上会发出亮光。1906 年，布劳恩的两位助手用这种阴极射线管制造了一台画面接收机，进行静止图像重现。

1931 年，俄裔美国科学家兹沃雷金完成了使电视摄像与显像完全电子化的过程，开辟了电子电视的时代。

1936 年，英国广播公司采用贝尔德机电式电视广播，第一次播出了具有较高清晰度，步入实用阶段的电视图像。1939 年，美国无线电公司开始播送全电子式电视。瑞士菲普发明第一台黑白电视投影机。1940 年，美国古尔马研制出机电式彩色电视系统。1949 年 12 月 17 日，开通使用第一条敷设在英国伦敦与苏登·可尔菲尔特之间的电视电缆。1951 年，美国 H. 洛发明三枪荫罩式彩色显像管，洛伦期发明单枪式彩色显像管。1954 年，美国得克萨期仪器公司研制出第一台全晶体管电视接收机。1966 年，美国无线电公司研制出集成电路电视机。3 年后又生产出具有电子调谐装置的彩色电视接收机。

2. 我国电视工业发展简介

1965 年，我国第一台黑白电视机北京牌 35.6cm（14in）黑白电视机在天津 712 厂诞生。

1970 年 12 月 26 日，我国第一台彩色电视机在同一地点诞生，从此拉开了中国彩电的生产序幕。

　　1978 年，国家批准引进第一条彩电生产线，定点在原上海电视机厂即现在的上海广电（集团）有限公司，1982 年 10 月竣工投产。不久，国内第一个生产彩色显像管的咸阳彩虹厂成立。这期间我国彩电业迅速升温，并很快形成规模，全国引进大大小小彩电生产线 100 条，并涌现出"熊猫""金星""牡丹""飞跃"等一大批国产品牌。

　　1985 年，中国电视机产量已达 1663 万台，超过了美国，仅次于日本，成为世界第二大的电视机生产大国。但电视机普及率还很低，城乡每百户拥有电视机量分别只有 17.2 台和 0.8 台。

　　1987 年，我国电视机产量已达到 1934 万台，超过了日本，成为世界最大的电视机生产国。

　　1985—1993 年，中国彩电市场实现了大规模从黑白电视机替换到彩色电视机的升级换代。

　　1993 年，TCL 在上半年就开始推出"TCL 王牌"大屏幕彩电，74cm（29in）彩电的市场价格在 6000 元左右。

　　1996 年 3 月，"长虹"向全国发布了第一次大规模的降价宣言，打响了彩电工业历史上规模空前的价格战。国产品牌通过价格将国外品牌的大量市场份额夺在手中，同时也导致整个中国彩电业的大洗牌，几十家彩电生产厂商从此退出。

　　1999 年，消费级等离子彩电出现在国内商场。当时 101.6cm（40in）等离子彩电的价格在十几万元。

　　2001 年中国彩电业大面积亏损，这种局面直到 2002 年才通过技术提升得以扭转。

　　2002 年，"长虹"宣布研制成功了中国首台屏幕最大的液晶电视。其屏幕尺寸大大突破 56cm（22in）的传统业界极限，屏幕尺寸达到了 76.2m（30in），当时被誉为"中国第一屏"。

　　2002 年，TCL 发动等离子彩电"普及风暴"，开启了等离子电视走向消费者家庭的大门。"海信"随即跟进。

　　2003 年 4 月，"长虹"掀起背投彩电普及计划，背投电视最高降幅达 40%。

　　2004 年，中国彩电总销量是 3500 万台，其中平板彩电销量达 40 万台。从 2004 年 10 月开始，平板彩电在国内几个大城市市场的销售额首次超过了传统 CRT 彩电。

　　2005 年上半年，我国平板彩电的销售量达到 72.5 万台，同比增长 260%，城市家庭液晶电视拥有率达到了 3.56%，等离子电视拥有率达到了 2.81%。

　　2006 年平板电视销售有了一定的规模，产量接近 500 万台。在北京、上海、广州等主要城市，平板电视的销售量约占电视总销售量的 40%，销售额已占总销售额的 85%。

　　2007 年，液晶电视急速放量，迅速拉开了与传统 CRT 彩电的差距，并将等离子电视甩在身后。传统的 CRT 彩电逐渐告别市场。

　　在过去正是因为电视而改变了人们的生活，把人们带进了一个五光十色的奇妙世界。随着时代的发展，平板电脑和智能手机的普及，电视产业在未来会发展成什么样让我们拭目以待。

项目一　电视信号产生与发送的基本理论

 项目要求

熟悉电视的基本知识。

 知识点

- 电视的基本参数;
- 隔行扫描和逐行扫描;
- 黑白全电视信号;
- 电视信号的发送;
- 三基色原理与亮度方程;
- 彩色电视的制式。

 重点和难点

- 电视的基本参数;
- 三基色原理与亮度方程;
- 彩色电视的制式。

1.1　电视的基本理论

1.1.1　电视的种类

电视。概括来说,就是根据人眼的视觉特性,用电的方法传送活动图像的技术。通常,在发送端,先用电视摄像机把景物的光像变成相应的电信号,再将电信号通过一定的途径传输到接收端,最后由电视接收机把电信号还原成原景物的光像。

CRT 电视。CRT 电视采用阴极射线管 (Cathode Ray Tube,CRT) 作为显示器件。CRT 是电真空器件,主要由电子枪和荧光屏组成,是体积较大的玻璃锥体,依靠电子枪发射高速电子束,轰击荧光屏上的荧光粉发光形成图像。

FPD 电视。FPD 电视即平板显示 (Flat Panel Display,FPD) 电视,是屏幕呈平面的电视,它相对于传统 CRT 电视庞大的身躯而言,是一类超薄电视。目前市场上技术比较成熟的平板电视主要有液晶电视。

LCD 电视。LCD 电视是以液晶屏 (Liquid Crystal Display,LCD) 作为显像器件,利用

液晶的电光效应，通过施加信号电压改变液晶分子的排列，将光线折射出来产生画面。

PDP 电视。PDP 电视是以等离子屏（Plasma Display Panels，PDP）作为显像器件，在显示屏上排列有上千个密封的小低压气体室（氙气和氖气的混合物），在外加电压的作用下内部气体电离放电，产生大量紫外线激发管壁涂覆的红、绿、蓝三基色荧光粉发光，即产生彩色影像。

LED 电视。LED 电视以发光二极管（Light Emitting Diode，LED）作为显示屏，通过控制半导体发光二极管（LED 灯珠）组成的发光像素点进行显像。

3D 电视。3D 电视是三维立体影像电视的简称。3D 是 Three-Dimensional 的缩写，就是三维立体图形。3D 液晶电视的立体显示效果，是通过在液晶面板上加上特殊的精密柱面透镜屏，将经过编码处理的 3D 视频影像独立送入人的左右眼，从而令用户无需借助立体眼镜即可裸眼体验立体感觉，同时能兼容 2D 画面。

智能电视。智能电视即 SmartTV，是指像智能手机一样，具有全开放式平台，搭载了操作系统，可以由用户自行安装和卸载软件、游戏等第三方服务商提供的程序，通过此类程序不断对电视的功能进行扩充，并可通过网线、无线网络实现上网的电视。

云电视。云电视（cloud TV）是应用云计算、云存储技术的电视产品，是云设备的一种，用户不需要单独再为自家的电视配备所有互联网功能或内容，将电视连上网络，就可以随时从外界调取自己需要的资源或信息。

4K 电视。4K 电视是屏幕物理分辨率高的电视，4K 电视屏幕的分辨率为 3840×2160，这个的分辨率下的像素总数达到了高清分辨率 1920×1080 的 4 倍，在此分辨率下观众将可以看清画面中的每一个细节，每一个特写，得到一种身临其境的观感体验。

OLED 电视。OLED 电视是以有机发光二极管（Organic Light-Emitting Diode，OLED）作为显像显示器件。OLED 显示技术与传统的 LCD 显示方式不同，无需背光灯，采用非常薄的有机材料涂层和玻璃基板，当有电流通过时，这些有机材料就会发光，产生红、绿和蓝 RGB 三基色，构成基本色彩。

1.1.2　图像顺序传送

尽管电视系统非常复杂，但都遵循一个基本原则，即先将图像分解为像素，然后将这些像素的亮度转变为电信号，再将电信号按顺序传送出去。

如果仔细观察各种画面，如照片、图画、报纸上的画面，就会发现画面都是紧密相邻黑白相间的细小的点子的集合体。这些细小点子是构成一幅图像的基本单元，称为像素。像素越小，单位面积上的像素数目越多，图像就越清晰。如果把要传送的图像也分解成许多像素，并同时把这些像素变成电信号，再分别用各个信道传送出去，到了接收端又同时在屏幕上变换成光，那么发送端所摄取的景象就能在屏幕上得到重现。但是这样做过于复杂，按规定，要求一幅电视影像分成几十万像素，如果将这些像素同时传送到接收端，需要几十万条信道。从技术上看，这种同时传输的系统既不经济，也难以实现。

由于人眼的惰性和光的余辉效应，只要传送像素的速度足够快，收端和发端每个像素的几何位置一一对应，即收端和发端同步工作，重现图像就会给人以连续、活动而又没有跳动的感觉。发送端把组成图像的各像素亮度按一定顺序一个个地转换成相应的电信号，并依次传送出去。接收端按同样的顺序，将各个电信号在荧光屏上对应的位置转变成具有相应亮度的像素。这种将图像像素顺序传送的系统，被称为顺序传送电视系统，它只需要一条信道，如图 1-1 所示。

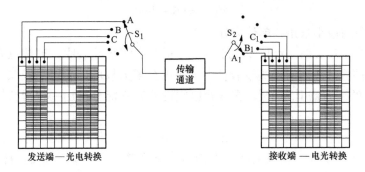

图 1-1　顺序传送电视系统示意图

将组成一幅图像的像素，按顺序转换成电信号以及将电信号依次转换成图像的过程，在电视系统中称为扫描。

1.2　电视的基本参数

电视是为人眼服务的，是以人的视觉特性为基础设计发明的。人所看到的鲜艳的、逼真的电视图像，对动物来说不一定能感觉到。电视图像的基本参数都是以人眼的视觉特性和当前的科技水平来确定的。因此，有必要分析电视图像与人眼的视觉特性关系。

1.2.1　视力范围与电视机屏幕形状

人眼的视力范围在水平方向约为 180°，在垂直方向约为 130°。人眼最清楚的范围是：水平方向夹角为 20°，垂直方向夹角为 15°。因此，电视机的屏幕尺寸一般设计宽高比为 4∶3。为了增强临场感与真实感，也可以适当增加宽高比，例如高清晰度电视屏幕的宽高比一般采用 16∶9。这里需要说明的是电视机的屏幕尺寸（以对角线的长度为依据）都用英寸（in）来表示，与厘米（cm）之间的转换关系为 1in＝2.54cm 或者 1cm＝0.39in。

1.2.2　电视图像的亮度、对比度和灰度

亮度是指人眼对光线明亮程度的感觉。它取决于两方面：一方面与光所发出的能量有关，另一方面与人眼的主观感觉有关。

人眼所能感觉到的亮度范围很宽，一般从百分之几坎德拉每平方米（cd/m²）到几百万坎德拉每平方米。但人眼并不能同时感觉到这样宽的亮度范围。当人眼适应了某个亮度范围以后，人眼对亮度的感觉范围就会变得很窄了，这是由于人眼具有自动调节作用。比如，从亮的地方走进暗的房间时，眼前会一片漆黑，但过了一会儿，又能看清周围物体的轮廓。这说明在不同的亮度环境下，人眼对实际亮度值的感觉是大不相同的。因此，在适当的环境下，用低亮度重现高亮度的景物，可以给人以真实的感受。电视的观看也必须在适当的环境下，才能有较好的图像效果。

对比度指图像的最大亮度与最小亮度的比值，比值越大，图像越逼真。这是观看电视的另一个条件。灰度是指黑白图像从最暗到最亮之间划分的层数，灰度级别越高，图像就越清晰。我国电视标准规定：电视机的灰度等级要求至少达到 6 级。

1.2.3　人眼的视力与图像行扫描频率（行频）

人眼的视力是指在一定亮度及人眼与被测物一定距离的条件下，能看清在白底上两个黑

点的最小张角。视力一般用 5 分制表示

$$视力 = 5 - \lg\theta$$

式中，θ 表示人眼的最小张角，单位为分（$'$）。

例如 $\theta = 1'$ 视力为 5.0；$\theta = 10'$ 视力为 4.0。根据实测统计表明，正常视力分辨角为 $1' \sim 1.5'$。对于电视图像，观看环境亮度较低，人眼的分辨力较弱，所以一般取下限 $1.5'$。而人眼在垂直方向上的视力范围为 $15°$，在观看电视图像时不能分辨出一行行扫描线，所以扫描行数

$$Z = 15 \times 60'/\theta$$

当 $\theta = 1.5'$ 时，$Z = 600$ 行。我国电视标准规定一帧图像（即一幅完整的图像）从上到下为 575 行（正程），由下向上返回的时间相当于行数（逆程）为 50 行的时间。一帧图像的扫描总行数为 $575 + 50 = 625$ 行。因为每秒扫描 25 帧图像，所以行频

$$f_H = (625 \times 25)\,\text{Hz} = 15625\,\text{Hz}$$

行周期

$$T_H = 1/f_H = 1/15625\,\text{Hz} = 64\,\mu\text{s}$$

1.2.4 人眼的视觉惰性与图像场扫描频率（场频）

当某一强度的光突然消失，人眼的亮度感觉并不立即消失，而要过一会儿才会消失，这种现象称为视觉惰性。一般在中等强度的光照下，视力正常的人眼视觉暂留时间约为 0.1s。

电视屏幕上图像切换的频率被称为图像场频。显然，图像的场频必须超过人眼视觉的闪烁频率，否则，电视图像会给人眼闪烁感。

场扫描频率采用与电源频率相同的数值，可以克服图像上下移动和市电的干扰问题。我国的电源频率为 50Hz，故场扫描频率也为 50Hz；美国、日本的电源频率为 60Hz，故场扫描频率也为 60Hz。

场扫描频率 $f_z = 50\text{Hz}$ 时才能逼真稳定地传送活动图像。但当 $f_z = 50\text{Hz}$ 时，图像信号的频带变得很宽，给图像信号的发送带来一定的困难。为克服这种困难，将场扫描频率 f_z 减半。场扫描频率 f_z 减半虽能传送活动图像，但又带来图像闪烁问题。为克服重现图像的闪烁现象，用隔行扫描的方法将一帧图像分成两场图像，由奇数行像素产生奇数场图像，由偶数行像素产生偶数场图像。这样场扫描频率 $f_z = 25 \times 2 = 50\text{Hz}$，场周期 $T_v = 1/f_z = 1/50 = 20\text{ms}$。

1.2.5 电视信号的带宽

图像信号带宽是指图像信号最低频率到最高频率之间的频率范围。图像电信号的最低频率很容易找到，即图像信号不变化，频率为 0。可用估算的方法求图像电信号的最高频率。一帧图像有 625 行，每一行包含的像素为

$$625 \times 4/3 \approx 833\ \text{个}$$

式中，4/3 是指电视机的宽高之比，假设扫描点在水平与竖直方向上疏密相同。

图像信号最高频率取决于图像内容和扫描的速度。由于图像是一行行扫描产生的，所以，图像内容在水平方向所包含的像素越细密，扫描的速度越快，输出信号的频率则越高。当扫描到最小像素时，得到的电信号将代表最高频率，所以，可以由黑白相间的细竖条图像求最高频率，黑白条的宽度等于最小像素大小。由于最小像素接近电子束的直径，会产生"孔阑效应"，使扫描输出的信号失真，方波近似成了正弦波，即每两个像素相当于一个正弦波周期，若每一个正弦波的周期都是相同的，就得到一行电信号的最高频率，即

$$833 \div 2 = 416.5\text{Hz}$$

若考虑到 1s 内，每行像素的亮度都不同，则得到了图像信号的最高频率为

$$416.5 \times 625 \times 50 = 13020833 \approx 13\text{MHz}$$

考虑到行、场逆程期间的频率是不变的，另外，电视信号变化大的情况极少，故图像信号的最高频率大约为 11MHz。

11MHz 的信号带宽太大，浪费频率资源，传输困难，同时发射设备也极为复杂，所以要压缩图像信号的带宽。采用隔行扫描法，既不降低图像的清晰度，也不闪烁，同时又能压缩图像信号一半带宽。

由此可知，图像信号的带宽为 0～5.5MHz，考虑到留有一定的余量，我国规定图像信号的带宽为 6MHz。

1.3　隔行扫描和逐行扫描

电视机荧光屏上所呈现的光称为光栅。光栅由电子扫描运动形成。

逐行扫描是电子依照顺序一行紧跟一行地进行扫描，具有简单、可靠等优点。但是为了保证得到高质量图像，必须要求每幅画面有足够多的行数，又不能使帧扫描频率太低（一般要求大于 46Hz），否则就会出现亮度闪烁，导致信号频带太宽，设备复杂。因此，在广播电视中一般不采用逐行扫描而采用隔行扫描。

隔行扫描方式是将一帧电视图像分成两场进行扫描（从上至下为一场）。第一场扫描第 1、3、5、7 等奇数行，第二场扫描第 2、4、6、8 等偶数行。把扫描奇数行的场称为奇数场，扫描偶数行的场称为偶数场。这样，每一帧图像经过两场扫描，就可以扫完全部像素，如图 1-2 所示。

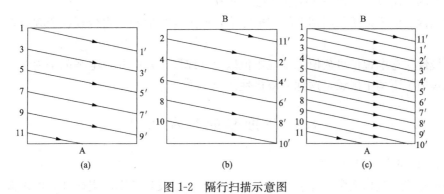

图 1-2　隔行扫描示意图

1.4　黑白全电视信号

将图像信号、复合同步信号、复合消隐信号、开槽脉冲信号和均衡脉冲信号叠加在一起即可构成黑白全电视信号，一般称为视频信号，如图 1-3 所示，图中 H 表示行周期。

电视系统的图像信号，在行、场扫描的正程期间传送，幅度为全电视信号相对幅度的 10%～75%，10% 的电平称为白电平，75% 的电平称为黑电平。

复合同步信号、复合消隐信号在行、场扫描的逆程期间传送，是电视系统传送的辅助信

息。复合同步信号分为行和场两种，其作用是保证电视接收机重现图像与电视台所发射的图像严格同步。复合消隐信号包括行消隐信号和场消隐信号，其作用是消除行、场扫描逆程的痕迹。

开槽脉冲信号保证在场同步时间内不丢失同步信号，均衡脉冲保证奇数场与偶数场相嵌，不出现并行现象。

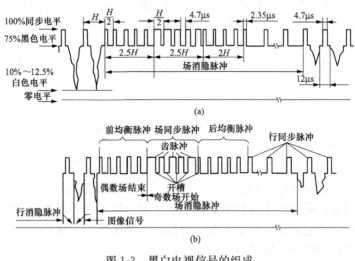

(a)

(b)

图 1-3   黑白电视信号的组成
(a) 偶数场；(b) 奇数场

黑白图像信号具有 3 个特点。

①脉冲性。辅助信号都为脉冲性质，图像信号是随机的，既可以是边缘渐变的，也可以是脉冲跳变的，所以全电视信号是非正弦的脉冲信号。

②周期性。由于采用了周期性的扫描方法，使全电视信号成为行频或场频周期性重复的脉冲信号。

③单极性。全电视信号数值总是在零值以上（或以下）的一定电平范围内变化，而不会同时跨越零值上下两个区域，这称为单极性。

1.5   色度学的基本知识

1.5.1   可见光与彩色三要素

所谓可见光就是指人眼所能看见的光，它属于一定波长范围的电磁波。电磁波包括无线电波、红外线、可见光波、紫外线、X 射线、宇宙射线等，它们分别占据的频率范围如图 1-4 所示。

图 1-4 中的无线电波、红外线、紫外线、X 射线、宇宙射线等是人眼看不见的。人眼能看到的可见光谱只集中在 5×10^{14} Hz 附近很窄的一段频率范围内，其波长范围为 380～780nm。此范围内的每一个波长的光作用于人眼后引起的颜色感觉不同，按波长从长到短的顺序依次为红、橙、黄、绿、青、蓝、紫。

在色度学中，任一彩色光可用亮度、色调和色饱和度这 3 个基本参量来表示，称为彩色三要素。

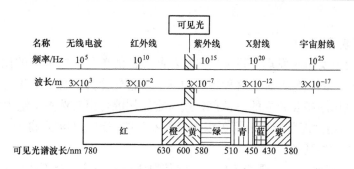

图 1-4 电磁波各组成部分分别占据的频率范围

亮度反映光作用于人眼所引起的明亮程度的感觉。对于同一光源来说，它随彩色光辐射功率的增加而增大。

色调反映彩色的类别，例如红色、蓝色等不同的颜色。色调与光的波长有关，改变光的波谱成分，就会使光的色调发生变化。

色饱和度表示彩色光颜色的深浅程度，与掺入的白光多少有关，用百分数表示。若色饱和度为 100%，表示该彩色光中没有混入白光。

色调、色饱和度合称为色度，既表示了彩色光颜色的区别，又反映了彩色光颜色的深浅程度。根据颜色三要素的含义，电视系统把任一景物变成彩色图像信号，并用亮度信号和色度信号传送。

1.5.2 标准光源

对景物的真实视觉程度与选用的光源关系很大。白光源有许多种，为了统一测量标准，国际上选用 A、B、C、D65、E 五种标准白光作为标准光源。

(1) A 光源。A 光源相当于钨丝灯在 2800K 时发出的光。其波谱能量主要集中在波长较长的区域，是带些橙红色的白光。

(2) B 光源。B 光源接近于中午直射的阳光，相关色温为 4800K，可以用特制的滤色镜通过 A 光源获得。

(3) C 光源。C 光源相当于白天的自然光，相关色温为 6800K，也可以用特制的滤色镜通过 A 光源获得。其波谱能量在 400～500nm 处较大，是带些蓝色的白光。

(4) D65 光源。D65 光源相当于白天的平均照明光，相关色温为 6500K，被作为彩色电视中的标准白，可以由彩色显像管荧光屏上的三种荧光粉发出的光以适当比例混合得到。

(5) E 光源。E 光源是一种假想的等能量光源，即是说该光源的光谱能量分布是不随波长变化而变化的。这种光源在自然界中是不存在的，仅为科研中的理论光源。

1.5.3 彩色光的复合与分解

如果把一束太阳光投射到三棱镜上，由于不同波长光的折射率不同，太阳光被分为红、橙、黄、绿、青、蓝、紫的彩带。这个实验说明，太阳光是由多种不同波长成分的光复合而成的，但给人眼的综合颜色是白色。因此，把含有单一波长的光称为单色光，含有两种或两种以上波长的光称为复合光。复合光给人眼的刺激是某种混合色，它可以通过技术手段分解成若干个单色光。

某种颜色的光，可以是单色光，也可以是由几种单色光混合而成。彩色光的混合遵循相加混色规律，比如说黄色光，可以是单色黄光，也可以是单色红光和单色绿光相加复合而成复合黄光。

1.5.4　三基色原理

人们在进行混色实验时发现，只要用三种不同颜色的单色光按一定的比例混合就可以得到自然界中绝大多数的颜色。具有这种特性的三个单色光称为基色光，这三种颜色称为三基色。三基色原理是选用相互独立的三基色，按一定比例混合出自然界中绝大多数的颜色。

① 自然界中的绝大部分彩色，都可以由三种基色按一定比例混合得到；反之，任意一种彩色均可被分解为三种基色。

② 作为基色的三种彩色，要相互独立，即其中任何一种基色都不能由另外两种基色混合来产生。

③ 由三基色混合而得到的彩色光的亮度等于三基色的亮度之和。

④ 三基色的比例决定了混合色的色调和色饱和度。

这就是彩色电视技术的基本原理，为彩色电视技术奠定了基础。

彩色电视系统选取哪三基色呢？根据实践，世界各国都选择红色（R）、绿色（G）、蓝色（B）三种颜色作为三基色，原因如下：

① 红、绿、蓝三色是相互独立的；

② 人眼对这三种颜色的光最敏感；

③ 用红、绿、蓝三色几乎可以混成自然界中所有的颜色。

1.5.5　混色法

利用三基色按不同比例混合来获得彩色的方法叫混色法。将三基色按一定比例直接相加混色而得到各种彩色的方法称为直接相加混色法。例如，将三束圆形截面积的红、绿、蓝三种基色光同时投在白色屏幕上，可呈现出一幅品字形图案，如图 1-5 所示。其色度三角形，如图 1-6 所示。

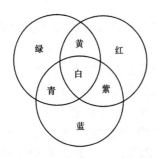

图 1-5　直接相加混色示意图

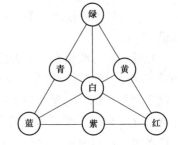

图 1-6　色度三角形

由图 1-6 可知：

红色＋绿色＝黄色　　　　　　红色＋蓝色＝紫色

绿色＋蓝色＝青色　　　　　　红色＋青色＝白色

绿色＋紫色＝白色　　　　　　蓝色＋黄色＝白色

黄色＋青色＝浅绿色　　　　　红色＋绿色＋蓝色＝白色

其中凡两种颜色相加混色得白色的称这两种颜色为互补色。例如，红色与青色、绿色与紫色、蓝色与黄色。

除了直接相加混色法，还有间接相加混色法，它又可分为时间混色法和空间混色法两种。

（1）时间混色法

时间混色法是利用人眼的视觉惰性，顺序地让基色光先后出现在同一表面的同一点处，当三种基色光交替出现的速度足够快时，人眼感觉到的是这三种基色光的混合颜色。这是投影电视常用的方法。

（2）空间混色法

空间混色法是利用人眼空间细节分辨率有限的特性，将三种基色的光点放在同一表面的相邻处，只要这三个基色光点足够小，相距足够近，当人眼离它们有一定距离时，将会看到三种基色光混合后的彩色光。这是目前彩色电视机常用的方法。

1.5.6　亮度方程

亮度方程表明了混合色的亮度与三基色分量之间的比例关系，对于不同标准白光亮度方程也不同。以 C 白光为标准自光源的 NTSC 制彩色电视制式的亮度方程

$$Y = 0.299R + 0.587G + 0.114B \tag{1-1}$$

式中，Y 为混合色的亮度；R 为红光的强度（亮度）；G 为绿光的强度（亮度）；B 为蓝光强度（亮度）。

式（1-1）是在彩色电视技术中，无论是彩色重现，还是彩色分解都必须遵守的一个重要关系式。

以 D65 光为标准白光源的 PAL 制彩色电视制式的亮度方程

$$Y = 0.222R + 0.707G + 0.071B$$

但因 NTSC 制使用较早，所以 PAL 制并没有采用它本身的亮度方程，而是沿用了 NTSC 制的亮度方程。实践表明，由此引起的图像亮度误差很小，完全能满足人眼视觉对亮度的要求。

亮度方程通常近似写成

$$Y = 0.30R + 0.59G + 0.11B \tag{1-2}$$

1.6　彩色电视的制式

1.6.1　彩色电视系统的兼容性

彩色电视是在黑白电视的基础上发展起来的，其基本图像信号是三基色信号，不同于黑白电视只有一个反映图像亮度变化的信号。

兼容性是指彩色电视和黑白电视可以相互收看到对方电视台的节目，即彩色电视信号可以被黑白电视机接收，黑白电视信号可以被彩色电视机接收。目前世界上的彩色电视都具有兼容性。彩色电视为了与黑白电视兼容，必须具备下列条件：

① 彩色信号中必须有亮度信号和色度信号。

② 占有与黑白电视相同的频带宽度。

③ 伴音载频和图像载频分别与黑白电视相同。

④ 采用相同的扫描频率和相同的复合同步信号。

⑤ 亮度信号与色度信号之间的干扰要最小。

1.6.2　保证兼容性的基本措施

人们利用人眼视觉特性，采用恒亮传输方式和彩色大面积涂色的方法，解决了在 6MHz

带宽内同时传送亮度信号和色度信号的问题，成功地实现了彩色电视与黑白电视兼容。

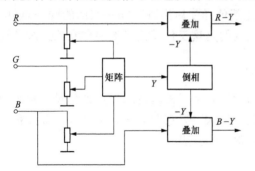

图 1-7　色差信号矩阵电路原理图

1. 色差信号

出于兼容性考虑，彩色电视系统的发射端将任一彩色分解为三基色信号，再将其变换成一个亮度信号和两个色差信号，最后将亮度信号和两个色差信号发射出去，如图 1-7 所示。

色差信号指三基色信号与亮度信号的差值信号，与亮度信号的关系为

$$Y = 0.3R + 0.59G + 0.11B$$

则 3 个色差信号分别为

$$R-Y = R-(0.3R+0.59G+0.11B) = 0.7R-0.59G-0.11B \tag{1-3}$$

$$B-Y = B-(0.3R+0.59G+0.11B) = -0.3R-0.59G+0.89B \tag{1-4}$$

$$G-Y = G-(0.3R+0.59G+0.11B) = -0.3R+0.41G-0.11B \tag{1-5}$$

式中，Y 为亮度信号，$R-Y$ 为红色差信号，$B-Y$ 为蓝色差信号，$G-Y$ 为绿色差信号。这 3 个色差信号彼此不独立，其相互关系

$$R-Y = -0.59/0.30(G-Y)-0.11/0.30(B-Y)$$

$$G-Y = -0.30/0.59(R-Y)-0.11/0.59(B-Y)$$

$$B-Y = -0.30/0.11(R-Y)-0.59/0.11(G-Y)$$

可以看出，$G-Y$ 绿色差信号的系数最小，说明其信号相对幅度小，容易受干扰。所以彩色电视发射系统选择 $R-Y$、$B-Y$ 两色差信号进行发送。彩条全电视信号波形，如图 1-8 所示。

2. 恒亮原理

变换为色差信号来传送彩色信息，主要是减小了亮度与色度信号之间的相互干扰。

① 传送黑白图像时，色差信号为 0，即无色差信号来干扰亮度信号。根据前面所学的知识可知，此时三基色信号相同，将 $R=G=B$ 代入 $R-Y$、$B-Y$ 色差信号中可以发现它们均为 0。

② 传送彩色图像时，若色差信号受到干扰而产生失真，不会影响亮度信号的重现。重现的亮度只与 Y 信号本身有关，而与色差信号无关，称为恒亮原理。

③ 电视系统的接收端将接收到的亮度信号和两个色差信号通过解码，可恢复出三基色信号。这个过程可用下列 3 个式子来描述

$$(R-Y)+Y=R,(G-Y)+Y=G,(B-Y)+Y=B$$

采用亮度信号和两个色差信号作为彩色电视传输信号的方式称为恒亮度传输方式。它有利于恒亮原理的实现，保证了彩色电视与黑白电视的兼容性。

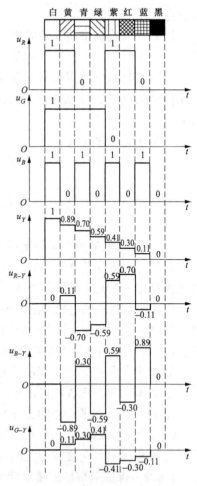

图 1-8　彩条全电视信号波形

3. 色差信号的频带压缩和幅度压缩

用亮度信号和色差信号代替三基色信号作为彩色传送信号，实现了亮度和色度的分离，这对系统的兼容性是有利的。但是亮度信号和色差信号在频域上带宽之和为黑白电视信号带宽的 3 倍，在时域上无法同时传送。如果将其直接混合，则无法分离。利用大面积涂色原理与频谱交错原理，很好地解决了彩色电视信号的传输。

（1）大面积涂色原理。大面积涂色原理即高频混合原理。人们都有这样的经验，画一幅水彩画时，总是先用墨笔描绘出清晰的轮廓，然后用彩笔进行大面积涂色，整个画面就会给人们以细节清晰、色彩鲜艳、生动逼真的印象。这说明，人眼对彩色细节的分辨力远低于对黑白细节的分辨力，人眼较容易辨别出彩色图像细节部分的明暗程度，而不容易辨别出细节的颜色差别。

根据人眼的这一视觉特性，彩色电视系统在传送彩色图像时，用宽频带（例如 0～6MHz）来传送亮度信息，用较窄的频带（例如 0～1.3MHz）传送两个色差信号（$R-Y$）和（$B-Y$），即只传送大面积彩色，而不传送彩色细节。接收端所恢复的三基色信号 R、G、B，其带宽为 6MHz，实际上是由 0～1.3MHz 的色差信号（低频部分）和 1.3～6MHz 的亮度信号（高频部分）混合而成的。这就是大面积着色原理（高频混合原理）。利用大面积着色原理，在不影响彩色图像传送效果的前提下，节省了传输频带，使亮度信号与色度信号共用一个频道传送成为可能。

什么是色差信号的幅度压缩？为防止形成的彩色视频信号幅度过大，要对色差信号的幅度进行压缩。压缩后的 $R-Y$ 称为 V 信号，压缩后的 $B-Y$ 称为 U 信号。$R-Y$ 的压缩系数为 0.877，$B-Y$ 的压缩系数是 0.493，即 $V=0.877(R-Y)$，$U=0.493(B-Y)$。在接收机中还要将其还原，以消除因压缩比例不同造成的影响。

（2）频谱交错原理。采用恒亮传输方式和高频混合措施后，彩色电视信号带宽等于 8.6MHz（Y 为 6MHz，$R-Y$ 和 $B-Y$ 各为 1.3MHz），仍然大于黑白电视信号的带宽。为了兼容黑白电视信号的带宽，还需要进行频带压缩。

利用频谱交错和移相的方法，将压缩后的色差信号插入到亮度信号频谱高端间隙处，如图 1-9 所示。

亮度信号的能量不是均匀地分布在整个频带内的，而是以行频为间隔分布的，而且随着频率的增高，能量变小。根据亮度信号频谱的特点，要想将色差信号插入亮度信号频谱间隙处，又要做到色差信号和亮度信号两者互不干

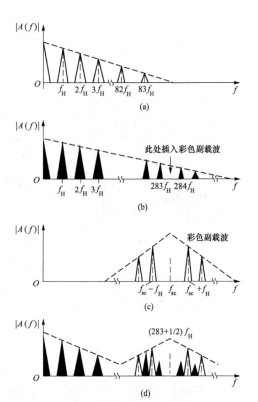

图 1-9 亮度与色度信号频谱交错示意图
(a) 色差信号的频谱；(b) 亮度信号的频谱；
(c) 已调色差信号的频谱；(d) 彩色全电视信号的频谱

扰，必须采用频谱交错（频谱间置）。选取一个比压缩后色差信号频率大几倍的等幅波，称为副载波 f_s，然后将压缩后的色差信号用平衡调幅方法调制到副载波上，使其频率高移，再插入到亮度信号频谱高端间隙处，这种方法称为频谱交错。采用不同的插入方法，就形成了不同的制式。

那么，副载波 f_s 如何选取呢？

理论和实验证明，f_s 选在 $283f_H \sim 284f_H$ 为宜，可设

$$f_s = 283.5f_H \approx 4.43\text{MHz}$$

这个载波称为色副载波，用 f_{sc} 表示。

这样，用色差信号对 f_{sc} 进行幅度调制，调制后的上边带最大值为 $4.43\text{MHz}+1.3\text{MHz}=5.73\text{MHz}\leqslant 6\text{MHz}$，是可以的。而且，$283f_H$ 谐波携带的能量很小，可以做到两者互不干扰。这种方法称为半行频间置。

4. 正交平衡调幅

要将色差信号调制到色副载波上才能实现频谱交错，可是色差信号有两个，副载波频率只用一个，怎样进行调制？

（1）一般正交平衡调幅

将两个色差信号经频带压缩后，分别对频率相同、相位相差 90°的两个副载波进行平衡调幅，得到两个平衡调幅波，再将它们矢量相加得到正交平衡调幅信号，即色度信号 F。

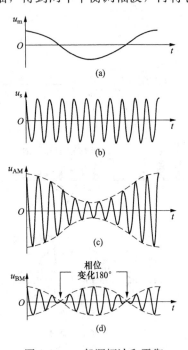

图 1-10　一般调幅波和平衡
调幅波的波形图

（a）调制信号波形；（b）载波信号波形；
（c）一般调幅波波形；（d）平衡调幅波波形

（2）色差信号的正交平衡调幅。

所谓平衡调幅，是指抑制载波的调幅。它与普通调幅波的不同之处在于平衡调幅不输出载波信号。

图 1-10 所示为一般调幅波和平衡调幅波的波形图。平衡调幅波有如下特点：

① 平衡调幅的幅度，取决于调制信号的幅度，而与载波的幅度无关，当调制信号为零时，平衡调幅波的幅度也为零。

② 平衡调幅波的相位由调制信号和载波共同决定，当调制信号为正值时，平衡调幅波与载波同相；当调制信号为负值时，平衡调幅波与载波反相。

③ 平衡调幅波的上包络与下包络都与调制信号波形不一样，因此不能用普通二极管包络检波器检出原调制信号（要用同步检波的方法）。

采用平衡调幅法的理由如下：

一般的调幅波信号包含一个载波和两个边频信号，边频信号含有调制信号的信息，而载波是单频率等幅波，并不含有调制信号。但是，载波信号却占用了整个平衡调幅波信号能量的一半以上。采用平衡调幅法抑制了载波信号，不但使传送同样信息能量所需功率大为减少，而且减小了副载波对亮度信号的干扰。

用 U 和 V 两个色差信号分别对频率相同、相位相差 90°的色副载波进行抑制载波的调

幅，称为正交平衡调幅。其原理如图 1-11（a）所示。图 1-11（b）所示为色度信号的矢量图。

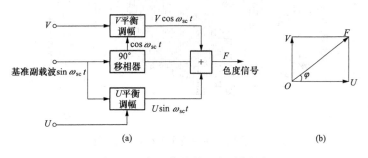

图 1-11 色差信号的正交平衡调幅

（a）原理图；（b）色度信号的矢量图

色度信号的表达式为

$$F = F_U + F_V = U\sin\omega_{sc}t + V\cos\omega_{sc}t = |F|\sin(\omega_{sc}t + \varphi)$$

$$|F| = \sqrt{U^2 + V^2}$$

$$\varphi = \arctan\frac{V}{U}$$

色度信号的振幅由两个色差信号的大小来确定，它决定了色饱和度的大小；色度信号的初相角由两个色差信号的比值来确定，它决定了彩色的色调。

根据标准彩条信号的 u_{B-Y} 和 u_{R-Y} 的数值，可求出 u、v、F_m 的数值，图 1-12 所示为彩条已调信号的波形。

图 1-13 所示为彩条图案的负极性构成的彩色全电视信号波形图。彩色全电视信号由亮度信号、色度信号、行场同步信号和行场消隐信号以及色同步信号组成。

在 PAL 制中，利用色同步信号传送逐行倒相的识别信息，用来保证收、发两端的逐行倒相步调、次序一致。色同步信号放在每行逆程期中，即行消隐后肩的消隐电平上传送 9～11 个周期的基准副载波，如图 1-14 所示。

1.6.3 电视的制式

由于对彩色电视信号的处理方式不同，于是产生了不同的彩色电视制式。目前，世界上彩色电视制式有 3 种，即 NTSC 制，PAL 制和 SECAM 制。这 3 种制式的共同点都采用能与黑白电视兼容的亮度信号和两个色差信号作为传输信号；其不同点是两个色差信号对副载波采用不同的调制方式。换句话说，由两个色差信号以不同方式对副载波调制而形成的组合已调波信号体现了制式的主要特点，这个已调副载波信号称为色度信号。

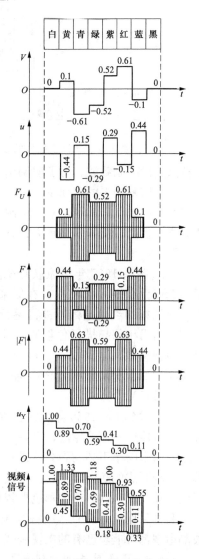

图 1-12 彩条已调信号的波形图

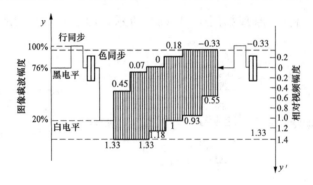

图 1-13　负极性彩色全电视信号波形图

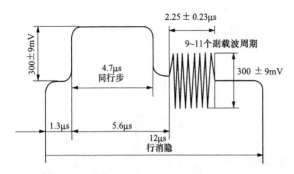

图 1-14　色同步信号的波形

1. NTSC 制

NTSC 制是 1954 年由美国首先研制成功的制式。其特点是将两个色差信号分别对频率相同而相位相差 90° 的两个副载波进行正交平衡调幅，再将已调制的色差信号矢量相加后形成的色度信号插入到亮度信号频谱的高端间隙中。平衡调幅是一种特殊的调幅方式，按此方式调制后产生的调幅波称为平衡调幅波。这种调幅波的突出特点是没有副载波。为了解调出原来的两个色差信号，需在接收机中设置副载波再生电路，以便恢复失去的副载波。另外，在接收机中还设有两个同步检波器，可在副载波的帮助下将两个色差信号解调出来。该制式的主要缺点是对信号的相位失真十分敏感，容易产生色调失真。目前，美国、加拿大、日本、韩国等国家的彩色电视接收机采用 NTSC 制。

2. PAL 制

PAL 制是 1967 年由原联邦德国在 NTSC 制的基础上改进而成的制式。其特点是克服了 NTSC 制的相位敏感性，在原来的正交平衡调幅和同步检波等基本措施的基础上，将其中一个调幅的红色差信号进行逐行倒相，使任意两个相邻扫描行的红色差信号相位总相差 180°，利用相邻扫描行色彩的互补性来消除由相位失真引起的色调失真。该制式的主要缺点是电视接收机电路复杂。目前，德国、英国、中国、印度、澳大利亚、泰国和马来西亚等国家的彩色电视机采用 PAL 制。

3. SECAM 制

SECAM 制是 1966 年由法国在 NTSC 制基础上改进而成的制式。其特点是两个色差信号不同时传送，而是轮流、交替传送。另外，两个色差信号不是对同一个副载波进行调幅，而是对两个频率不同的副载波进行调幅，然后将两个调幅波逐行轮换插入亮度信号频谱的高端。这种制式的缺点是接收机电路复杂，图像的质量也比上两种制式稍差。目前，法国、俄罗斯、埃及及东欧各国的彩色电视机采用 SECAM 制。

我国采用的是 PAL-D 制式，因此在我国使用的液晶电视至少要兼容 PAL-D 制式。一般液晶电视都可兼容已有的电视制式。

1.6.4　PAL 制编码调制原理

为了实现兼容和完成彩色电视信号的传送，必须要对经过光—电转换而来的三基色电信号进行组合编排而得到彩色全电视信号，这一过程称为编码。

PAL 制编码器采用逐行倒相正交平衡调幅。其调制原理方框图如图 1-15 所示。其主要工作过程如下。

① 将 R、G、B 三个基色信号通过矩阵电路合成亮度信号 Y 和色差信号 U、V；

② 将 U 和 V 信号通过低通滤波器，只保留 1.3MHz 以下的低频信号；

③ 把带宽限制后的 U、V 信号分别在平衡调制器对零相位的副载波和 $\pm 90°$ 相位的副载波进行平衡调幅，分别输出 F_U 和 $\pm F_V$ 色度分量；

④ 由于色差信号通过低通滤波器后，会引起一定的附加延时。因此，为了使亮度信号和色度信号在时间上一致，还预先将亮度信号加以延时，其延时量约为 $0.6\mu s$；

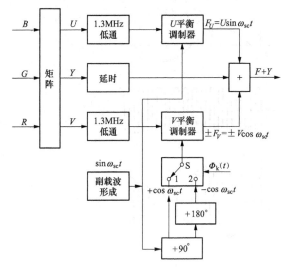

图 1-15　PAL 制编码器调制原理框图

⑤ 将 F_U、$\pm F_V$ 两个色度分量与亮度信号 Y 在加法器叠加，最后输出彩色全电视信号。

1.7　电视信号的发送

1.7.1　电视信号的高频调制

电视信号的发送传播一般都采用高频信号，主要原因有二：一个是高频适于天线辐射，可在空中产生无线电波；另一个是高频具有宽阔的频段，能容纳许多互不干扰的频道，也能传播某些宽频带的消息信号。

为了传送图像信号（视频信号）和伴音信号（音频信号），需要将其分别调制在比其自身频率高得多的载波上，形成高频电视信号（射频电视信号）。

高频调制技术通常有调幅、调频和调相等几种方式。

1.7.2　图像信号的调幅

图 1-16 所示为单一频率调制的调幅波波形和频谱。图 1-16（c）为已调幅波，其振幅受图 1-16（a）所示调制信号的控制，其变化周期与调制信号的周期相同，振幅变化的程度也与调制信号成正比。

根据调幅理论：具有单一频率（f_1）的正弦信号对载频（f_c）进行调幅时所得已调幅波含有三个频率成分：载频 f_c、上边频 $f_c + f_1$ 和下边频 $f_c - f_1$，如图 1-16（d）所示。

若调制信号为图像信号，其频率为 $0\sim6$MHz，则调幅波的频谱如图 1-17 所示。由图 1-17 可知，图像信号调制的调幅波有两个边带，即上边带和下边带，每个边带宽度为 6MHz，其中靠近 f_c 的频率反映图像的低频成分，远离 f_c 的频率反映图像信号的高频成分。

在电视技术中，调幅方式有正极性和负极性之分。我国电视标准规定图像信号采用负极性调制。经过图像信号的负极性调制后的高频信号的振幅变化如图 1-18 所示。

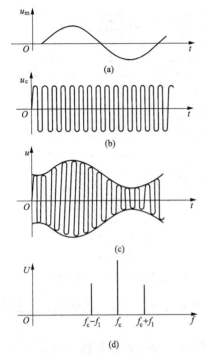

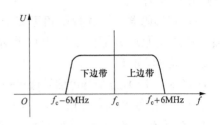

图 1-17　图像信号的调幅波的频谱图

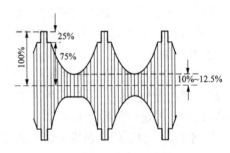

图 1-18　负极性调制

图 1-16　单一频率调制的
调幅波波形和频谱

（a）调制信号；（b）载波信号；

（c）普通调幅信号；（d）普通调幅信号频谱

负极性调制有下列优点：

①外来干扰脉冲对图像的干扰表现为黑点，这使人眼的感觉不明显。

②由于负极性调制中同步头电平最高，且采用黑电平固定措施，故易于实现自动增益控制，可以简化接收机的自动增益控制电路。

③随着图像亮度增大，发射机输出功率减小。

1.7.3　伴音信号的调频

所谓调频，就是将欲传送的伴音信号作为调制信号去调制载波的频率，使载波的瞬时频率随伴音信号的幅度变化而变化。

图 1-19 所示为调制信号为单一频率正弦波的调频波形及其频谱。由图 1-19（a）可知，调制信号为正半周时，已调频波的频偏 Δf 为正（波形变密）；调制信号为负半周时，频偏 Δf 为负（波形变疏）。信号幅度越大，则频偏 Δf 数值也越大。显然，为了提高广播质量，并获得显著的抗干扰效果，希望频偏 Δf 越大越好。在实际调频系统中，当频偏 $\Delta f = \pm 25\text{kHz}$ 时，其伴音信号的信噪比已大大优于调幅方式。

同调幅波一样，调频波的内容也可以用频谱表示。但调频波的频谱要比调幅波复杂得多，有 f_s，$f_s \pm f_a$，$f_s \pm 2f_a$，$f_s \pm 3f_a$，…，理论上有无穷多对边频，如图 1-7（b）所示。所以传送相同信号的调频波的频带要比调幅波的频带宽得多。

伴音信号调频波的有效带宽 B_w 可近似表示为

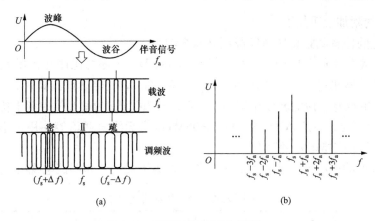

图 1-19 调频波的波形和频谱

（a）调频波波形；（b）频谱分布

$$B_\mathrm{W} = 2(\Delta f + f_\mathrm{AM})$$

式中，f_AM 为伴音信号的最高频率，Δf 为调频波的最大频偏。

我国电视标准规定：最大频偏 $\Delta f = 50\mathrm{kHz}$，伴音信号的最高频率为 $f_\mathrm{AM} = 15\mathrm{kHz}$，则已调频波的带宽为 $B_\mathrm{W} = 2 \times (50 + 15) = 130\mathrm{kHz}$。

1.7.4 射频电视信号的频谱

目前通常采用残留边带方式传送图像信号，即使用滤波器将下边带中含图像信号的 $0.75 \sim 6\mathrm{MHz}$ 的部分滤去，只发送上边带以及下边带残留的含图像信号的 $0 \sim 0.75\mathrm{MHz}$ 的部分，这种方法称为残留边带发送，残留边带制高频信号的频谱如图 1-20 所示。

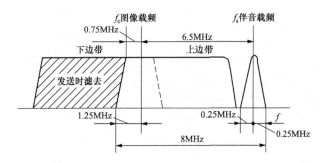

图 1-20 残留边带制高频电视信号的频谱

我国电视标准规定，伴音载频 f_s 比图像载频 f_c 高 6.5MHz，高频图像信号采用残留边带方式传送，高频伴音信号采用双边带方式传送。由图 1-8 可知，由于滤波特性不可能太陡，因此高频图像信号下边带在 1.25MHz 处衰减 20dB；伴音信号带宽为 ±0.25MHz，由于 f_s 比 f_c 高 6.5MHz，而图像信号带宽为 6MHz，因此伴音信号在图像信号频带之外，从而有效地防止了相互干扰。从图 1-20 中还可知，每个频道所占带宽为 8MHz。

1.7.5 电视频道的划分

根据载频要大于调制信号频率 7 倍以上的原则，同时考虑我国地域宽广的需要以及多种因素，我国将电视频道划分为 68 个，采用甚高频（VHF）与超高频段（UHF）来传送。VHF 频段有 1～12 频道，UHF 频段有 13～68 频道，如表 1-1 所列。

对表 1-1 的附加说明如下：

① 各频道的伴音载频总比图像载频高 6.5MHz。

② 频道带宽的下限总比图像载频 f_p 低 1.25MHz，上限总比伴音载频 f_{sc} 高 0.25MHz。

③ 各频道的本机振荡频率总比图像载波高 38MHz，比伴音载频高 31.5MHz。

④ 表 1-1 中没有包括的波段作用如下：72.5～76MHz 为避 2 倍中频干扰；92～167MHz 供调频广播使用；223～470MHz 和 566～606MHz 供无线电通信等使用，不安排电视频道，但在有线电视中可安排增补频道 38 个。

⑤ 每个频道的中心频率及其对应的波长可作为天线尺寸和调试电视机的参数。

表 1-1　　　　　　　　　　　我国无线电视广播频道划分表　　　　　　　　　　MHz

波段	频道编号	频道带宽	图像载频	伴音载频	接收机本振频率
米波波段	1	48.5～56.5	49.75	56.25	87.75
	2	56.5～64.5	57.75	64.25	95.75
	3	64.5～72.5	65.75	72.25	103.75
	4	76～84	77.25	83.75	115.25
	5	84～92	85.25	91.75	123.2
	6	167～175	168.25	174.75	206.25
	7	175～183	176.25	182.75	214.25
	8	183～191	184.25	190.75	222.25
	9	191～199	192.25	198.75	230.25
	10	199～207	200.25	206.75	238.25
	11	207～215	208.25	214.75	246.25
	12	215～223	216.25	222.75	254.25
	13	470～478	471.25	477.75	509.25
	14	478～486	479.25	485.75	517.25
分米波波段	15	486～494	487.25	493.75	252.25
	16	494～502	495.25	501.75	533.25
	17	502～510	503.25	509.75	541.25
	18	510～518	511.25	517.75	549.25
	19	518～526	519.25	525.75	557.25
	20	526～534	527.25	533.75	565.25
	21	534～542	535.25	541.75	573.25
	22	542～550	543.25	549.75	581.25
	23	550～558	551.25	557.75	589.25
	24	558～566	559.25	565.75	597.25
	25	606～614	607.25	613.75	645.25
	26	614～622	615.25	612.75	653.25
	27	622～630	623.25	629.75	661.25

续表

波段	频道编号	频道带宽	图像载频	伴音载频	接收机本振频率
	28	630~638	631.25	637.75	669.25
	29	638~646	639.25	645.75	677.25
	30	646~654	647.25	653.75	685.25
	31	654~662	655.25	661.75	693.25
	32	662~670	663.25	669.75	701.25
	33	670~678	671.25	677.75	709.25
	34	678~686	679.25	685.75	717.25
	35	686~694	687.25	693.75	725.25
	36	694~702	695.25	701.75	733.25
	37	702~710	703.25	709.75	741.25
	38	710~718	711.25	717.75	749.25
	39	718~726	719.25	725.75	757.25
	40	726~734	727.25	733.75	765.25
	41	734~742	735.5	741.75	773.25
	42	742~750	743.25	749.75	781.25
	43	750~758	751.25	757.75	789.25
	44	758~766	759.25	765.75	797.25
	45	766~774	767.25	773.75	805.25
分米波波段	46	774~782	775.25	781.75	813.25
	47	782~790	783.25	789.75	821.25
	48	790~798	791.25	797.75	829.25
	49	798~806	799.5	805.75	837.25
	50	806~814	807.25	813.75	845.25
	51	814~822	815.25	821.75	853.25
	52	822~830	823.25	829.75	861.25
	53	830~838	831.25	837.75	869.25
	54	838~846	839.25	845.75	877.25
	55	846~854	847.25	853.75	885.25
	56	854~862	855.25	861.75	893.25
	57	862~870	863.25	869.75	901.25
	58	870~878	871.25	877.75	909.25
	59	878~886	879.25	885.75	917.25
	60	886~894	887.25	893.75	925.25
	61	894~902	895.25	901.75	933.25
	62	902~910	903.25	909.75	941.25
	63	910~918	911.25	917.75	949.25
	64	918~926	919.25	925.75	957.25
	65	926~934	927.25	933.75	965.25
	66	934~942	935.5	941.75	973.25
	67	942~950	943.25	949.75	981.25
	68	950~958	951.25	957.75	989.25

思 考 与 练 习

一、填空

1. OLED 电视是以_____作为显像器件。

2. 由细小点构成一幅图像的基本单元，称为_____。

3. 目前世界上彩色电视主要有 3 种制式，即_____、_____和_____制式。

4. 电视就是根据人眼的_____特性，用电的方法传送_____的技术。

5. 在色度学中，任一彩色光可用_____、_____和_____这 3 个基本参量来表示，称为彩色三要素。

6. 世界各国都选择_____、_____和_____三种颜色作为三基色。

二、判断

1. 对比度指图像的最大亮度与最小亮度的比值，比值越小，图像越逼真。（　　　）

2. 图像信号带宽是指图像信号最低频率到最高频率之间的频率范围。（　　　）

3. 像素越小，单位面积上的像素数目越少，图像就越清晰。（　　　）

4. 顺序传送电视系统，它只需要一条信道。（　　　）

5. 彩色电视发射系统选择 $R-Y$、$B-Y$、$G-Y$ 三个色差信号进行发送。（　　　）

6. 电视信号的发送传播一般都采用高频信号。（　　　）

三、选择（单选和多选）

1. 黑白图像从最暗到最亮之间划分的层数称为（　　　）。

A. 亮度　　　　　　B. 照度　　　　　　C. 对比度　　　　　　D. 灰度

2. 彩色全电视信号由（　　　）组成的。

A. 行场同步信号　　B. 亮度信号　　　　C. 行场消隐信号　　　D. 色度与色同步信号

3. （　　　）电视通过发光二极管组成的发光像素点进行显像。

A. CRT　　　　　　B. LED　　　　　　C. PDP　　　　　　D. LCD

4. 我国规定视频信号的带宽为（　　　）。

A. 4MHz　　　　　B. 5.5MHz　　　　C. 6MHz　　　　　D. 8MHz

5. 彩色三要素中，（　　　）表示彩色光颜色的深浅程度。

A. 色度　　　　　　B. 色饱和度　　　　C. 色调　　　　　　D. 亮度

6. 我国彩色电视采用的电视制式是（　　　）。

A. PLL 制　　　　B. PAL 制　　　　　C. SECAM 制　　　　D. ATSC 制

7. 我国规定行、场频率分别是（　　　）。

A. 40Hz、15624Hz　　　　　　　　　　B. 50Hz、15625Hz

C. 15625Hz、60Hz　　　　　　　　　　D. 15625Hz、50Hz

四、问答题

1. 图像信号的行频、场频及带宽分别是多少？

2. 什么是逐行扫描和隔行扫描？

3. 黑白全电视信号由哪些信号组成？各信号有什么作用？

4. 什么是彩色三要素？各要素分别由什么决定的？

5. 三基色原理的主要内容是什么？

6. 分析下面几种颜色相加混色的结果。

（1）黄色＋紫色＋青色

（2）青色＋紫色＋绿色

7. 亮度方程通式及其物理意义是什么？

8. 彩色电视的制式有哪些？

9. 什么是平衡调幅？平衡调幅的特点是什么？

10. 彩色全电视信号是由哪些信号组成的？

一、实践训练内容

通过对 CRT 电视和液晶电视的了解和学习，描述自己眼中的未来电视。

二、实践训练目的

通过本实践训练，进一步提高学生对电视概念的理解以及电视功能的认知。

三、实践训练组织方法及步骤

1. 实践训练前准备。对实践训练的内容进行相关搜集和准备。

2. 以 3 人为单位进行实践训练。

3. 对实践训练的过程做完整记录，并以 PPT 的形式进行展示。

四、实践训练成绩评定

1. 实践训练成绩评定分级

成绩按优秀、良好、中等、及格、不及格 5 个等级评定。

2. 实践训练成绩评定准则

（1）成员的参与程度。

（2）成员的团结进取精神。

（3）撰写的实践训练报告是否语言流畅、文字简练、条理清晰，结论明确。

（4）讲解时语言表达是否流畅，PPT 制作是否新颖。

项目二 液晶电视整机结构认识

项目要求

熟悉液晶电视显示技术及整机结构。

知识点

- 液晶电视显示技术基础；
- 液晶电视的整机结构；
- 液晶电视与 CRT 电视、PDP 电视的异同。

重点和难点

- TFT 液晶显示屏显示彩色图像的工作原理；
- 液晶电视的电路组成及作用。

2.1 液晶电视显示技术基础

LCD 电视即液晶电视，其显示屏采用液态晶体材料制成，具有超薄、无辐射等优点。

2.1.1 液晶基本知识

液晶（Liquid Crystal）是一种介于固体与液体之间，具有规则性分子排列的有机化合物。一般最常见的液晶为向列相液晶，分子形状为细长棒形。

有一种特殊的向列相液晶称为扭曲向列相液晶，它在自然状态下是扭曲的。当给这种液晶加上电流后，它们将依所加电压的大小反向扭曲相应的角度。这种液晶对于电流的反应很精确，因此可以用来控制光的流通。液晶显示器就是利用液晶本身的这个特性，适当地利用电压来控制液晶分子的转动，进而影响光线的进入方向来形成不同的灰度，称为液晶的电光效应。

2.1.2 液晶显示屏介绍

1. 液晶显示屏的分类

液晶显示屏（Liquid Crystal Display，LCD）简称液晶屏。液晶显示屏的种类很多，常用的主要有 3 种。

（1）TN-LCD（Twisted Nematic-LCD，扭曲向列 LCD）。

液晶分子从上到下呈 90°的扭曲角度排列，在控制扭曲角度时要采用较高的电压，而且扭曲角度控制比较粗糙，灰度控制只可以达到 16 级（4 位）。TN 主要用于 3 英寸以下的黑白小屏幕，如电子表、计算器、掌上游戏机等。

（2）STN-LCD（Super TN-LCD，超扭曲向列 LCD）。

液晶分子从上到下的扭曲角度可以超过 90°达到 270°，在控制扭曲角度时要采用较低的电压，控制灵敏度高，扭曲角度控制比较精细，灰度控制可以达到 64 级（6 位），字符显示也比 TN 型的细腻。STN 型配合彩色滤光片可显示多种色彩，多用于文字、数字及图像的显示。例如低档的笔记本电脑、掌上电脑、手机和个人数字助理（PDA）等便携式产品。

（3）TFT-LCD（Thin Film Transistor-LCD，薄膜晶体管 LCD）。

TFT-LCD 是指薄膜晶体管液晶显示器件，即每个液晶像素点都是由集成在像素点后面的薄膜晶体管来驱动，从而可以做到高速度、高亮度、高对比度地显示屏幕信息。TFT 液晶显示屏具有反应速度快等优点，多用于动画及显像显示，因此，在数码相机、液晶投影仪、笔记本电脑及液晶电视中得到广泛应用。

2. 液晶显示屏的采光技术

液晶显示屏是被动显示器件，它本身不会发光这一点和主动发光器件 CRT 截然不同。液晶电视采用的是背光源采光技术。背光源是位于液晶屏背后的一种光源，它的发光效果将直接影响到液晶显示模块（LCM）。

（1）背光源的任务。

背光源的任务主要有两点：一是使液晶显示屏无论在有无外界光的环境下都能使用；二是提高背景光亮度，改善显示效果。

（2）背光源的分类。

常用的背光源主要有 CCFL 和 LED。

CCFL 背光源也称冷阴极荧光管背光源，是液晶显示器、液晶电视应用最早、最为广泛的一种背光源，它由冷阴极荧光管发光，通过散射器将光均匀分散在液晶显示屏的视窗区。CCFL 背光源能够提供能耗低，光亮强的白光，具有成本低，效率高，寿命长，工作稳定，亮度调节简单，技术成熟等优点。但 CCFL 需要一个逆变器来提供 600~1000V 的交流电源，且亮度不够均匀。

LED 背光源是一种发光二极管背光源，具有电压驱动小，体积小，质量轻，寿命长，显色和调光性能好，耐震动，色温变化时不易产生视觉误差等优点。目前，LED 背光源已应用在液晶电视中。这也就是现在所称的"LED"电视，但并非真正的 LED 电视。

3. TFT 液晶显示屏的结构

（1）TFT 液晶显示屏的基本结构。

TFT 液晶显示屏是一种薄形的显示器件，它由前后两块相互平行的透明玻璃（衬底）构成，玻璃衬底间充满了 TN 型液晶体，四周密封组成了一个扁平状的盒形密封体。在 TFT 液晶显示屏的后玻璃上蚀刻有许多 TFT 器件，每个 TFT 的漏极 D 连接到后玻璃上一定面积的导电区，作为像素电极；将同一行像素上的 TFT 器件的栅极 G 连接起来，形成行电极（扫描电极）；将同一列像素上的场效应管源极 S 连接起来，形成列驱动电极（数据电极）。在 TFT 液晶显示屏的前玻璃上，分布着像素的另一个电极。所有这些电极全部连接在一起，形成一路电极，称为公共电极。TFT 液晶显示屏局部示意图如图 2-1 所示。

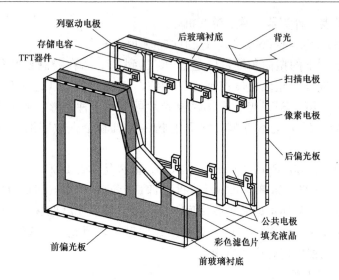

图 2-1 TFT 液晶显示屏的结构

（2）TFT 液晶显示屏主要元器件介绍。

① 液晶电容和存储电容。

根据 TFT 液晶显示屏的结构可知，在上下两层玻璃间夹着液晶。液晶是容性材料，其等效电容一般称为液晶电容 C_{LC}，它的大小约为 0.1pF。但是实际应用上，这个电容无法将电压保持住，直到下一次 TFT 再对此点充电时（以一般 60Hz 的画面更新频率，需要保持约 16ms），这样一来，电压有了变化，所显示的灰阶就会不正确。因此，一般在面板的设计上，会再加一个存储电容 C_{S}（一般由像素电极与公共电极走线形成），其容量约为 0.5pF。以便让电压能保持到下一次更新画面时。

② 薄膜晶体管（TFT）。

薄膜晶体管简称 TFT 器件，也称 TFT 开关管，是基于场效应管的原理制作而成的，利用电场效应来控制电流。TFT 管输出电流决定于输入电压的大小，基本上不需要信号源提供电流，所以，它的输入阻抗很高。TFT 有 3 个极，即源极（S）、栅极（G）和漏极（D）。TFT 器件还具有开关速度快，高频性能好，热稳定性好，噪声小等优点。电路符号如图 2-2 所示。

图 2-2 TFT 器件的符号

TFT 器件工作时，像一个电压控制的双向开关，当栅极 G 不施加电压时，TFT 器件处于截止（关断）状态，即源极 S 与漏极 D 不能接通，此时栅极 G 与源极 S 或漏极 D 之间的电阻称为关断电阻 R_{OFF}。由于栅极 G 的漏电流极小或者没有，所以，R_{OFF} 非常高。当在栅极 G 上施加一个大于其导通电压的正电压时，由于电场的作用，TFT 器件将处于导通状态，即源极 S 与漏极 D 接通，此时源极 S 与漏极 D 之间的电阻称为导通电阻 R_{ON}，它随栅极电压的增加而减小。源极和漏极的定义来自应用电路，一般将输入信号端称为源极 S，输出信号端称为漏极 D。在 TFT 液晶屏中，一般将数据驱动器端接 TFT 器件的源极 S，像素端接 TFT 器件的漏极 D。

③ 像素电极和公共电极。

像素电极分布在后玻璃上，公共电极分布在前玻璃上，它们共同构成像素单元。像素电极、公共电极和 TFT 器件构成了一个像素单元（也称子像素）。图 2-3 所示为一个子像素单

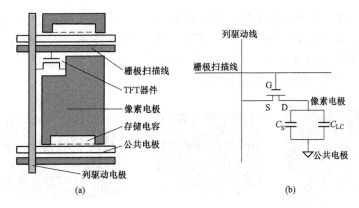

图 2-3　一个子像素单元的结构及等效电路

（a）像素结构；（b）像素电路符号

元的结构及等效电路。

④ 行电极与列电极。

从驱动方式上看，TFT 液晶屏将所有的行电极作为扫描行连接到栅极驱动器上，将所有列电极作为列信号端连接到源极驱动器上，从而形成驱动阵列。

⑤ 配向膜。

液晶前后（或上下）两层玻璃主要是用来夹住液晶的，后层玻璃上有薄膜晶体管（TFT），而前层玻璃则贴有彩色滤色片。这两片玻璃在接触液晶的那一面并不是光滑的，而是有锯齿状的沟槽，如图 2-4 所示。设置这个沟槽的主要目的是使线状的液晶分子沿着沟槽排列，这样，液晶分子的排列才会整齐。如果玻璃是光滑的平面，液晶分子的排列便不会整齐，造成光线的散射，形成漏光现象。在实际的制造过程中，并无法将玻璃做成如此槽状的分布，一般会在玻璃表面涂敷一层 PI（Poly-

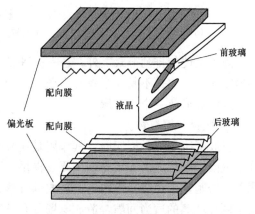

图 2-4　前后玻璃上的配向膜

imide），再用布摩擦，好让 PI 的表面分子不再杂散分布，依照固定而均匀的方向排列。这种 PI 就叫作配向膜，其功用就好像玻璃有沟槽一样，提供液晶分子呈均匀排列的条件，让液晶依照预定的顺序排列。

⑥ 彩色滤色片（CF，Color Filter）。

利用红色（R），蓝色（B）以及绿色（G）3 种基色，便可以混合出各种不同的颜色，电视和显示器就是利用这个原理显示色彩。把 R、G、B 3 种颜色分成独立的 3 个单元，各自拥有不同的灰阶变化，然后把临近的 3 个 R、G、B 显示单元当作一个显示的基本单位——像素点（Pixel），这一个像素点就可以拥有不同的色彩变化。

图 2-5 所示是常见的彩色滤色片的排列方式。RGB 子像素的排列方法包括条状排列、对角形排列及三角形排列等。条状排列是指将 RGB 子像素按竖条状排列。该方法已经用于大尺寸彩色液晶面板，以及多用来显示线条、图形和文字的个人电脑显示器等高清晰显示器用

途。马赛克排列（或称为对角形排列）是指将 RGB 子像素的同一颜色按对角线方向斜向排列。如果第一列为 RGBRGB，则第二列为 BRGBRG。这种排列可比条状排列获得更加自然的图像。三角形排列是指将 RGB 三色按三角形排列。各点按场域错开半个间距。纵、横、斜方向均有 RGB，可获得自然的图像显示。

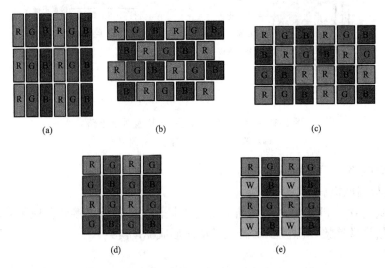

图 2-5　彩色滤色片的排列

（a）条状排列；（b）三角形排列；（c）马赛克排列；（d）正方形排列（1）；（e）正方形排列（2）

除了上述的排列方式之外，还有一种排列，叫做正方形排列，它跟前面几种排列不一样的地方在于，它并不是 3 个单元当做一个像素点而是 4 个单元当做一个像素点，4 个单元组合起来刚好形成一个正方形。

⑦ 框胶和填充物。

框胶围绕于液晶屏四周，其作用是让液晶面板中的上下两层玻璃能够紧密黏住，将液晶分子框限于面板之内。填充物主要是提供上下两层玻璃的支撑，它必须均匀地分布在玻璃衬底上；否则，一旦分布不均匀，造成部分填充物聚集在一起，会阻碍光线通过，也无法维持上下两片玻璃的适当间隙，造成电场分布不均匀，影响液晶的灰阶表现。

（3）液晶显示屏的开口率。

液晶显示屏中决定亮度最重要的因素是开口率。开口率是光线能透过的有效区域比例。提高开口率，可以增加液晶显示屏的亮度，同时背光板的亮度也不必很高，可以节省耗电及成本。

（4）常亮及常黑液晶显示屏。

常亮（Normally White，NW）是指对液晶显示屏不施加电压时，所看到的显示屏是透光的画面，也就是亮的画面；反过来，如果对液晶显示屏不施加电压时，面板无法透光，看起来是黑色的，就称为常黑（Normally black，NB）。

TFT 液晶显示屏前后玻璃的配向膜是互相垂直的，NB 与 NW 的差别在于偏光板的相对位置不同。NW 液晶显示屏前后偏光板的极性是互相垂直的，不施加电压时，光线会因为液晶将之旋转 90° 而透光，如图 2-6 所示；而 NB 液晶显示屏前后偏光板的极性是互相平行的，不施加电压时，光线会因为液晶将之旋转 90° 而无法透光，如图 2-7 所示。

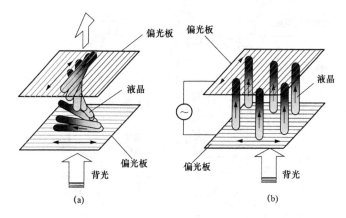

图 2-6 NW 液晶显示屏的结构

（a）不加电压时透光；（b）加电压时不透光

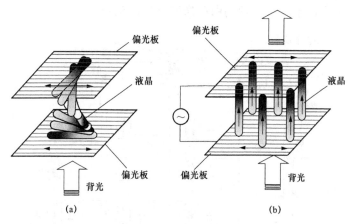

图 2-7 NB 液晶显示屏的结构

（a）不加电压时不透光；（b）加电压时透光

为什么会有 NW 与 NB 两种不同的偏光板配置呢？主要是为了适应不同的应用环境。一般而言，液晶显示器大多为 NW 的配置，这是因为一般计算机软件的使用环境，整个屏幕大多是亮点，也就是说，计算机软件界面多为白底黑字，既然亮着的点占大多数，使用 NW 当然比较方便。另外，NW 液晶显示屏亮点不需要加电压，平均起来也比较省电。反过来说，NB 显示屏的应用环境大多数为黑底。液晶电视一般采用 NB 液晶显示屏，但也有些液晶电视采用 NW 液晶显示屏。

4. TFT 液晶显示屏显示彩色图像的工作原理

TFT 液晶显示屏能够显示色彩逼真的彩色，是由 TFT 液晶屏内部的彩色滤色片和 TFT 场效应管协调工作完成的。图 2-8 所示为液晶屏上一组三基色像素的示意图。

由图 2-8 中可以看出，在 t 时刻，R、G、B 三基色像素从列驱动器输出，加到列驱动电极 $n-1$、n、$n+1$ 上，即各 TFT 的源极 S 上；而此时（即在 t 时刻），栅极驱动器输出的行驱动脉冲只出现在第 m 行导通的 TFT 加到漏电极像素电极上，故 R、G、B 三基色像素单元透光，送到彩色滤色片上，经混色后显示一个白色像素点。

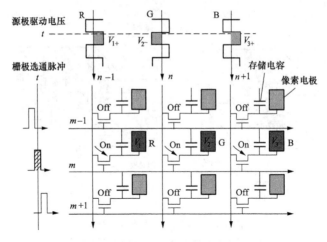

图 2-8　一组三基色像素示意图

图 2-9 所示为一个显示 3 个连续的白色像素点的示意图。

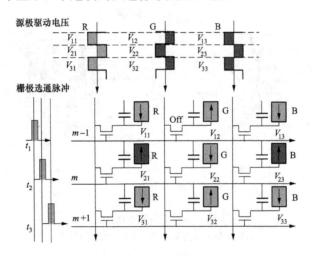

图 2-9　显示 3 个白色像素点的示意图

显示的工作过程与图 2-8 所示类似，即在 t_1 时刻，第 $m-1$ 行的 TFT 导通，于是在第 $m-1$ 行的对应列处显示一个白色像素点；在 t_2 时刻，第 m 行的 TFT 导通，于是在第 m 行的对应列处显示一个白色像素点；在 t_3 时刻，第 $m+1$ 行的 TFT 导通，于是在第 $m+1$ 行的对应列处显示一个白色像素点。由于 t_1、t_2、t_3 之间的时间间隔很小，因此，人眼是看不到白色像素点闪动的，而看到的是 3 个竖着排放的白色像素点。

从上面介绍的 R、G、B 三基色像素的源极驱动电压波形可以看出，相邻的两点加上的是极性相反、幅度大小相等的交流电压，因此这种极性交换方式称为"逐点倒相法"。若显示其他颜色，原理是相同的。例如，若要显示黄色，只需要 R、G 两像素单元加上电压，使 R、G 透光显示出滤色片的颜色；同时，不给 B 像素单元加电压，因此，B 像素单元不能透光而呈黑暗状态，也就是说，在三基色单元中，只有 R、G 两单元发光，故能呈现黄色。

由上可见，如果将视频信号加到源极列线上，再通过栅极行线对 TFT 场效应管逐行选通，即可控制液晶屏上每一组像素单元的发光与否及发光颜色，从而达到显示彩色图像的目的。各基色像素单元的源极列线，按照三基色的色彩不同而分为 R、G、B 三组，分别施加各基色的视频信号，就可以控制三基色的比例，从而使液晶屏显示出不同的色彩来。

2.1.3　TFT 液晶面板介绍

1. 液晶面板的组成

在生产液晶电视时，TFT 液晶显示屏需和其他部件结合在一起，作为一个整体而存在。液晶面板本身具有特殊性，连接和装配需要专用的工具，操作技术难度很大，因此生产厂家把液晶显示屏、连接件（接口）、驱动电路 PCB 和背光灯等元器件用钢板封闭起来，只留有背光灯、插头和驱动电路的输入插座。这种组件被称为液晶显示模块（LCD Module, LCM），也称为液晶板、液晶面板等。这种组件的方式既增加了工作的可靠性，又能防止用户因随意拆卸造成不必要的意外损失。液晶电视生产厂家只需把背光灯的插头和驱动电路插排与外部电路板连接起来即可，使得整机的生产工艺变得简单可靠。TFT 液晶面板的外形如图 2-10 所示，其内部组成如图 2-11 所示。

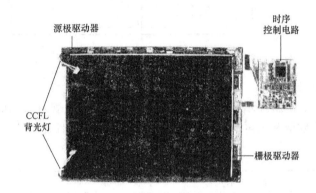

图 2-10　TFT 液晶面板外形图

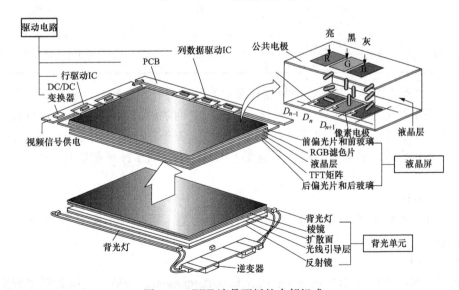

图 2-11　TFT 液晶面板的内部组成

液晶面板中的背光灯一般需要高压电源，高压由模块外的高压板电路（也称逆变器）产生，经高压插头送入背光灯。根据液晶面板尺寸的大小以及显示要求，背光灯的数量可选。

液晶面板外的主板电路通过插排输入接口和面板内屏控板相连，不同的液晶面板采用的接口形式不同，有些采用 TTL 接口，有些采用 LVDS 接口。

液晶面板中还有几块电路板，上面分布着定时控制器（TCON）、行驱动器、列驱动器和其他元件。液晶面板的数据和时钟信号经 TCON 处理后，分离出行驱动信号和列驱动信号，再分别送到液晶面板的行、列电极（即行、列驱动信号输入端）。图 2-12 所示是某液晶面板的内部电路构成示意图。

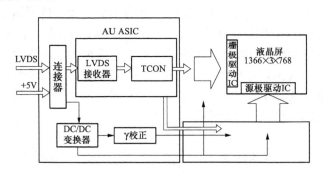

图 2-12　某液晶面板内部电路构成示意图

2. 液晶面板的类型

液晶面板是电视、电脑显示器及手机屏幕上直接影响画面观看效果的重要部件。液晶面板按显示技术可分为硬屏和软屏。表 2-1 所示为软屏与硬屏特性比较。

表 2-1　　　　　　　　　　　　　　　　液晶面板的类型

面板阵营	面板技术	软、硬屏	特　性
VA	CPA	软屏	在常态下分子长轴垂直于面板方向
	MVA/S-MVA		
	PVA/S-PVA		
IPS	IPS/S-IPS	硬屏	液晶分子始终都与屏幕平行
	AS-IPS		

IPS 之所以称为硬屏，与其物理特性有很大关系。在 IPS 屏幕中，液晶分子的排列顺序是水平的，用手触摸 IPS 屏幕时，液晶分子承受了较多的按压力，不会影响到画面成像，所以 IPS 屏幕的触感才会较硬，如图 2-13 所示。相反，VA 液晶屏的液晶分子是垂直排列的，当遇到外界作用力时，屏幕会出现较大幅度干扰，形成如同水波纹般图案，因此称为软屏，如图 2-14 所示。

（1）VA 面板。

VA 类面板是现在高端液晶应用较多的面板类型，同时 VA 类又可分为 CAP 面板、MVA 面板和 PVA 面板。

① CPA 面板。

连接焰火状排列技术（Continuous Pinwheel Alignment，CPA）面板为夏普所发明，目前夏普生产的面板普遍采用这种技术。CPA 模式的每个像素都具有多个方形圆角的次像素电极，当电压加到液晶层次像素电极和另一面的电极上，形成一个对角的电场，驱使液晶向中心电极方向倾斜，各液晶分子朝着中心电极呈放射的焰火状排列。

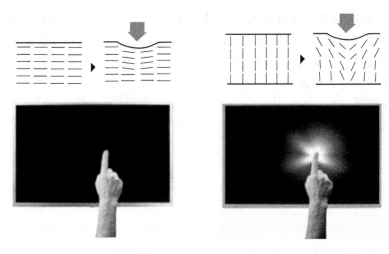

图 2-13　IPS 硬屏触摸　　　　　图 2-14　VA 软屏触摸

CPA 面板像素特征非常明显，对于红色、蓝色、绿色和一些深色图像，像素呈蜂窝状排列，在 90°、45°、135°角上呈直线排列，而水平方向无法形成直线。值得注意的是，在观看白色画面时，CPA 面板和中国台湾 MVA 面板特征相同，不但看不到蜂窝状排列的像素，而且连轻微的波纹都相同。在夏普电视的宣传材料上，经常提到使用了 ASV 技术，这并不是一种面板技术类型，而是一种用于提高图像质量的技术，ASV 为 AdvanceSuperView 或 AxialSymmetricView 的缩写，主要是通过缩小液晶面板上颗粒间的间距，增大液晶颗粒上的光圈，并通过整体调节液晶颗粒的排布来降低液晶电视的反射，从而增加亮度、可视角和对比度。

② MVA/S-MVA 面板。

多象限垂直配向技术（Multi-domain Vertical Alignment，MVA）面板是富士通生产的一种主要面板类型，S-MVA 面板是 MVA 面板的改进型。MVA/S-MVA 面板采用一种多象限垂直配向技术，利用突出物使液晶静止时，并非传统的直立式，而是偏向某一个角度的静止。当施加电压时，使液晶分子更快速地改变成水平方向，以让背光通过，可大幅缩短显示时间。采用突出物改变液晶分子配向，使视野角度更为宽广，视角可增加至 160°以上，反应时间缩短至 20ms 以内。

③ PVA/S-PVA 面板。

图案垂直排列（Patterned Vertical Alignment，PVA）面板是三星推出的一种面板类型，在富士通 MVA 面板的基础上有了进一步的发展和提高。PVA 是一种图像垂直调整技术。该技术直接改变液晶单元结构，让显示效能大幅提升，可以获得优于 MVA 的亮度输出和对比度，可视角度可达 170°，响应时间被控制在 20ms 以内。PVA 面板与 MVA 面板的像素形状类似。目前，在 PVA 面板基础上又发展出 S-PVA 面板。

（2）IPS 面板。

① IPS/S-IPS 面板。

平面切换（In-Plane Switching，IPS）面板是 2001 年由日本日立首先推出的。IPS 面板利用液晶分子平面切换的方式来改善视角；利用空间厚度、摩擦强度，并有效利用横向电场驱动的改变让液晶分子做最大的平面旋转角度来增加视角；在商品的制造上不需额外加补偿膜，显示视觉上也能达到较高的对比度；在视角上可提升到 $160°$，响应时间缩短至 $40ms$ 以内。所以 IPS 型液晶面板具有可视角度大，颜色细腻等优点，看上去比较通透，不过响应时间较长和对比度较难提高是这类型面板比较致命的缺点。S-IPS 面板则引入了新技术来改善某些特定角度的灰阶逆转现象。

② AS-IPS 面板。

AS-IPS（Advanced Super-IPS）技术，通过增加整体光的穿透率，改善了液晶的动画特性。

3. 液晶面板使用注意事项

① 在装配液晶面板时，不要扭曲或弯曲液晶屏，或者将其他外力施加在液晶显示屏显示区域上。

② 保存液晶面板的地方必须具备良好的通风散热性，必须在制定的温度范围内存放液晶面板，不能将液晶面板直接暴露在阳光下。

③ 不可带电插拔液晶面板的外围电路。

④ 偏光板很容易被划伤，操作时应小心谨慎。

⑤ 液晶面板不可接触酸性化合物。

⑥ 静电会损坏液晶面板，人体接触液晶面板时要采取防静电措施。

⑦ 不能用手直接接触液晶面板背面背光源部位，背光源有高压。

⑧ 不要使液晶面板受到剧烈震动，否则显示屏可能会断裂。

⑨ 不要用大力按压液晶面板的前面或后面，否则可能会导致显示器不均匀或者其他问题。

2.1.4　液晶屏常见的"点缺陷"

液晶屏常见的"点缺陷"可分为坏点、亮点和暗点 3 种。

（1）坏点。

在白屏情况下为纯黑色的点或者在黑屏下为纯白色的点。在切换至红、绿、蓝三色显示模式下此点始终在同一位置上并且始终为纯黑色或纯白色的点。这种情况说明该像素的 R、G、B 3 个子像素点均已损坏，此类点称为坏点。

（2）亮点。

在黑屏的情况下呈现的 R、G、B（红、绿、蓝）点叫做亮点。亮点的出现分为两种情况：

① 在黑屏的情况下单纯地呈现 R 或者 G 或者 B 色彩的点。

② 在切换至红、绿、蓝三色显示模式下，只有在 R 或者 G 或者 B 中的一种显示模式下有白色点，同时在另外两种模式下均有其他色点的情况，这种情况是在同一像素中存在两个亮点。

（3）暗点。在白屏的情况下出现非单纯 R、G、B 的色点叫做暗点。暗点的出现分为两种情况：

① 在切换至红、绿、蓝三色显示模式下，在同一位置只有在 R 或者 G 或者 B 一种显示模式下有黑点的情况。这种情况表明此像素内只有一个暗点。

② 在切换至红、绿、蓝三色显示模式下，在同一位置上在 R 或者 G 或者 B 中的两种显示模式下都有黑点的情况。这种情况表明此像素内有两个暗点。

（4）衡量的标准。

国际标准化组织（International Standards Organization，ISO）在 2001 年制定了关于液

晶面板坏点的标准，定义了 4 个等级的品质。Class 1 不允许有坏点，是最高等级。最低等级是 Class 4，容许有 10 个以上坏点。一般情况下，使用 Class 2 这个级别，允许有 3 个坏点，但如果只有两个坏点却出现在 5×5 像素的范围内，同样是不允许的，完全可以要求换货。

此外，由于全球各地对坏点定义等级的标准不同，受 LCD 技术和制造工艺不完善和成本限制，目前在 LCD 显示器业界，很多制造商都默认一个显示器的坏点少于 6 个就是合格产品，只有一些采用 A＋面板的产品才会做出零亮点或零坏点一类的承诺。此外，随着技术的不断完善，有些品牌的液晶板无亮点率已经能够达到 90%。

2.1.5　液晶电视的主要技术指标

1. 像素

像素是指组成图像的最小单位，也即发光"点"。液晶板上一个完整的彩色像素由 R、G、B 这 3 个子像素组成，因此在液晶电视中，提到一个像素时，都是指 RGB 一组像素，如图 2-15 所示。

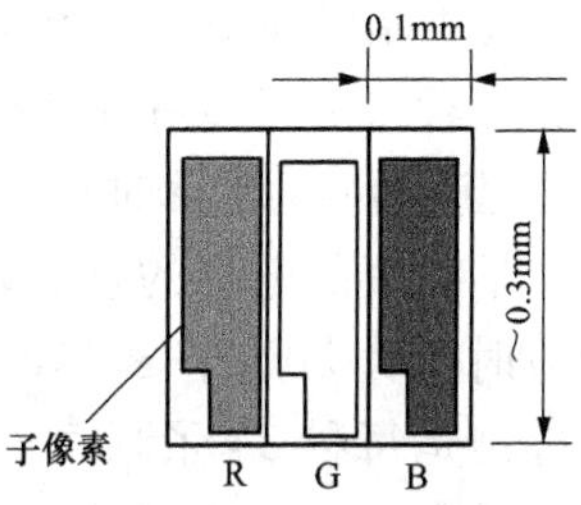

2. 像素点距

液晶电视的点距（Pixel pitch）是指像素间距即显示屏相邻两个像素点之间的距离。显示画面由许多的点组成，画质的细腻程度由点距决定。

点距＝屏幕物理长度/在这个长度上显示的点的数目。

点距使用毫米（mm）做单位。

图 2-15　像素的组成

3. 显示分辨率

显示分辨率也称像素分辨率，简称分辨率，是指液晶电视显示的像素个数，通常用每列像素乘每行像素来表示。分辨率越高，显示屏可显示的像素就越多，在同样屏幕尺寸下图像就越清晰。

4. 对比度

对比度是指液晶电视的透光等级，也就是屏幕上同一个像素最亮时（白色）与最暗时（黑色）的亮度的比值，高的对比度意味着相对较高的亮度和较高的呈现颜色的艳丽程度。品质好的液晶电视屏和恰当的背光源亮度，两者合理结合就能获得色彩饱满明亮清晰的画面。

对比度是直接体现液晶电视能否呈现丰富色阶的参数，对比度越高，还原的画面层次感就越好，图像的锐利程度就越高，图像也就越清晰。如果对比度不够，画面会显得暗淡，缺乏表现力。对于液晶电视来讲，常见的对比度标称值还区分为原始对比度和动态对比度两种，一般动态对比度值是原始对比度值的 3～8 倍。

5. 亮度

光测量的单位主要是光通量，就是单位面积内发出或者吸收的光的能量，使用单位 W（瓦特）进行度量。在单位立体角内的单位投影面积中的光通量就是光的亮度，标准单位是 $lm/(m^2 \cdot sr)$（流明每平方米每立体角度），也可以写成 cd/m^2。液晶电视的亮度一般以 cd/m^2 为单位。

亮度过低就会感觉屏幕比较暗，当然亮一点会更好。但是，如果屏幕过亮的话，人的双眼观看过久会产生疲倦感。

6. 最大显示色彩数

液晶电视显示的最大色彩数与液晶板像素量化深度有关。量化深度是指每个像素的量化位数。常见的有 6bit、8bit 和 10bit 液晶板。

所谓 6bit 液晶板就是液晶板上每个子像素都用 6bit 的数据来表示，一个像素的量化比特数为 $6 \times 3 = 18$；同理，8bit 液晶板一个像素的量化比特数为 24，10bit 液晶板一个像素的量化比特数为 30。

6bit 液晶板最大能显示 262144 种颜色，8bit 液晶板可以显示 16777216 种颜色，10 比特液晶板可显示 1073741824 种颜色。

7. 响应时间

由于液晶材料的黏性特点会对显示造成延迟，因此液晶电视定义了响应时间这一指标，CRT 电视是没有这一指标的。响应时间反映了各像素点的发光对输入信号的反应速度，也就是液晶由暗转亮或者是由亮转暗的反应时间。一般来说分为两个部分——上升时间和下降时间。像素点由亮转暗时对输入信号的延迟时间称为上升时间，像素点由暗转亮时对输入信号的延迟时间称为下降时间，这两个时间的和，就是液晶电视的响应时间，单位为 ms（毫秒）。

早期液晶电视的响应时间通常都在 50ms 以上，存在拖影的缺点。1s 等于 1000ms，若响应时间为 50ms，最多可以在 1s 之内连续显示 1000/50＝20 张画面，但电影画面要顺畅的标准是每秒 24 张画面，所以 20 张画面的速度自然会产生拖影（也叫拖尾）现象，很显然不适合显示高速运动的画面。由于各厂商对于响应时间的算法有差异，故液晶电视的响应时间就其实用性来说，最好在 16ms 以内，越小越好。响应时间越小，显示高速运动画面的质量越高。

8. 可视角度

液晶电视的可视角度也称为视角范围，包括水平可视角度和垂直可视角度两个指标。水平可视角度表示以显示屏的垂直法线为准，在垂直法线左或右方一定角度的位置上，仍然能够正常地观看显示图像的液晶电视的水平可视范围。同理，如果以水平法线为准，上下的可视范围就称为垂直可视角度。可视角度的测定是以对比度变化为参照标准的，当观察角度加大时，该位置看到的显示图像的对比度会下降，当角度加大到一定程度，对比度下降到标准以下时，这个角度就是该液晶电视的最大可视角度。

目前，市场上出售的液晶电视的可视角度都是左右对称的。由于液晶屏自身的特点，通常水平可视角度大于垂直可视角度。液晶显示屏标注的可视角度的指标参数如无说明，一般是指水平可视角度。

9. 屏幕比例

液晶电视屏幕宽度和高度的比例称为长宽比，也称为纵横比或者屏幕比例。目前液晶电视的屏幕比例一般有 4：3 和 16：9 两种。26in 以上的液晶电视通常都采用 16：9 的宽屏比例。另外，有些电视和显示器两用的液晶产品则有可能是 16：10 的比例。

10. 屏幕尺寸

液晶电视的屏幕尺寸是指液晶屏幕对角线的长度，单位为 in（英寸）。目前市面常见机型的屏幕尺寸主要有 15in、19in、23in、26in、27in、32in、37in、40in、42in、46in、47in、52in 及 65in 等。

液晶电视与 CRT 电视尺寸的标示方法不一样。CRT 电视的尺寸标示，是以外壳的对角线长度作为表示的依据，而液晶电视则是以可视范围的对角线作为标示的依据。

2.2　液晶电视的组成

2.2.1　液晶电视机的外形结构

从外观上看，液晶电视机主要由外壳、液晶面板等部分构成，如图 2-16 所示为典型液晶电视机的实物外形。

图 2-16　液晶电视机的实物外形

2.2.2　液晶电视的内部结构

液晶电视主要由电源板、主板（数字信号处理板）、T-CON 板（时序逻辑板）、背光灯供电板组成，其内部结构如图 2-17 所示。

图 2-17　液晶电视的内部结构

2.2.3　液晶电视的电路组成及作用

液晶电视的电路组成如图 2-18 所示。

1. 一体化高频调谐器

一体化高频调谐器集成了高频调谐、中频放大、视频检波等电路，体积小，可靠性高，稳定性好。射频（RF）信号经一体化高频调谐器处理后直接输出视频信号（CVBS）和第二伴中频信号（SIF）。

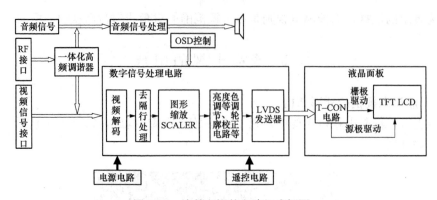

图 2-18　液晶电视的电路组成框图

2. 数字信号处理电路

数字信号处理电路一般集成在液晶电视控制芯片中，其中最核心的三部分为视频解码器（Video Decoder）、去隔行扫描器（De-Interlacer）及缩放控制器（Scaler）。

视频解码电路的作用是将接收到的视频全电视信号进行解码，解调出亮度/色度信号 Y/C、亮度/色差信号 Y/V 或者 RGB 信号。视频解码可分为模拟解码和数字解码两种类型。

少数液晶电视采用模拟解码芯片（如 TDA9855、TDA120XX 系列等）进行解码，视频信号的处理过程为：从中频处理电路来的图像信号先进行模拟解码，产生模拟的 RGB 信号，然后送至 A/D 转换电路，将模拟的 RGB 信号转换为数字 RGB 信号，经去隔行处理电路后，将隔行扫描的图像信号变换为逐行扫描的图像信号，送到缩放控制器 Scaler 电路。

大多数液晶电视采用数字解码芯片，如 SAA71XX 系列 SAA7114/SAA7115/SAA7117/SAA7118/SAA7119、VCT49XY 系列、VPC3220 等。视频信号的处理过程为：来自中频处理电路的图像信号先进行 A/D 转换（此电路可外设，但一般集成在数字解码芯片中），产生数字 Y/C 信号或数字 Y/V 信号，然后送去隔行处理电路。

去隔行处理电路也称隔行/逐行变换电路，其作用是将隔行扫描的图像信号变化为逐行扫描的信号，送到缩放控制器电路。

缩放控制器的作用是将不同格式的信号转换成液晶屏所要求的固定格式的信号。

一个面板的像素位置与分辨率在制造完成后就已经固定，但是电视信号和外部输入的图像信号格式却是多元的，当液晶面板接收不同分辨率的信号时，要经过缩放处理才能适合一个屏幕的大小，所以信号需要经过缩放控制器进行缩放处理。

3. 伴音处理电路

伴音处理电路主要由音频处理器和音频功放电路组成，其作用是将接收到的第二伴音中频信号进行解调、音频处理、功率放大，最后推动扬声器发出声音。

液晶电视机音频处理能力较强，可实现多制式伴音信号的解调。功放电路采用 D 类功率放大，输出的晶体管工作在开关状态。

4. 液晶板接口电路

液晶板与主板接口有 TTL、LVDS、RSDS、TMDS 和 TCON 5 种，其中 TTL 和 LVDS 接口最为常用。

TTL 接口是一种并行总线接口，用来驱动 TTL 液晶屏，根据不同的面板分辨率，TTL 接口又分为 48 位和 24 位并行数字显示信号。

LVDS 是一种串行总线接口，用来驱动 LVDS 液晶屏，与 TTL 接口相比，串行接口有更高的传输率，更低的电磁辐射和电磁干扰，并且需要的数据传输线比并行接口少很多，所以 LVDS 接口应用十分广泛。

5. 液晶面板部分

液晶面板也称液晶显示模块，是液晶电视的核心部件，主要包含液晶屏、LVDS 接收器、驱动 IC、时序控制 IC（Timing Controller，TCON）和背光源等。

驱动 IC 和时序控制 IC 是附加于液晶面板上的电路，TCON 决定像素显现的顺序与时间，并将信号传输给驱动 IC，其中纵向的源极驱动 IC（Source Driver IC）负责视频信号的写入，横向的栅极驱动 IC（Gate Driver IC）控制晶体管的开/关，再配合其他组件的工作，便可在液晶电视上看到影像。

6. 微控制器电路

微控制器电路主要包括 MCU（微控制器）、存储器等，是整机的指挥中心。其中，MCU 用来接收按键信号、遥控信号，然后再对相关电路进行控制，以完成指定的功能操作。存储器用来存储液晶电视的设备数据和运行中所需的数据。

7. 电源电路

液晶电视的电源电路分为开关电源和 DC/DC 变换器两部分。其中，开关电源将市电交流 220V 转换成 12V 电源（有些机型为 14V、18V、24V 或 28V）；DC/DC 直流变换器用以将开关电源产生的直流电压（如 12V）转换成 5V、3.3V、2.5V 等电压，供给整机小信号处理电路使用。

8. 屏显控制

OSD 是 On-Screen Display 的简称，即屏幕菜单式调节方式。当使用者操作电视机换台或调整音量、画质等时，电视屏幕就会显示目前状态让使用者知道，此控制 IC 可通过编程在屏幕上的适合位置显示一些特殊字符与图形，成为人机界面上重要的信息产生装置，使调节项目和操作更具人性化。

2.3 液晶电视与 CRT、PDP 电视的异同

2.3.1 液晶电视与 CRT 电视的异同

CRT 电视和液晶电视在功能上是一样的，都是为了接收电视台播放的电视节目。但是，电视台发射的标准信号是模拟电视信号，把专门提供给 CRT 显示图像的信号应用到液晶屏上显示图像，使得液晶电视在电路结构上和 CRT 相比也大不相同。

1. 电路组成的不同点

图 2-19 所示为 CRT 电视的组成框图，由图 2-19 可知 CRT 电视主要由电源电路、CPU 控制电路、高频头、中频信号处理电路、伴音信号处理电路、亮度信号处理及彩色解码电路、行场振荡电路、行输出与场输出电路及显像管等组成。按照单元电路的功能，可分为电源电路、CPU 控制电路、声像信号处理电路及光栅形成电路四大部分。

液晶电视与 CRT 电视相比，有一些完全不同的电路。如 CRT 电视有产生模拟信号控制偏转线圈的行场处理电路（行场振荡、行输出、场输出）和高压形成电路；液晶电视有 SCALER 电路、面板接口电路、逆变电路等，通过数字信号驱动扫描电极和数据电极显示图像。

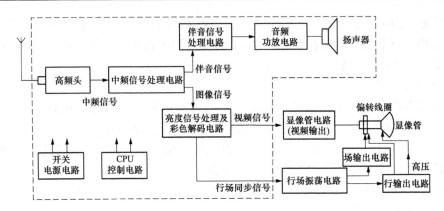

图 2-19　CRT 彩电的组成框图

2. CRT 与 TFT 液晶屏结构的不同点

CRT 电视和液晶电视最主要的区别是显示屏不同。CRT 电视采用 CRT 作为显示屏，液晶电视采用液晶屏作为显示屏。CRT 电视以模拟电路支持图像显示，是扫描成像。液晶电视以数字电路支持图像显示，是矩阵成像。由于显示屏的变化，支持屏工作的开关电源也发生变化。CRT 电视主要是以电压较高（130V 行供电）的小电流供电，液晶电视主要是以较低电压的大电流供电，而且开关电源还采用了 PFC 技术、MOS 管及大规模的数字集成电路等。图 2-20 所示为 CRT 和 TFT 液晶屏的结构示意图。

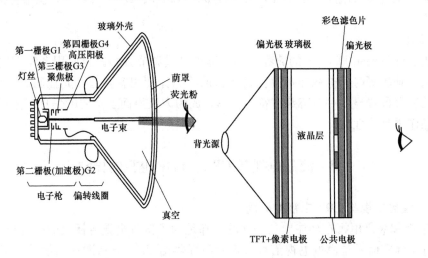

图 2-20　CRT 和 TFT 液晶屏的结构示意图

CRT 电视所采用的 CRT 显示器件主要由 5 部分组成：电子枪、偏转线圈、荫罩（荫罩孔、荫罩板）、荧光粉层及玻璃外壳。CRT 是一个主动发光器件，其发光源就是 CRT 的电子枪。

CRT 使用电子枪发射高速电子，在垂直和水平偏转线圈的控制下，使电子枪射出电子束从屏幕左上角开始轰击荧光点，按照从左向右、从上向下的顺序依次轰击直到屏幕右下角，从而显示出一幅完整的图像，不断重复这个过程便可以显示活动的画面。

液晶电视的液晶屏与 CRT 电视的 CRT 结构完全不同。液晶屏由两片偏光板、两片玻璃、液晶、一片带有很多薄膜晶体管的玻璃、一片有红绿蓝（R、G、B）3 种颜色的彩色滤色片及背光源组成。液晶电视利用背光源投射出光线，光线经过一个偏光板后再经过液晶，液晶分子的排列方式改变穿透液晶的光线角度，光线还须经过彩色滤色片与另一块偏光板。改变激励液晶的电压值就可以控制出现在液晶屏上的光线强度与色彩，在液晶面板上变化出不同深浅的颜色组合并组成图像。

3. 性能参数的不同点

液晶电视的性能参数与 CRT 电视有较大区别，具体不同点如表 2-2 所列。

表 2-2　　　　　　　　　　　　液晶电视与 CRT 电视性能参数的不同点

不同点	液晶电视	CRT 电视
分辨率	固定的分辨率，在自有的分辨率下可得到最佳的画质。在其他的分辨率下可以扩展或压缩的方式，将画面显示出来	没有固定的分辨率，只要在电视的规格内，都可以直接显示出来
色阶	色阶多已达到全彩的标准	没有色阶限制
画面构成	画面由液晶板上的像素组成，其分辨率固定，像素的点距决定像素大小。画面能呈现饱和的色纯度、清晰的字型及锐利的画面	画面像素依靠许多密集的点或直线构成，这些点和点或直线和直线间的距离，我们称之为点距或栅距。CRT 的点距大小及品质，对画面的清晰和锐利度有很大的影响
可视角度	可视角度随着技术不断改良，并得到很大的提升。目前动态矩阵液晶电视可视角度为 140°或更宽，仍有很大的改善空间	非常良好的可视角度

4. 其他差异

① 显示器厚度：液晶电视采用液晶显示屏，体积较小，厚度较薄；CRT 电视用 CRT，体积较大，厚度较厚。

② 电源消耗：液晶电视较省电，比传统 CRT 电视的耗电量少一半左右。

③ 电磁辐射：传统的 CRT 电视内的电子束在运动时会产生很多静电与辐射；LCD 电视由于运作时无须使用电子光束，因此没有静电与辐射。

2.3.2　液晶电视与 PDP 电视的异同

等离子电视机（Plasma Display Panel，PDP）和液晶电视机最主要的区别就是显示组件的不同。等离子电视机采用等离子显示屏作为显示组件。等离子显示屏和液晶显示屏需要的驱动信号和供电电压不同，相关的电路也不同，音、视频信号处理电路部分基本相同。

1. 等离子显示屏

等离子电视是一种继承了 CRT 电视发光优势的平板显示技术。等离子屏内部没有类似 CRT 的电子枪，是在两张超薄的玻璃板之间注入混合气体，并施加电压，利用荧光粉发光成像的设备。等离子屏可以做得很薄，故称为平板电视。与 CRT 显像管显示器相比，具有分辨率高，屏幕大，超薄的特点，又同时继承了 CRT 色彩丰富、鲜艳、对比度强烈、显影速度快的特点。

（1）等离子显示屏工作原理。

等离子显示屏是一种利用气体放电的显示技术，采用等离子管作为发光元件。屏幕上每一个等离子管对应一个像素。屏幕以玻璃作为基板，基板间隔一定距离，四周经气密性封接形成一个个放电空间，放电空间内充入氖、氙等混合惰性气体作为工作媒质。在两块玻璃基板的内侧面上涂有金属氧化物导电薄膜作激励电极，当向电极施加电压，放电空间内的混合气体便发生等离子体放电现象。气体等离子体放电产生紫外线，紫外线激发荧光粉，荧光屏发射出可见光，显现出图像。等离子屏的发光强度受图像信号的控制，就像普通 CRT 显像管的荧光粉的发光受显像管阴极的图像信号的控制一样。

（2）等离子显示屏特点。

等离子显示是一种自发光显示技术，不需要背光源，没有 LCD 显示器的视角和亮度均匀性问题，而且实现了较高的色彩显示能力和对比度。同时，等离子技术也避免了 LCD 技术中响应时间的问题。因此，从目前的技术水平看，等离子显示技术在动态视频显示领域的优势更加明显，更加适合作为家庭影院和大屏幕显示终端使用。

（3）等离子显示屏的结构。

等离子显示屏的结构如图 2-21 所示。

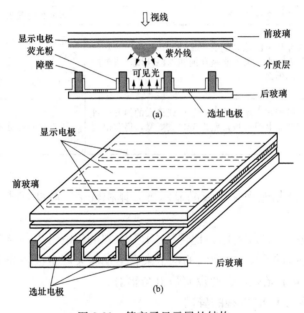

图 2-21　等离子显示屏的结构

等离子显示屏由前后两片面板组成。前面板由玻璃基层、透明电极、辅助电极、诱电体层和氧化镁保护层构成，并且在电极上覆盖透明介电（dielectric layer）及防止离子撞击介电层的 MgO 层；后板玻璃上有 Data 电极、介电层及长条状的障壁（barrier bib），并且在中间隔壁内侧依序涂有红色、绿色、蓝色的荧光体，在组合之后分别注入氮、氖气体即构成等离子面板。

2. 等离子电视的组成部分

等离子电视主要由电源供电电路、信号处理电路和 PDP 模块三大部分构成。电源电路为整机电路和等离子屏提供工作电压。信号处理电路主要处理输入的模拟音频信号和数字音视频信号，音频信号经放大后驱动扬声器发声，视频信号经处理后经屏线输出图像显示信号。图像显示信号被送往 PDP 显示组件中，经逻辑板处理后输出等离子屏驱动信号，驱动等离子屏显示图像。

3. 等离子电视与液晶电视其他差异

等离子电视具有图像无闪烁，厚度薄，质量轻，色彩鲜艳，图像逼真等特点，而且在屏幕大型化方面相对容易，其缺点是耗电大，寿命有限，容易老化。

液晶电视也具有图像无闪烁，厚度薄，质量轻等特点，且液晶屏已被广泛应用于 PC 领域，但在大屏幕化方面液晶技术落后于等离子技术，大屏幕彩电成本高，观看易受视角影响。

2.4　液晶电视检修概述

液晶电视机故障的判断方法与普通彩色电视机有很多相同之处。集成度高，电路板元器件密度高是液晶电视机的主要特点。

2.4.1　常用的检修工具与仪器

一、常用工具

1. 螺钉旋具

螺钉旋具又称螺丝刀，起子等。按其头部形状可分为"一"字形和"十"字形两种，用于松动和紧固螺钉。为了能松动和紧固各种圆头或平头螺钉，一般需要准备大、中、小三种规格的"十"字和"一"字带磁螺钉旋具。而采用电动旋具效率会更高。普通螺钉旋具实物外形如图 2-22 所示，电动螺钉旋具实物外形如 2-23 所示。

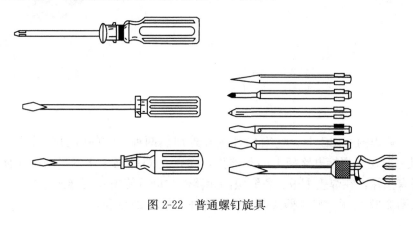

图 2-22　普通螺钉旋具

图 2-23　电动螺钉旋具

2. 尖嘴钳、偏嘴钳、克丝钳

尖嘴钳主要用于夹持安装较小的垫片和弯制较小的导线等，为了便于夹捏，通常采用尖嘴结构；偏嘴钳（也叫斜口钳、偏口钳）可以用来剪切导线；克丝钳（也叫钢丝钳）用来剪断钢丝等较硬的导线。它们的实物外形如图 2-24 所示。

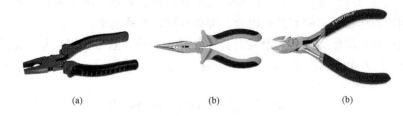

图 2-24　钳子

（a）克丝钳；（b）尖嘴钳；（c）偏口钳

3. 镊子

镊子主要用来在焊接或拆卸时夹取元器件。常见的镊子如图 2-25 所示。

4. 毛刷

毛刷主要用于清扫灰尘。毛刷的实物外形如图 2-26 所示。

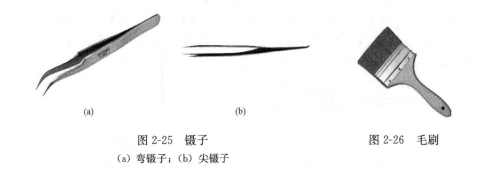

图 2-25　镊子　　　　　　　　　　　　　图 2-26　毛刷

（a）弯镊子；（b）尖镊子

5. 电烙铁

电烙铁是锡焊的专用工具。它有内加热和外加热两种。它的电功率通常为 $10 \sim 300\text{W}$。25W 电烙铁通常用于焊接电路板上的元器件，50W 电烙铁则用于焊接功率晶体管等大功率器件。如果有条件，在焊接主板、备制板的元器件时也可使用变压器式电烙铁。普通电烙铁实物外形如图 2-27 所示，变压器式电烙铁实物外形如图 2-28 所示。

图 2-27　普通电烙铁　　　　　图 2-28　变压器式电烙铁

6. 焊锡

焊锡是用于焊接的材料。焊锡的实物外形如图 2-29 所示。目前生产的焊锡丝都已经内置了松香，所以焊接时不必再使用松香。

注意：焊接时的焊点大小要合适，过大浪费材料，过小容易脱焊，并且焊点要圆滑，不能有毛刺。另外，焊接时间也不要过长，以免烫坏焊接的元器件或电路板。

图 2-29　焊锡

7. 吸锡器

吸锡器是专门用来吸取电路板上焊锡的工具。当需要拆卸成电路、开关变压器、开关管等元器件时，由于它们引脚较多或焊锡较多，所以需要在用电烙铁将所要拆卸元器件引脚上的焊锡熔化后，再用吸锡器将焊锡吸掉。吸锡器的实物外形如图 2-30 所示。

图 2-30　吸锡器

8. 酒精、天那水（香蕉水）

电路板受潮或被水蒸气、油烟腐蚀后，通常需要用酒精或天那水清洗。

9. 热风枪

目前，液晶电视的电路板采用了大量贴片元器件，这种贴片元器件需要用热风枪才能方便地取下来。常见的热风枪实物与构成如图 2-31 所示。

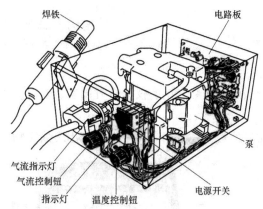

图 2-31　热风枪的实物与构成

使用方法与技巧：一是根据所焊元器件的大小，选择不同的喷嘴；二是正确调节温度和风力调节旋钮，使温度和风力适当。如吹焊电阻、电容、晶体管等小元器件时温度一般调到2～3 挡，风速调到 1～2 挡；吹焊集成电路时，温度一般调到 3～5 挡，风速调到 2～3 挡。但由于热风枪品牌众多，拆焊元器件耐热情况也各不相同，所以热风枪的温度和风速的调节可根据个人的习惯，并视具体情况而定；三是将喷嘴对准所拆元器件，等焊锡熔化后再用镊子取下元器件。

10. 导热硅脂

导热硅脂用于填充在大功率元器件与散热片之间的空隙并传导热量，它在低温下多为白色凝固状，高温下则呈黏稠状液态。常见的导热硅脂有瓶装和管装两种。

图 2-32　壁纸刀

11. 壁纸刀

壁纸刀主要用于切割线路板或导线。常见的壁纸刀实物外形如图 2-32 所示。

12. AB 胶

AB 胶主要用于外壳、线路板的黏接。

13. 防静电设备

由于液晶电视采用了大量的数字电路，为了防止检修期间因静电导致这些电路损坏，部分专业维修机构还备有防静电设备。常见的防静电设备有防静电腕带和防静电桌垫两种。常用的防静电设备如图 2-33 所示。

(a)　　　　　　　　　　　(b)

图 2-33　常见的防静电设备

(a) 防静电腕带；(b) 防静电桌垫

二、常用仪器

液晶电视维修常用的仪器有万用表、隔离变压器、直流稳压电源和示波器等。

1. 万用表

常见的数字式万用表和指针式万用表的实物外形如图 2-34 所示。

(a)　　　　　　　　　　　(b)

图 2-34　万用表

(a) 指针式万用表；(b) 数字式万用表

（1）指针式万用表

指针式万用表具有指示直观、测量速度快等优点，但它的输入阻抗相对较小，测量误差较大，通常用于测量可变的电压、电流和电阻值，并可通过观察表头指针的摆动情况来判断电压、电流的变化范围。

（2）数字式万用表

数字式万用表具有输入阻抗高、误差小、读数准确、直观等优点，但显示速度较慢，一般用于测量电压、电流值。另外，数字式万用表具有"鸣叫"功能，测线路通、断比较直观方便。

2．隔离变压器

目前的液晶电视全部采用了开关电源，它的一次侧电路的接地属于"热"接地方式，即接地点与市电相通，这样检测过程中不仅容易触电，而且容易导致示波器等仪器的损坏。因此，维修时最好通过隔离变压器为开关电源供电。常见的隔离变压器如图 2-35 所示。

图 2-35　隔离变压器

3．直流稳压电源

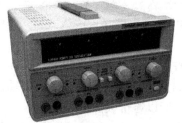

图 2-36　直流稳压电源

目前的直流稳压电源型号较多，但功能基本一致。通常维修液晶彩电时采用直流电压在 0～30V可调的直流电源即可。典型的直流稳压电源如图 2-36所示。

由于直流稳电源可在维修时为负载电路提供工作电源，所以在接入前应先了解它们的供电值，然后调节好稳压电源的输出电压再连接到相应的供电滤波电容两端，以免被过高的电压损坏。

4．示波器

示波器能够观察和测量各种信号波形，由于液晶彩色电视的大部分电路都工作在脉冲状态，很多点的工作电压为交流电压，往往用万用表无法准确地测量，而示波器可直观地反映信号的波形，还能定量地测量出电信号的各种参数，如频率、周期、幅度、直流电位等，帮助维修人员分析、判断故障部位所在。目前，电气维修常用示波器的工作频率为 20MHz 左右典型的示波器如图 2-37 所示。

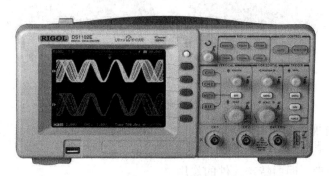

图 2-37　示波器

注意事项：

为了安全、可靠地使用示波器，测试时应该注意以下事项。

① 对于采用热接地方式的电路（如开关电源一次侧电路），需要通过隔离变压器为该电器供电后才能测试，否则容易导致示波器损坏。

② 测试前，应先估算被测信号幅度的大小，若不明确，应将示波器的幅度扫描调节旋钮（VOLTS/DIV）置于最大挡，以避免因电压过大而损坏示波器。

③ 示波器工作时，周围不要放一些大功率的变压器以免使测出的波形会出现重影或噪波干扰。

④ 示波器可作为高内阻的电流、电压表使用因微处理器电路中的时钟振荡器、复位、信号形成电路等很多电路都是高内阻电路，若使用一般万用表测电压，由于万用表的内阻较低，测量结果会不准确，而且可能会影响被测电路的正常工作。但由于示波器的输入阻抗较高，使用示波器的直流输入方式，先将示波器输入接地，确定好示波器的零基线，就能方便准确地测出被测信号的直流电压。

⑤ 在测量小信号波形时，由于被测信号较弱，示波器上显示的波形不易同步，这时可仔细调节示波器上的触发电平旋钮，使被测信号稳定同步，必要时可配合调节扫描微调旋钮。

提示：调节扫描微调旋钮会使屏幕上显示的频率读数发生变化，给计算频率提示造成一定困难，一般情况下，应将此旋钮顺时针旋转到底，使之位于校正位置（CAL）。

5. 编程器

编程器是通过英文名 programmer 翻译而来的，它也被一些人称为烧录器。编程器实际上是一个把可编程的集成电路写入数据的工具，编程器主要用于单片机（含嵌入式）/ 存储（含 BIOS）之类的芯片的编程（或称刷写）。

编程器在功能上可分为通用型编程器和专用型编程器两种。专用型编程器仅适合某一种或者某一类专用芯片编程的需要，例如仅仅需要对 SIC 系列编程，所以价格最低。而全功能通用型编程器几乎能满足当前所有需要编程芯片的编程需要，所以售价极高。

不同的编程器与计算机的连接方式不尽相同，有的编程器是通过并行接口（打印机接口）与计算机连接，有的是通过串行接口（COM1 或 COM2）与计算机连接，有的使用 USB 接口（如 RF910）与计算机连接。从速度上来说 USB 接口最快，串行接口最慢。常见的编程器实物如图 2-38 所示。

图 2-38　编程器实物图

2.4.2　液晶电视检修常用办法

1. 故障检修的准备

① 掌握线路原理，明白特殊元件的作用。

② 了解电视机各部分的正常工作性能，了解相关电压、电流、电阻数据及相关检测部位。

③ 会正确使用常用仪器仪表。

④ 熟练应用基本检修方法。

⑤ 准备维修资料：如被检修电视机的电路原理图及有关数据资料等。

⑥ 准备维修工具：仪器仪表、维修常用工具。

2. 故障分类

（1）内部故障。

内部故障是指机内元器件性能不良，元件虚焊、腐蚀、接插件、开关及触点氧化，印制板漏电、铜断、锡连等由于生产方内部原因造成的故障，元器件的寿命也属这类故障。

（2）外部故障。

外部故障是指由使用方的外部条件造成的故障。如由于电网电压不正常造成对电源部分及电路元件的损害，长期工作造成对机内大功率元件的损害，尘埃及油烟造成元件的老化、性能下降等。

（3）人为故障。

人为故障包括运输过程中的剧烈震动和过分颠簸，以及用户自己乱拆、乱调及乱改造成的故障。值得一提的是，一些并不具备一定基础知识的维修者维修时，不注意元器件的参数，随意更换元器件，对机器所造成的损害是"致命"的。如把开关电路的快速恢复二极管换成用于 50Hz 整流的普通二极管，把小容量电解电容器换成特大容量的电解电容等。

维修人员在检查机器之前，应首先弄清故障属于哪一种故障，然后根据不同原因和表现的症状进行检查、分析和修理。检修时，一般从外部故障着手，因为这种方法较为简单。在检修前还应尽量向用户询问，并在检修时做好记录，以便对故障进行分析和判断，然后再着手查找内部故障。

3. 故障检修的步骤

检修电视机一般需经三个阶段，即了解故障现象，分析检查故障部位，排除故障。

① 了解故障现象：向送修人员询问电视损坏情况或直接观察，了解故障现象。

② 分析检查故障部位：运用所学的理论知识分析故障现象，采用正确的检修方法检查压缩故障部位，进一步缩小故障范围，确定故障点。

③ 排除故障：运用正确的手段排除故障，并对机器进行全面的检修，确定是否完全正常。

4. 基本检修方法

液晶电视机的基本检修方法主要为观察法、通电检查法、电压法、电阻法示波器法和代换法等。通过检测对电路进行检修和对元器件进行更换。

（1）观察法。

① 常规观察。所谓常规观察就是打开机器后盖，直接观察机内元件有无缺损、断线、脱焊、变色、变形及烧坏等情况。再通电观察有无打火、异味、异常声音等现象。

② 故障现象观察法。故障现象是故障的直接表现，在熟悉电路结构和特点的情况下，只要能熟练地运用故障现象观察法对主要电路故障进行检查，就可以很快确定故障部位，甚至可以直接找到故障点。

（2）电压法。电压法是检查、判断液晶电视故障时应用最多的方法之一。通过测量电路主要端点的电压和元器件的工作电压，并与正常值对比分析，即可得出故障判断的结论。测量所用的万用表内阻越高，测量数据就越准确。按所测电压的性质不同，电压一般可分为静态直流电压和动态电压两种。判断故障时，应结合静态和动态两种电压进行综合分析。

① 静态电压测量。静态电压是指液晶电视不接收信号条件下的工作电压。测量静态电压一般用来检查电源电路的整流和稳压输出电压，各级电路的供电电压等，将正常值与测量值相比较，并作一定的推理分析之后，便可判断故障原因。

② 动态电压测量。动态电压是液晶电视在接收信号情况下的工作电压，此时的电路处于动态工作状态。液晶电视电路中有许多端点的工作电压会随外来信号的进入而明显变化，变化后的工作电压便是动态电压了。显然，如果某些电路应有动、静态工作电压变化，而实测值却没有变化或变化很小，就可立即判断该电路有故障。该测量法主要用来检查判断仅用静态测量法不能或难以判别的故障。

在测量各被测点工作电压，尤其是晶体管和集成电路各引脚的静、动态工作电压时，由于液晶电视基础电路引脚多且密集，故而操作时一定要极其小心，稍有不慎就可能引起集成电路的局部损坏。为了尽可能避免因测量不慎而引起短路，最好将测量万用表的表笔稍微做一下小加工。其方法是：先将表笔的金属探头用小锉刀锉小些，然后再选一段直径与探头相当的空心塑料管套上，只在探头前端露出约1mm的金属头即可。这样的表笔其探头的接触点较小，且探头的其余部分均绝缘，测量时便不易碰到其他引脚而导致短路。

（3）电阻法。电阻法是维修液晶电视的重要方法之一。首先利用万用表的欧姆挡，测量电路中可疑点、可疑元器件以及芯片各引脚对地的电阻值。然后将测量数据与正常值作比较，可以迅速判断元器件是否损坏、变质，是否存在开路、短路，是否是晶体管被击穿短路等情况。

电阻测量法分为"在线"电阻测量法和"脱焊"电阻测量法两种。前者指直接测量液晶电视电路中的元器件或某部分电路的电阻值；后者把元器件从电路上整个拆下来或仅脱焊相关的引脚，使测量的正确性不受影响。很明显，用"在线"法测量时，由于被测元器件大部分受到与其并联的元器件或电路的影响，万用表显示出的数值并不是被测元器件的自身阻值，测量误差较大。所以"在线"测量法局限性较大，通常仅对短路性故障和某些开路性故障的检查较为有效。但对于有维修经验丰富的人来说，"在线"电阻测量法仍是一种较好的方法。"脱焊"电阻测量法应用更为广泛。

（4）示波器法。在液晶电视维修中，信号是以波形的形式来体现的，波形需用示波器测量。在测波形时，除测量其幅度外，还要测量波形的周期，必要时，可以参考维修手册上的正确波形加以对照，以便准确地判断出故障的范围。

（5）代换法。代换法是指用好的元器件替换所怀疑的元器件，若故障因此消除，说明怀疑正确，否则便是失误，应进一步检查、判断。代换法可以检查液晶电视中所有元器件的好坏，而且结果一般都是准确无误的，很少出现难以判断的情况，除非存在多个故障点而替换又在一个部位进行。

对于液晶电视的维修，还可以采用模块级代换，因为液晶电视主要由开关电源（电源模块）、高压板、主板电路（主板模块）、液晶面板（屏模块）等组成，若怀疑哪一部分有问题，直接用正常的替换件进行替换即可。这种模块级替换的好处是维修迅速，排除故障彻底。但也存在着一些缺点，主要是维修费用较高。

思 考 与 练 习

一、填空

1. 在黑屏的情况下呈现的 R、G、B（红、绿、蓝）点叫做_____点。

2. TFT-LCD 是指_____液晶显示器件。

3. 液晶电视的典型结构主要由_____、_____、T-CON 板、背光灯供电板组成。

4. 一体化高频调谐器集成了_____、_____、视频检波等电路。

二、判断题

液晶电视是被动显示器件，它本身不能发光，必须依靠背光源才能显示图像。（　　）

三、选择题（单选和多选）

在数码相机、液晶投影仪、笔记本电脑中得到广泛应用的是（　　）。

A. TN-LCD　　　　　B. STN-LCD　　　　　C. FTF-LCD　　　　　D. TFT-LCD

四、简答题

1. 常用的液晶屏分为几类？

2. 液晶电视背光源的几种类型分别是什么？

3. 液晶面板的类型有哪些？

4. 液晶电视的主要技术指标有哪些？

5. 液晶电视的电路组成是什么？

实 践 训 练

一、实践训练内容

1. 通过在实训室或网络对 CRT 电视和液晶电视的了解以及相关资料的查阅学习，完成 CRT 电视和液晶电视的比较（以 PPT 的形式展示）。

2. 结合液晶电视实训平台，对液晶电视内部的各组成部分进行认知，记录液晶电视的主要组成部分并写出各部分的作用并撰写实践训练报告。

二、实践训练目的

通过本实践训练，进一步提高学生对液晶电视的整机结构和内部各组成部分的认知。

三、实践训练组织方法及步骤

1. 实践训练前准备。对实践训练的内容进行相关搜集和准备。

2. 以 3 人为单位进行实践训练。

3. 对实践训练的过程做完整记录，并以 PPT 的形式进行展示或撰写实践训练报告（实践训练参考样式见附录 B）。

四、实践训练成绩评定

1. 实践训练成绩评定分级

成绩按优秀、良好、中等、及格、不及格 5 个等级评定。

2. 实践训练成绩评定准则

（1）成员的参与程度。

（2）成员的团结进取精神。

（3）撰写的实践训练报告是否语言流畅、文字简练、条理清晰，结论明确。

（4）讲解时语言表达是否流畅，PPT 制作是否新颖。

项目三　液晶电视电源和 DC/DC 变换电路故障检修

 项目要求

掌握液晶电视开关电源的工作原理及基本电路。

 知识点

- 开关电源的基本工作原理；
- 液晶电视开关电源的形式；
- 交流抗干扰电路；
- 整流、滤波电路；
- 功率因数校正（PFC）电路；
- 启动电路；
- 稳压及保护电路。

 重点和难点

- 开关电源的基本工作原理；
- 开关电源的稳压原理。

3.1　液晶电视开关电源概述

电源电路是液晶电视十分重要的电路组成部分，其主要作用是为液晶电视提供稳定的直流电压。电源电路对液晶电视的影响很大，如果性能不良，会造成电路工作不稳定、黑屏、图像异常等故障。由于电源电路工作电压高，电流大，极易出现故障，因此理解电源电路的工作过程和原理对日常维修具有重要意义。典型电源板实物图如图 3-1（a）所示，典型电源＋CCFL 供电板实物如图 3-1（b）所示，典型电源＋LED 供电板实物图如图 3-1（c）所示。

3.1.1　开关电源的特点

什么是开关电源？开关电源是通过控制开关管的导通和关断的时间比率，维持稳定输出电压的一种电源。开关电源一般由脉冲宽度调制（PWM）控制 IC 和 MOSFET 构成。

1. 开关电源的优点

① 效率高。开关电源的调整管工作在开关状态。这使得开关管的功耗很小，电源的效率可以大幅度地提高，其效率可达到 80%。

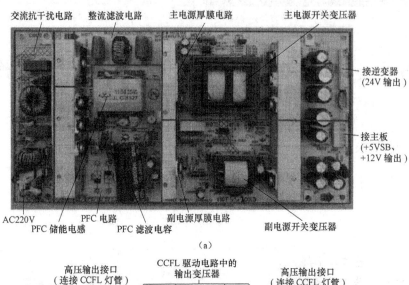

交流抗干扰电路　　整流滤波电路　　主电源厚膜电路　　主电源开关变压器

接逆变器
(24V 输出)

接主板
(+5VSB、
+12V 输出)

AC220V　　　PFC 电路　　　　副电源厚膜电路

PFC 储能电感　　PFC 滤波电容　　　副电源开关变压器

(a)

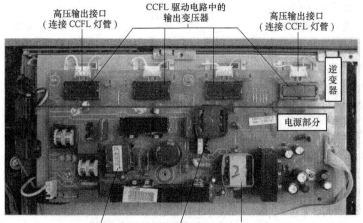

高压输出接口
(连接 CCFL 灯管)　　CCFL 驱动电路中的
输出变压器　　　高压输出接口
(连接 CCFL 灯管)

逆变器

电源部分

PFC 储能电感　副电源开关变压器　主电源开关变压器

(b)

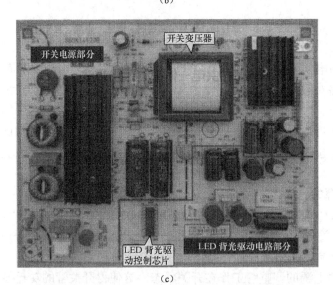

开关变压器

开关电源部分

LED 背光驱
动控制芯片　　LED 背光驱动电路部分

(c)

图 3-1　典型电源电路实物图

(a) 典型电源板实物图；(b) 典型的电源＋CCFL 供电板实物图；(c) 典型电源＋LED 供电板实物图

② 质量轻。开关电源直接对交流 220V 电压整流、滤波，然后由开关管稳压输出，不需要电源变压器。因此具有体积小、质量轻的优点。

③ 稳压范围宽。开关电源的稳压范围宽。当电网电压在 130～260V 范围内变化时，开关电源仍能获得稳定的直流电压输出。而普通串联型稳压电源电网电压变化范围一般为 190～240V。

④ 保护功能全。开关电源设计了过压、过流保护电路，一旦电路发生过压、过流故障，保护电路能自动地使开关电源电路停止工作，从而防止了故障范围的扩大。

2. 开关电源的缺点

① 电路较复杂、维修不便。

② 由于开关电源是采用交流市电经过二极管整流直接滤波，致使供电电路的电流波形严重畸变于电压波形；造成的电磁干扰（EMI）及电磁兼容（EMC）问题。

3.1.2　液晶电视开关电源的形式

液晶电视的开关电源按照功能通常可分为桥式整流滤波电路、副电源、主电源、开待机电路、PFC 电路五部分。图 3-2（a）所示为开关电源基本结构框图。

开关电源中的副电源又称待机电源，实际上是一个独立的开关电源，其作用除为信号提供待机电压外，还为开关电源中的主电源和 PFC 电路提供工作电压。其工作状态不受信号处理电路输出的开待机电压控制，电视机的电源开关接通后即进入正常工作状态。

开关电源的主电源和 PFC 电路是两个独立的开关电源，其工作状态受开待机电压控制。一般来说，电视机工作在待机状态时，主电源和 PFC 电路不工作。主电源为信号处理板和背光驱动等电路提供所需要的+5V、+12V 和+24V 直流电压，PFC 电路为主电源中的开关提供约 400V 的直流工作电压。

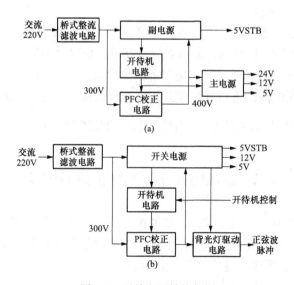

图 3-2　开关电源结构框图

（a）基本结构框图；（b）整合结构框图

液晶电视开关电源除了图 3-2（a）所示的基本结构外，还有如图 3-2（b）所示的整合结构。整合结构的电源是一种集开关电源和背光灯驱动电路于一体的电源。整合结构的电源与基本结构的电源相比，电路中取消了副电源，增加了背光灯驱动电路。在整合结构电源中，PFC 电路为开关电源中的开关管供电，还为背光灯驱动电路中的功率输出电路供电。

3.1.3　开关电源的基本工作原理

开关电源分为串联型开关电源和并联型开关电源。液晶电视的开关电源电路均采用并联型开关电源，并联型开关电源如图 3-3 所示。图 3-4 所示为并联型开关电源的基本原理图。其中 VT 为开关管，T 为变压器，VD 为整流二极管，C 为滤波电容，R 为负载电阻。

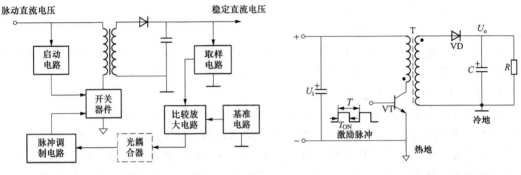

图 3-3　并联型开关电源示意图　　　　　　图 3-4　并联型开关电源基本原理图

当激励脉冲为高电平时，VT 饱和导通，则 T 的初级绕组的磁能因 VT 的集电极电流逐渐升高而增加。由于次级绕组感应电压的极性为上负下正，所以整流管 VD 截止，电能便以磁能的形式存储在 T 中。当 VT 截止期间，T 各个绕组的脉冲电压反向，则次级绕组的电压变为上正下负，整流管 VD 导通，T 存储的能量经 VD 整流向 C 与负载 R 释放，产生了直流电压，为负载电路提供供电电压。

并联型开关电源是反激励式开关电源，即开关管 VT 导通期间，整流管 VD 截止；开关管 VT 截止期间，整流管 VD 导通，向负载提供能量。所以，不但要求开关变压器 T 的电感量、滤波电容 C 的电容量大，而且开关电源的内阻要大。

开关电源输出电压的调整是通过改变开关管基极激励脉冲信号的脉宽 T_{ON} 与周期 T 的比值来实现的，输出的 U_o 与输入的 U_i 之间的关系可用公式 $U_o = U_i \dfrac{T_{ON}}{T}$ 来表示。

3.2　液晶电视开关电源基本电路介绍

液晶电视的开关电源均采用并联式，主要由交流抗干扰电路、整流滤波电路、功率因数校正电路（部分液晶电视有此电路）、启动电路、振荡器/开关元件、稳压电路（脉冲调制电路）、保护电路和直流稳压输出电路等几部分构成。

3.2.1　交流抗干扰电路

交流抗干扰电路的作用是滤除市电电网中的高频干扰，以免市电电网中的高频干扰影响液晶电视的正常工作，同时还可以滤除开关电源产生的高频干扰，以免影响其他用电设备的正常工作。常用交流抗干扰电路如图 3-5 所示。它主要有非对称干扰和对称干扰两种。非对称干扰抑制又称差模干扰抑制，它主要用于抑制由于电网电压的瞬时波动而产生的干扰信号。这种信号存在于两根电源线上，相对参考地而言其大小相等，方向相反。因此非对称干扰抑制电路接成如图 3-5（d）的形式。但由于它对于对称干扰的抑制有削弱作用，故在实际电路中很少使用。对称干扰抑制又称共模干扰抑制，它主要抑制存在于两根电源线上的相对参考地而言其大小相等和方向相同的共模干扰信号。因此，对称干扰抑制电路接成如图 3-5（c）的形式。但对于非对称干扰不起抑制作用。

图 3-5（a）所示电路中，L_1、L_2 是互感滤波器，C_1、C_2 及 C_3、C_4 是高频滤波电容。由于互感滤波器 L_1、L_2 在交流电流通过时，其磁芯中因产生的磁通方向相反而抵消，所以电感量较小，而对于交流电输入回路与地之间的共模呈现较大的电感量，可有效地吸收共模干扰。C_1、C_2 用于滤除差模干扰。C_3、C_4 组成共模滤波器，滤除共模干扰。图 3-5（b）所示电路仅为共模滤波电路。图 3-5（c）和图 3-5（d）所示电路中，除了未设置 C_3、C_4 组成共模滤波器，其他与图 3-5（a）所示电路相同。

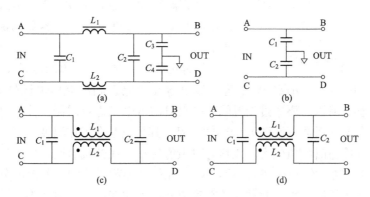

图 3-5　常用交流抗干扰电路
（a）电路（1）；（b）电路（2）；（c）电路（3）；（d）电路（4）

3.2.2　整流滤波电路

整流电路的作用是将交流电转换成 300V 左右的直流电压。液晶电视电源电路中通常采用桥式整流方式，典型电路如图 3-6 所示。电路中，VD1～VD4 是整流二极管，u_i 是输入的交流电压，u_o 是整流输出后的电压。桥式整流器实物如图 3-7 所示。

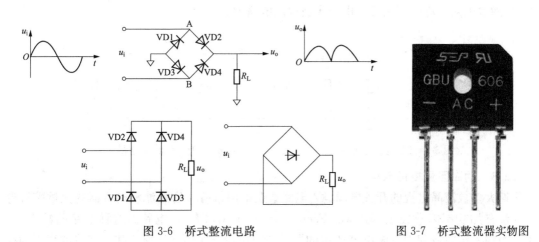

图 3-6　桥式整流电路　　　　　　图 3-7　桥式整流器实物图

整流电路虽然可以把交流电变换为直流电，但负载上的直流电压却是脉动的，它的大小每时每刻都在变化，不能满足电子电路和无线电装置对电源的要求。整流后的脉动直流电压属于非正弦周期信号，可以把它分解为直流成分和各种不同频率的正弦交流成分。显然，为了得到波形平滑的直流电，应尽量降低输出电压中的交流成分，同时又要尽量保留其中的直流成分，使输出电压接近理想的直流电压。用于完成这一任务的电路称为滤波电路。

电容和电感都是基本的滤波元件，可在二极管导通时存储一部分能量，然后再逐渐释放出来，从而得到比较平滑的波形。

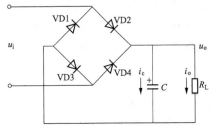

图 3-8　电容滤波器电路

在液晶电视开关电源中，滤波电路主要采用以下几种形式。

（1）电容器滤波。

电容器滤波主要应用在开关变压器初级电路中，用以产生 300V 直流电压。电容器滤波电路如图 3-8 所示。

液晶电视中，300V 电源的滤波电容的容量一般较大，通常采用 $100\sim200\mu F/400V$ 电容。该电容在通电瞬间的充电电流较大，对保险管、整流管有一定危害，所以需要通过设置限流电阻对冲击电流进行限制。液晶电视开关电源的限流电阻多采用负温度系数（NTC）的热敏电阻，其特点是在工作温度范围内电阻值随温度升高而降低，即在冷态时阻值较大，在热态时阻值较小，在开机瞬间，电容器的充电电流便受到 NTC 电阻的限制。在 $14\sim16s$ 之后，NTC 元件升温相对稳定，其上的分压也逐步降至零点几伏，这样小的压降，可视此种元件在完成软启动功能后为短接状态，不影响电源的正常工作。

（2）LC 滤波电路。

LC 滤波电路主要应用在开关电源次级输出电路和二级电源输出电路中，典型电路如图 3-9 所示。

（3）π 型 LC 滤波电路。

在 LC 滤波电路的基础上加上一个电容，就组成一个 π 型 LC 滤波电路，如图 3-10 所示。π 型 LC 滤波电路广泛应用在开关电源次级输出电路中。

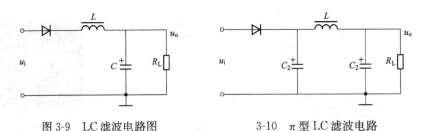

图 3-9　LC 滤波电路图   3-10　π 型 LC 滤波电路

3.2.3　功率因数校正电路

早期大多数液晶电视的开关电源输入电路普遍采用带有大容量滤波电容器的全桥整流电路，而没有加功率因数校正（Power Factor Correction，PFC）电路。这种电路的缺点是：开关电源输入级整流和大滤波电容产生的严重谐波电流危害电网正常工作，使输电线上的损耗增加，功率因数降低，浪费电能。加入 PFC 电路，可以通过适当地控制电路，不断调节输入电流波形，使其逼近正弦波，并与输入电网电压保持同相。因此，可使功率因数大大提高，减小了电网负荷，提高了输出功率，并明显降低了开关电源对电网的影响。PFC 电路不但提高了线路或系统的功率因数，还解决了电磁干扰（EMI）和电磁兼容（EMC）问题。

为提高电路功率因数，抑制电路波形失真，必须采用 PFC 措施。PFC 技术分为无源和有源两种类型，在液晶电视中，主要采用有源 PFC 技术。有源 PFC 电路一般以高集成度的 IC 为核心构成，它被置于桥式整流器和一只高压输出电容之间，也称作有源 PFC 变换器。有源 PFC 变换器利用脉冲宽度调制（Pulse Width Modulation，PWM）技术，调节整流输入电流，使输入电流跟随整流全波电压连续变化，以减少谐波成分，其平均值接近整流输入电压的正弦波形，因而系统的功率因数被提升至接近于 1。如图 3-11 所示为整流电压和输入电流波形。图中锯齿波形电流 I 是整流输入电流，虚线表示电流平均值，V_{DC} 是整流全波电压。

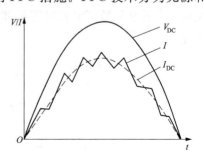

图 3-11　整流电压 V_{DC} 与输入电流 I 的波形

3.2.4　启动电路和振荡器/开关元件

为了使开关元件（开关管）工作在饱和、截止的开关状态，必须有一个激励脉冲作用到开关管的基极。液晶电视一般采用他激式电源，这个激励脉冲一般由专门的振荡器产生，振荡的工作电压则由启动电路提供。在开关管饱和期间，要求振荡电路能为开关管提供足够大的基极电流，否则开关管会因开启损耗大而损坏。在开关管由饱和转向截止时，基极必须加反向电压，形成足够的基极反向抽出电流，使开关管迅速截止，减小关断损耗给开关管带来的危害。

3.2.5　稳压及保护电路

1. 稳压电路

为了使开关电源有稳定输出电压，必须通过稳压控制电路对开关管的导通时间进行控制。稳压电路主要由误差取样、稳压控制电路构成。

（1）误差取样电路。

液晶电视的误差取样电路主要有直接取样电路和间接取样电路两种。

① 间接取样电路。间接取样电路的特点是在开关变压器上专设一个取样绕组。取样绕组和次级绕组采用紧耦合结构，取样绕组感应到的脉冲电压的高低间接反映了输出电压的高低，这种取样方式称为间接取样方式。其缺点是稳压瞬间响应差，不但响应速度慢，而且不便于空载检修。检修时，一般应在主电源输出端接假负载。

② 直接取样电路。直接取样电路的取样电压直接取自开关电源的主电源输出端，通过光耦合器再反馈到电源电路的脉宽或频率调节电路。直接取样电路具有安全性能好，稳压反映速度快，瞬间响应时间短等优点，在液晶电视的电源电路中得到了广泛地应用。

（2）稳压控制电路。

稳压控制电路的主要作用是在误差取样电路的作用下，通过控制开关管激励脉冲的宽度或周期，控制开关管导通时间的长短，使输出电压趋于稳定。

2. 保护电路

开关电源的许多元件都工作在大电压、大电流条件下，为了保证开关电源及负载电路的安全，开关电源设置了许多保护电路。

（1）尖峰吸收回路。

开关变压器是感性元件，在开关管截止瞬间，将产生尖峰极高的反向峰值电压作用到开关管上，容易导致开关管过压损坏。为此，开关电源大都设置了如图 3-12 所示的尖峰吸收回路。

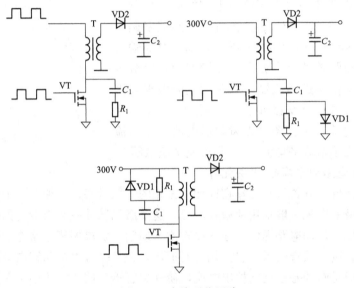

图 3-12　尖峰吸收回路

实际应用中的尖峰脉冲吸收电路由钳位电路和吸收电路复合而成。图 3-13 所示为钳位电路和吸收电路及效果图。

（2）过压保护。

为避免因各种原因引起的输出电压升高而造成负载电路的元件损坏，一般都设置过压保护电路。可在输出电压和地之间并联可控硅（晶闸管，SCR），一旦电压取样电路检测到输出电压升高，就会触发可控硅导通，起到过压保护作用。也可以在检测到输出电压升高时，直接控制开关管的振荡过程，使开关电源停止工作。

（3）过流保护。

为了避免开关管因负载短路或负载过重而过流损坏，开关电源必须具有过流保护功能。

最简单的过流保护措施是在线路中串入保险管，电流过大时，保险管熔断，从而起到保护作用。另外，在整流电路中常连接限流电阻，一般采用功率很大的水泥电阻，阻值为几欧，能起一定的限流作用。另一种比较有效的方法是在开关调整管的发射极或源极串接一只过流检测小电阻，一旦因某种原因引起过大的饱和电流，则过流检测电阻上的压降增大，从而触发保护电路，使开关管基极上的驱动脉冲消失或调整驱动脉冲的脉宽，使开关管的导通时间下降，达到过流保护的目的。

（4）软启动保护。

在开关电源开机瞬间，由于稳压电路还未完全进入工作状态，开关管易处于失控状态，极易因关断损耗大或过激励而损坏。为此，一些液晶电视的开关电源中设有软启动电路，其作用是在每次开机时，限制激励脉冲的导通时间在一定范围，并使稳压电路迅速进入工作状态。有些开关电源则在外部专设有软启动电路。

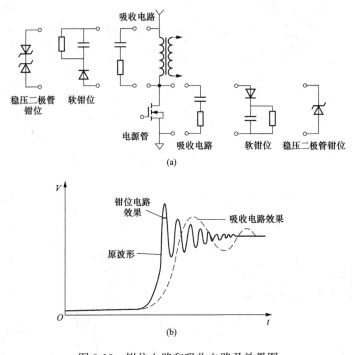

图 3-13　钳位电路和吸收电路及效果图
（a）钳位与吸收电路；（b）效果图

（5）欠压保护电路。

当市电电压过低时，将引起激励脉冲幅度不足，导致开关管开启损耗大而损坏，因此，有些开关电源设置了欠压保护电路。很多开关电源控制 IC 大都内含欠压保护电路，不需单独设置。

3.2.6　由 TDA16888＋UC3843 构成的开关电源电路的分析

由 TDA16888＋UC3843 构成的开关电源电路主要应用在康佳 LC-TM3718 液晶电视上，有关电路如图 3-14 所示。

1．主开关电源电路

主开关电源电路以 U1（TDA16888）为核心构成，主要用来产生 24V 和 12V 电压。TDA16888 是英飞凌（Infineon）公司推出的具有 PFC 功能的电源控制芯片，其内置的 PFC 控制器和 PWM 控制器可以同步工作。具有电路简单，成本低，损耗小和工作可靠性高等优点，这也是 TDA16888 应用最普及的原因。TDA16888 内部的 PFC 部分主要由电压误差放大器、模拟乘法器、电流放大器、3 组电压比较器、3 组运算放大器、RS 触发器和图腾柱式驱动级组成。PWM 部分主要由精密基准电压源、DSC 振荡器、电压比较器、RS 触发器和图腾柱式驱动级组成。此外，TDA16888 内部还设置有过压、欠压、峰值电流限制、过流、断线掉电等完善的保护功能。图 3-15 所示为 TDA16888 内部电路框图，其引脚功能如表 3-1 所列。

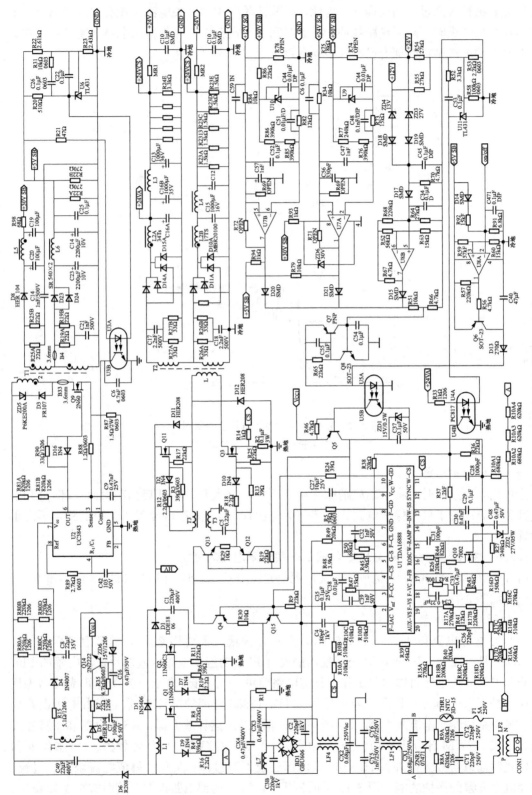

图3-14　由TDA16888+UC3843构成的开关电源电路

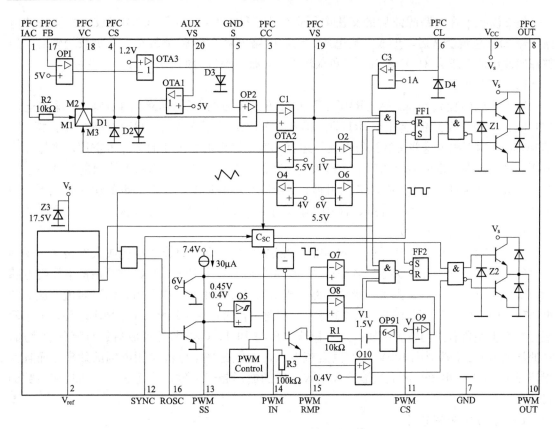

图 3-15 TDA16888 内部电路框图

表 3-1   **TDA16888 引脚功能**

脚 位	引 脚 名	功 能	脚 位	引 脚 名	功 能
1	PFC IAC (F-IAC)	AC 输入电压检测	11	PWM CS (W-CS)	PWM 电流检测
2	Vref	7.5V 参考电压	12	SYNC	同步输入
3	PFC CC (F-CC)	PFC 电流补偿	13	PWM SS (W-SS)	PWM 软启动
4	PFC CS (F-CS)	PFC 电流检测	14	PWM IN (W-IN)	PWM 输出电压检测
5	GND S (G-S)	Ground 检测输入	15	PWm RMP (W-RAMP)	PWM 电压斜线上升
6	PFC CL (F-CL)	PFC 电流限制检测输入	16	ROSC	晶振频率设置
7	GND	地	17	PFC FB (P-FB)	PFC 电压环路反馈
8	PFC OUT (F-GD)	PFC 驱动输出	18	PFC VC (F-VC)	PFC 电压环补偿
9	V$_{CC}$ (W-GD)	电源	19	PFC VS (F-VS)	PFC 输出电压检测
10	PWMOUT (W-GD)	PWM 驱动输出	20	AUX VS (AUX-VS)	自备供电检测

(1) 整流滤波电路。

如图 3-14 所示 220V 左右的交流电压经延迟保险管 F1,进入由 CY1、CY2、THR1、R8A、R9A、ZNR1、CX1、LF1、CX2、LF4 组成的交流抗干扰电路,滤除市电中的高频干扰信号,同时保证开关电源产生的高频信号不窜入电网。THR1 是热敏电阻器,主要防止浪涌电流对电路的冲击;ZNR1 为压敏电阻,在电源电压高于 250V 时,压敏电阻 ZNR1 击穿短路,保险管 F1 熔断,可避免电网电压波动造成开关电源损坏,保护后级电路。

经交流抗干扰电路滤波后的交流电压送到由 BD1、CX3、L7、CX4 组成的整流滤波电路，经 BD1 整流滤波后，形成直流电压。滤波电路电容 CX3 储能较小，在负载较轻时，经整流滤波后的电压为 310V 左右，在负载较重时，整流滤波后的电压为 230V 左右。

（2）PFC 电路。

输入电压的变化经 R10A、R10B、R10C、R10D 加到 TDA16888 的引脚 1，输出电压（图 3-14 中的 HV）的变化经 R17D、R17C、R17B、R17A 加到 TDA16888 的引脚 19，TDA16888 内部根据这些参数进行对比与运算，确定输出端引脚 8 的脉冲占空比，维持输出电压的稳定。在一定的输出功率下，输入电压降低，TDA16888 的引脚 8 输出的脉冲占空比变大；输入电压升高，TDA16888 的引脚 8 输出脉冲占空比变小。在一定的输入电压下，输出功率变小，TDA16888 的引脚 8 输出的脉冲占空比变小；输出功率变大，TDA16888 的引脚 8 输出的脉冲占空比变大。

TDA16888 引脚 8 的 PFC 驱动脉冲信号经过由 Q4、Q15 组成的推挽放大电路后，驱动开关管 Q1、Q2 处于开关状态。当 Q1、Q2 饱和导通时，由 BD1、CX3 整流后的电压经电感 L1、Q1 和 Q2 的 D、S 极到地，形成回路；当 Q1、Q2 截止时，由 BD1、CX3 整流滤波后的电压经电感 L1、D1、C1 到地，对 C1 充电。同时，流过电感 L1 的电流呈减小趋势，电感两端必然产生左负右正的感应电压，这一感应电压与 BD1、CX3 整流滤波后的直流分量叠加，在滤波电容 C1 正端形成 400V 左右的直流电压，不但提高了电源利用电网的效率，而且使得流过 L1（PFC 电感）的电流波形和输入电压的波形趋于一致，从而达到提高功率因数的目的。

（3）启动与振荡电路。

当电源接通时，从副开关电源电路产生的 V_{CC1} 电压经 Q5、R46 稳压后加到 TDA16888 的引脚 9。TDA16888 得到启动电压后，内部电路开始工作，并从引脚 10 输出 PWM 驱动信号，经过 Q12、Q13 推挽放大后，分成两路，分别驱动 Q3 和 Q11 处于开或关状态。

当 TDA16888 的引脚 10 输出的 PWM 驱动信号为高电平时，Q13 导通，Q12 截止，Q13 发射极输出高电平信号，控制开关管 Q3 导通，同时，信号另一支路经 C5、T3，控制 Q11 也导通，此时，开关变压器 T2 存储能量。

当 TDA16888 的引脚 10 输出的 PWM 驱动信号为低电平时，Q13 截止，Q12 导通，Q12 发射极输出低电平信号，控制开关管 Q3 截止，同时，信号另一支经 C5、T3，控制 Q11 也截止，此时，开关变压器 T2 通过次级绕组释放能量，从而使次级绕组输出工作电压。

（4）稳压控制电路。

当＋24V 输出电压升高时，经 R54、R53 分压后，误差放大器 U11（TL431）的控制极电压升高，U11 的 K 极（上端）电压下降，光耦合器 U4 中发光二极管的电流增大，发光强度增强，光敏三极管导通加强，使 TDA16888 的引脚 14 电压下降，经 TDA16888 内部电路检测后，控制开关管 Q3、Q11 提前截止，使开关电源的输出电压下降到正常值；反之，当＋24V 输出电压降低时，经上述稳压电路的负反馈作用，开关管 Q3、Q11 导通时间增加，使输出电压上升到正常值。

（5）保护电路。

① 过流保护电路。TDA16888 的引脚 11 为过流检测端，流经开关管 Q3 源极电阻 R2 两

端的取样电压增大，使加到 TDA16888 的引脚 11 的电压增大，当引脚 11 电压增大到阈值电压时，TDA16888 关断引脚 10 输出关断电压。

② 过压保护电路。当 24V 或 12V 输出电压超过一定值时，稳压管 ZD3 或 ZD4 导通，通过 VD19 或 VD18 加在 U8 的引脚 5，使其电位升高，U8 的引脚 7 输出高电平，控制 Q8、Q7 导通，使光耦合器 U5 内发光二极管的正极被钳位在低电平而不发光，光敏三极管不能导通，使 Q5 截止。这样，由副开关电源产生的 V_{CC1} 电压不能加到 TDA16888 的引脚 9，TDA16888 停止工作。

2. 副开关电源电路

副开关电源电路以电源控制芯片 U2（UC3843）为核心构成，用来产生 30V 和 5V 电压，并为主开关电源的电源控制芯片 U1（TDA16888）提供 V_{CC1} 启动电压。

副开关电源控制芯片 UC3843 内部电路框图如图 3-16 所示，主要由基准电压发生器、V_{CC} 欠压保护电路、振荡器、PWM 闭锁保护、推挽放大电路、误差放大器及电流比较器等电路组成。该控制芯片与外围振荡定时元件、开关管、开关变压器可构成功能完善的他激式开关电源。UC3843 引脚功能如表 3-2 所列。

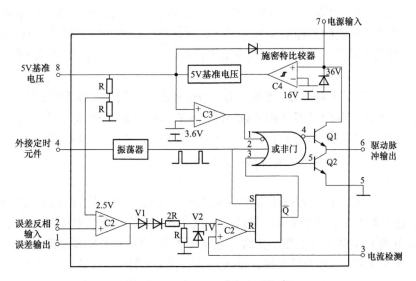

图 3-16　UC3843 内部电路框图

表 3-2　　　　　　　　　　　　　　UC3843 引脚功能

脚位	引脚名	功 能	脚位	引脚名	功 能
1	Com	误差输出	5	GND	地
2	FB	误差反相输入	6	OUT	驱动脉冲输出
3	Sonse	电流检测，用于过流保护	7	V_{CC}	电源输入
4	Rt/Ct	外接定时元件	8	Ref	5V 基准电压

（1）启动与振荡电路。

由 D6 整流、C49 滤波后产生的 300V 左右的直流电压。一路经开关变压器 T1 的 1-2 绕组送到场效应管 Q9 的漏极（D）。另一路经 R80A、R80B、R80C、R80D 对 C8 充电，当 C8 两端电压达到 8.5V 时，为 UC3843 的引脚 7 供电，其内部基准电压发生器产生 5V 基准电压，由引脚 8 输出，经 R89、C42 形成回路，对 C42 充电，当电压达到一定值时，C42 通过 UC3843 迅速放电，在 UC3843 的引脚 4 产生锯齿波电压，送到内部振荡器，由 UC3843 的引脚 6 输出脉宽可控的矩形脉冲，控制开关管 Q9 工作在开关状态。Q9 工作后，在 T1 的 3-4 反馈绕组上感应的脉冲电压经 R15 限流，D4、C8 整流滤波后，产生 12V 左右的直流电压，取代启动电路，为 UC3843 的引脚 7 供电。

（2）稳压调节电路。

当电网电压升高或负载变轻，引起 T1 输出端+5V 电压升高时，经 R22、R23 分压取样后，使误差放大器 U6（TL431）的 A 端电压升高，导致 K 端（上端）电压下降，光耦合器 U3 内发光二极管电流增大，发光强度增大，使 U3 内光敏三极管电流增大，相当于光敏三极管 ce 结电阻减小，使 UC3843 的引脚 1 电压下降，控制 UC3843 的引脚 6 输出脉冲的高电平时间减小，开关管 Q9 导通时间缩短，T1 的次级绕组感应电压降低，5V 电压输出端电压降低，达到稳压的目的。若 5V 电压输出端电压降低，则稳压过程相反。

（3）保护电路。

① 欠压保护电路。当 UC3843 的启动电压低于 8.5V 时，UC3843 不能启动，引脚 8 无 5V 基准电压输出，开关电源电路不能工作。当 UC3843 已启动，但负载有过电流使 T1 的感抗下降，其反馈绕组输出的工作电压低于 7.6V 时，与 UC3843 的引脚 7 相连的内部施密特触发器动作，控制引脚 8 无 5V 电压输出，UC3843 停止工作，避免了 Q9 因激励不足而损坏。

② 过流保护电路。开关管 Q9 源极（S）电阻 R87 不但用于稳压和调压控制，还作为过电流取样电阻。当由于某种原因（如负载短路）引起 Q9 源极（S）电流增大时，R87 上的电压降增大，UC3843 的引脚 3 电压升高，当电压上升到 1V 时，UC3843 的引脚 6 无脉冲电压输出，Q9 截止，电源停止工作，实现过电流保护。

3. 待机控制电路

开机时，MCU 输出的 ON/OFF 信号为高电平，使误差放大器 U8 的引脚 2 输入高电平，U8 的引脚 1 输出低电平，三极管 Q6 导通，光耦合器 U5 的发光二极管发光，光敏三极管导通，控制 Q5 导通，由副开关电源产生的 V_{CC1} 电压可为 TDA16888 的引脚 9 供电。

待机时，ON/OFF 信号为低电平，使误差放大器 U8 的引脚 2 输入低电平，U8 的引脚 1 输出高电平，三极管 Q6 截止，光耦合器 U5 的发光二极管不能发光，光敏三极管不导通，进而控制 Q5 截止，由副开关电源产生的 V_{CC1} 电压不能为 TDA16888 的引脚 9 供电，TDA16888 停止工作。

3.2.7　由 STR-E1565 和 STR-2268 构成的开关电源电路的分析

由 STR-E1565 和 STR-2268 构成的开关电源电路应用在长虹 46in 以上液晶电视中，共输出+12V、+5V（signal 小信号）、+5V（MCU）和+24V 共 4 组电压，其中，+12V 和+5V（signal）两组电压供液晶电视信号处理电路使用，+5V（MCU）电压供 MCU 使用，+24V 电压供逆变器使用。+12V、+5V（signal）、+5V（MCU）3 组电压由 STR-E1565 及相关电路产生，称为主开关电源；+24V 电压由 STR-2268 产生，称为副开关电源。图 3-17 所示为该电源方案的电路原理图。

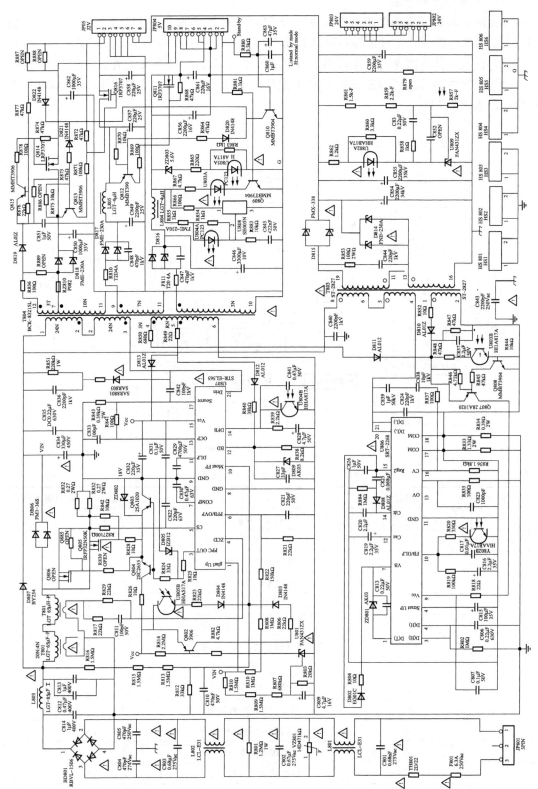

图3-17　由STR-E1565和STR-2268构成的开关电源电路

1. 主开关电源电路分析

主开关电源电路以厚膜集成电路 U807（STR-E1565）为核心。STR-E1565 是日本三肯公司开发的开关电源模块，该电源模块具有输出功率大、带负载能力强、待机功耗小、保护功能完善等优点。其内部含有功率因数校正电路、振荡电路、功率开关管、过压/欠压保护电路及过热保护电路等。STRE-1565 内部电路框图如图 3-18 所示，STR-E1565 引脚功能与电压数据如表 3-3 所列。

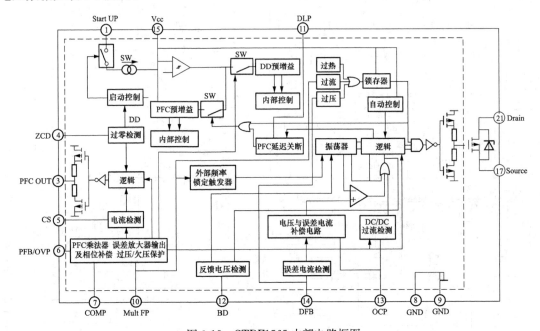

图 3-18　STRE1565 内部电路框图

表 3-3　　　　　　　　　　　　**STRE1565 引脚功能与电压数据**

引　脚	引脚名	功　能	工作电压/V	待机电压/V
1	Start UP	启动电路输入	420	300
2	NC	空	—	—
3	PFC OUT	功率因数校正输出	3.8	0
4	ZCD	PFC 过零检测脉冲输入	3	0
5	CS	PFC 功率管漏极电流检测	0	0
6	PFB/OVP	PFC 反馈输入/过压保护输入	4.3	3
7	COMP	PFC 误差放大器相位补偿端	1.6	0.5
8、9	GND	地	0	0
10	Mult FP	PFC 乘法器及误差输出端	1.8	2.30
11	DLP	PFC 关断延时调整端	0	6
12	BD	准谐振信号输入端	0	0
13	OCP	过流检测端	0	0
14	DFB	误差控制电流输入端	3.7	3.7
15	V_{CC}	驱动电路电源	22	23

续表

引　脚	引脚名	功　能	工作电压/V	待机电压/V
16	DD OUT	未用	—	—
17	Source	IC 内部电源开关管源极	0	0
18、19	NC	空	—	—
20	Drain	未用	—	—
21	Drain	IC 内部电源开关管漏极	420	300

（1）整流滤波电路。

220V 左右的交流电压经延迟保险管 F801 进入由 C801、C802、C803、C804、C805、L801、L802 组成的交流抗干扰电路，滤除市电中的高频干扰信号，同时保证开关电源产生的高频信号不串入电网。TH801 为负温度系数热敏电阻，开机瞬间温度低，阻抗大，防止电流对回路的浪涌冲击；VZ801 为压敏电阻，即在电源电压高于 250V 时，压敏电阻 VZ801 击穿短路，保险管 F801 熔断，可避免电网电压波动造成开关电源损坏，保护后级电路。

经交流抗干扰电路滤波后的交流电压送到由 BD801、L803、C812、C813、C814 组成的整流滤波电路。220V 市电由 BD801 桥式整流后，经 C814、L803、C812、C813 组成的 π 型滤波器滤波，形成直流电压。滤波电路电容 C812、C813、C814 储能较小，负载较小时，经整流滤波后的电压为 310V 左右；负载较重时，整流滤波后的电压为 230V 左右。

（2）功率因数校正电路。

功率因数校正（PFC）电路由 T801、T802、Q803～Q806 和 STRE1565 内部电路等组成。

由 BD801 整流，C814、L803、C812、C813 滤波后的直流电压，经 R816、R815、R813、R812 分压后，送到 STR-E1565 的引脚 10（STR-E1565 的引脚 10 既是 PFC 电路乘法器的输入端，又是外部锁定触发端），在内部乘法器中经逻辑处理、推挽放大后，从 STR-E1565 的引脚 3 输出的开关脉冲经 Q803、Q804 推挽放大后，从 Q803、Q804 的发射极输出，分别加到 Q805、Q806 的 G 极，驱动 Q805、Q806 工作在开关状态（开关频率在几十千赫到一百千赫）。

当 Q805 和 Q806 饱和导通时，由 BD801 整流后的电压经电感 L803、T801 和 T802 的初级绕组、Q806 和 Q805 的 D-S 极、R831、R832 到地，形成回路；当 Q805 和 Q806 截止时，由 BD801 整流输出的电压经 L803、D807、C834 到地，对 C834 充电；同时，流过 T801 和 T802 的初级绕组电流呈减小趋势，电感两端必然产生左负右正的感应电压，这一感应电压与 BD801 整流后的直流分量叠加，在滤波电容 C834 正端形成 400V 左右的直流电压，不但提高了电源利用电网的效率，而且使流过 T801 和 T802 初级绕组的电流波形和输入电压的波形趋于一致，从而达到提高功率因数的目的。

经 BD801 桥式整流后电压中的高次谐波成分从 T801、T802 次级绕组输出，经 R817、C811、R829 组成的脉冲限流电路后进入 STR-E1565 的引脚 4。STR-E1565 的引脚 4 内部为过零检测电路，兼有过压/欠压保护功能，当该引脚电压高于 6.5V 或低于 0.62V 时，过零检测电路关断，PFC 电路停止工作；液晶电视正常工作时，STR-E1565 的引脚 4 电压为 3V

左右。

STR-E1565 的引脚 5 为 PFC 开关管源极电流检测端。Q805、Q806 漏极电流从源极输出，经 R831、R832 接地，在 R831、R832 上形成与 Q805、Q806 源极电流成正比的检测电压。该电压经 R827 反馈到 STR-E1565 的引脚 5 内部，内部电流检测电路及逻辑处理电路自动调整 STR-E1565 的引脚 3 输出脉冲的大小，从而自动调整 Q805、Q806 源极电流。

STR-E1565 的引脚 6 为 PFC 电路反馈输入/过压保护输入端。该引脚用于检测滤波电容 C834 正端 400V 电压，其外部由 R810、R808、R822、R821 组成的分压电路对 C834 正端电压（VIN）进行分压。液晶电视正常工作时，STR-E1565 的引脚 6 电压为 4.3V，当 PFC 电路输出的开关脉冲过高时，会导致 C834 正端电压异常升高，STR-E1565 的引脚 6 电压也随之升高；当电压超过 4.3V 时，内部过压保护电路启动，输出控制信号到 PFC 逻辑控制电路，调整 STR-E1565 的引脚 3 输出的开关脉冲，使其恢复到正常范围。

STR-E1565 的引脚 7 为 PFC 误差放大器输出及相位补偿端，外接相位补偿电容 C830，通过该电容来补偿 PFC 控制电路中电流与电压间的相位差。

STR-E1565 的引脚 11 为 PFC 电路关断延迟端。当某种原因使开关电源在轻载与重载间迅速变化时，开关电源振荡电路进入低频与高频循环工作状态。当开关电源处于低频状态时，STR-E1565 内部输出电流向引脚 11 的外接电容 C829 充电，当 C829 上的电压充到一定值后，内部关断 PFC 电路，C829 通过 STR-E1565 的 11 脚内部电路放电。适当调整 C829 的容量，可以改变 C829 的充电时间，也就改变了 PFC 电路的关断时间。

（3）启动与振荡电路。

C834 两端的 400V 电压分为两路：一路经开关变压器 T804 的 1-3 绕组加到 STR-E1565 的引脚 21 内部 MOS 开关管的 D 极；另一路作为启动电压加到 STR-E1565 的引脚 1，经内部电路对引脚 15 外接电容 C832 充电。当 C832 正端即 STR-E1565 的引脚 15 电压上升到 16.2V 时，STR-E1565 内部振荡电路工作，并输出开关脉冲，经内部推挽缓冲放大后加到大功率 MOS 开关管的 G 极，使 MOS 开关管工作在开关状态。

开关电源启动后，开关变压器 T804 自馈绕组（5-6 绕组）感应的脉冲电压经 D813 整流，C832 滤波后得到 22V 左右的直流电压，加到 STR-E1565 的引脚 15，取代启动电路为 STR-E1565 提供启动后的工作电压。若电源启动后，STR-E1565 的引脚 15 无持续的电压供给，引脚 15 充得的电压将随着电流的消耗逐渐下降，当下降到 9.6V 时，电源停止工作。

（4）稳压控制电路。

稳压控制电路以取样放大电路 U808（SE005N）、光耦合器 U804 和厚膜电路 STR-E1565 为核心构成，取样点在 C846 正端（5V 输出端）。图 3-19 所示为取样放大电路 U808（SE005N）内部电路框图。

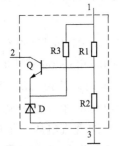

图 3-19　U808（SE005N）内部电路框图

稳压控制过程如下：设某一时刻 C846 两端电压升高，U808 的引脚 1 电压随之升高，取样电压也随之升高，经 U808 内部分压电阻 R1、R2 分压后的电压升高，U808 内部 Q 导通能力增强导致 U808 的引脚 2 电压下降，流过光耦合器 U804 中发光二极管的电流增大，其发光强度增强，则光敏三极管导通加强，使 STR-E1565 的引脚 14 电流增大，经内部误差电流检测电路检测后，控制内部开关管提前截止，使开关电源的输出电压下降到正常值；反之，当输出电压降低时，经上述稳压电路的负反馈作用，使 STR-E1565 内部开关管导通时间变长，使输出电压上升到正常值。

（5）保护电路。

为了保证开关电源可靠工作，开关电源设有过流保护电路、过热保护电路和准谐振电路。

过流保护电路：过流保护电路由 R843、R841、C833 及 STR-E1565 的引脚 17 和引脚 13 内部电路构成。液晶电视正常工作时，STR-E1565 内部大功率开关管漏极电流从引脚 17 源极输出，经电阻 R843 到地形成回路，在 R843 上形成压降并通过 R841 反馈到 STR-E1565 的引脚 13。当某种原因导致 STR-E1565 内部大功率开关管漏极电流增大时，在 R843 上的压降增大，使加到 STR-E1565 的引脚 13 的电压增大，当 STR-E1565 的引脚 13 电压升高到 75V 以上时，内部过流保护电路启动，开关电源停止工作。

过热保护电路：过热保护电路集成在 STR-E156 内部，当某种原因造成 STR-E1565 内部温度升高到 135℃ 以上时，内部过热保护电路启动，开关电源停止工作。

准谐振电路：STR-E1565 内部开关管截止时，其源极与漏极间有较大的脉冲电压，在该脉冲电压的后沿降到低电平之前，开关管不应导通，否则，开关管就会有较大的导通损耗。为保证开关管在漏极脉冲电压最低时导通，采用了准谐振电路。

STR-E1565 的引脚 21 的外接电容 C842 和变压器 T804 的 1-3 绕组组成串联谐振电路，谐振电路在 C842 两端产生谐振电压，若在该谐振电压的最低点开关管导通，则可将开关管的导通损耗降至最小。

为达到开关管在 C842 两端电压最低时才导通的目的，电路中设有延迟导通电路，延迟导通电路由 D812、R840、R838、C827 等组成。在 C842 与 T804 初级绕组发生谐振时，T804 的 5-6 绕组的感应电压经 D812 整流，R840、R838 分压后对 C827 充电，使得 STR-E1565 的引脚 12 的电压在 T804 能量放完后不会立即下降到 0.76V（阈值电压），开关管便一直处于截止状态；只有当 STR-E1565 的引脚 12 电压低于 0.76V 时，STR-E1565 内部开关管才导通。适当选择 R840、R838 的阻值，可使 STR-E1565 内部开关管正好在 C842 两端电压最低时导通，可实现降低开关管导通损耗的目的。

2. 副开关电源电路分析

副开关电源电路以厚膜集成电路 U806（STR-2268）为核心。STR-2268 是日本三肯公司开发的厚膜集成电路，该厚膜块具有自动跟踪、多种模式控制及保护等功能，配合三肯公司的 STR-E1565 模块可以进行待机控制。图 3-20 所示为 U806（STR-2268）内部电路框图，其引脚功能与电压数据如表 3-4 所列。

表 3-4　　　　　　　　　　　　　STR2268 引脚功能与电压数据

引脚号	引脚名	功　能	工作电压/V	待机电压/V
1	D（L）	内部低端开关管漏极	420	300
2	NC	空		
3	D（H）	内部高端开关管漏极	410	300
4	D（H）	内部高端开关管漏极	410	300
5	Start UP	启动脚	22	0
6	NC	空		

续表

引脚号	引脚名	功 能	工作电压/V	待机电压/V
7	VB	内部高端开关管栅极驱动电压输入端	410	300
8	NC	空		
9	V_{CC}	控制部分供电端	22	0
10	FB/OLP	误差电流反馈端	2.2	0.3
11	GND	地	0	0
12	C_{ss}	软启动端	5.8	0.4
13	OC	过流检测输入	0	0
14	Cdt	开关管截止时间控制端	1.6	0.2
15	Reg2	门极驱动电路电源输出端	12.3	0
16	C_V	低电压导通检测端	0	0
17	COM	地	0	0
18	COM	地	0	0
19	NC	空	—	—
20	D (L)	内部低端开关管漏极	420	300
21	D (L)	内部低端开关管漏极	420	300

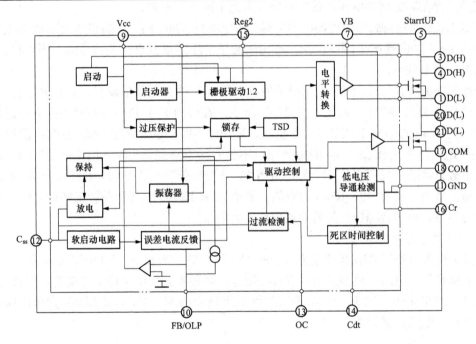

图 3-20 U806（STR2268）内部电路框图

（1）启动电路。

正常工作时，C834 两端 400V 左右电压经开关变压器 T803 的 8-4 初级绕组加到 STR-2268 的引脚 20 和引脚 21，为 STR-2268 内部开关管的源极提供电压。另外，由主开关电源开关变压器 T804 的 4-6 绕组产生的感应电压经 D811 整流、C837 滤波后得到 28V 直流电压，加到 Q807 的发射极，此时，光耦 U803 导通，Q808、Q807 导通，28V 直流电压对 C815 充电，当 C815 两端电压上升到 20V 时，STR-2268 的引脚 5 和引脚 9 内部振荡电路、逻辑电路启动，同时输出开关脉冲经缓冲放大后，驱动内部双 MOS 管工作在开关状态。

副开关电源启动后，T803 的 8-4 绕组中有电流流过，1-2 绕组中将产生感应电压经 R852 限流、D810 整流、C837 滤波后得到约 22V 电压，经 Q807 向 STR-2268 的引脚 5 和引脚 9 提供持续的工作电压。

STR-2268 内部的 MOS 开关管截止后，C824 与 T803 的 8-4 绕组产生的谐振电压经 C838、C839、R837 加到 STR-2268 的引脚 16 内部电路，由内部电路产生延迟控制信号，控制内部 MOS 开关管继续保持截止状态。当 STR-2268 的引脚 16 内部电路检测到该引脚输入电压最低时，内部电路输出控制信号，内部 MOS 开关管开始下一轮导通。

（2）稳压控制电路。

稳压控制电路由光耦 U802、误差放大器 U809、R819 及 STR-2268 的引脚 10 内部电路组成。其中，R861、R859、R857 组成取样电路，当某种原因造成＋24V 电压升高时，经 R861、R859、R857 分压后，在电阻 R857 上的压降增大，U809 的 R 极电压随之升高，U809 的 K 极（上端）电压下降，光耦 U802 的引脚 1 和引脚 2 电流增大，其引脚 3 和引脚 4 电流也增大，STR-2268 的引脚 10 内部控制电路启动，使振荡电路输出的脉冲变窄，输出电压降至 24V。当输出电压降低时，稳压过程与上述过程相反。

（3）保护电路。

软启动保护电路：软启动保护由 STR-2268 的引脚 12 内部电路及外接软启动电容 C819 完成。当 STR-2268 开关电源启动时，引脚 12 内部电路输出电流对 C819 充电，使 STR-2268 内部双 MOS 管导通时间缩短，限制漏极电流，实现软启动。

过压/欠压保护电路：过压/欠压保护由 STR-2268 的引脚 9 内部电路实现。当某种原因导致 C815 上电压在 28V 以上时，电路进入过压保护状态；当 C815 上电压在 7V 以下时，电路进入欠压保护状态。

过载保护电路：过载保护电路由 STR-2268 的引脚 10 内部电路及 R819、C816 构成。当某种原因造成 24V 电压逐渐降低时，光耦 U802 的电流也逐渐降低。当引脚 10 电流降到 $150\mu A$ 时，内部电路不再对内部振荡电路进行控制，此时，STR-2268 的引脚 10 输出 $12\mu A$ 电流对外接电容 C816 充电，当引脚 10 电压上升至 6V 时，内部电路进入过载保护状态，振荡电路被关闭。

过流保护电路：过流保护电路由 STR-2268 的引脚 13 内部电路及 R835、C823 构成。STR2268 过流检测采用负电压检测，内部 MOS 开关管电流从引脚 17 和引脚 18 输出，经 R833、R834 到地。引脚 13 外接 R835、C823 组成 RC 滤波器，以消除浪涌和不稳定现象。当某种原因造成电流增大，使引脚 13 电压降至 -0.7V 时，过流保护电路启动，电源处于保护状态。

3. 待机控制电路

待机控制电路由 Q810、Q809、Q808、Q807、Q812、Q813、Q815、U803、D820、D821、D822 等元器件组成。液晶电视正常工作时，从主板组件上送来的控制电平经 JP804 的引脚 1 输入，分两路分别对主开关电源及副开关电源进行控制。

在电视机正常工作时，JP804 的引脚 1 输入高电平（4.8V），分为两路：一路经 R880 送到 Q810 的基极，Q810 饱和导通，Q812、Q813、Q815 导通，D820、D821、D822 导通，Q814、Q811、Q816 导通，其源极分别输出＋5V 和＋12V 电压，经 JP804、JP805 提

供给主板组件；另一路经 R881 送到 Q809 的基极，Q809 饱和导通，光耦 U803 导通，Q807、Q808 饱和导通，D810、D811 整流，C837 滤波得到的 28V 电压经 Q807 送到 STR-2268 的引脚 5 和引脚 9，向 STR-2268 提供工作电压，STR-2268 输出 24V 电压提供给逆变器。

液晶电视由正常工作转为待机时，JP804 的引脚 1 输入低电平（0V），分为两路：一路经 R880 送到 Q810 的基极，Q810 截止，Q812、Q813、Q815 截止，D820、D821、D822 截止，Q814、Q811、Q816 截止，其源极输出的 +5V 和 +12V 电压关闭，主板组件停止工作；另一路经 R881 送到 Q809 的基极，Q809 截止，光耦 U803 截止，Q807、Q808 截止，STR-2268 的引脚 5、引脚 9 电压丢失，STR-2268 开关电源停止工作，输出的 24V 电压被关闭，液晶电视逆变器停止工作，背光灯熄灭。

3.3 液晶电视 DC/DC 变换器分析

液晶电视开关电源一般输出 12V、14V、18V、24V、28V 等电压。液晶电视的小信号处理电路需要的电压较低，需要进行直流变换，这项工作由液晶电视内的 DC/DC 变换器完成。

液晶电视所采用的 DC/DC 变换器主要分为线性稳压器和开关型 DC/DC 变换器两种类型。两者各有优势和劣势，适用于不同的场合。

3.3.1 线性稳压器

线性稳压器包括普通线性稳压器和低压差线性稳压器（Low Dropout Regulator，LDO）两种类型。普通线性稳压器（如常见的 78 系列三端稳压器）工作时要求输入与输出之间的压差值较大（一般要求 2V 以上），功耗较高；LDO 工作时要求输入与输出之间的压差值较小（可以为 1V 甚至更低），功耗较低。

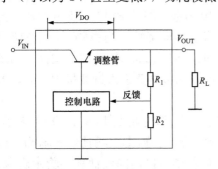

图 3-21 普通线性稳定器原理框图

1. 线性稳压器基本工作原理

普通线性稳压器由输出电压反馈电路和误差放大器等组成的控制电路来控制调整管的管压降 V_{DO}，以达到稳压的目的，原理框图如图 3-21 所示。其特点是：V_{IN} 必须大于 V_{OUT}，调整管工作在线性区（线性稳压器由此得名）。输入电压的变动和负载电流的变化引起的输出电压的变动，会通过反馈及控制电路改变 V_{DD} 的大小，使输出电压 V_{OUT} 基本不变。

LDO 是在普通线性稳压器的基础上，通过采用不同的结构降低输入与输出之间的压差，工作原理与传统线性三端稳压器原理一致。

图 3-22 所示是输出电压为 3.3V 的 LD1117S33（LDO）应用电路。其电路的工作过程十分简单。图 3-22 中，电压为 5V，从输 V_{IN} 为 LD1117S33 的输入端，5V 电压经 LD1117S33 稳压后，出端 V_{OUT} 输出 3.3V 电压，供给负载电路。

2. 线性稳压器的特点

线性稳压器具有成本低，封装小，外围器件少和

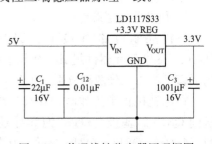

图 3-22 普通线性稳定器原理框图

噪声小的特点。线性稳压器的封装类型很多，非常适合在液晶电视中使用。对于固定电压输出的使用场合，外围只需 2～3 个很小的电容即可构成整个方案。超低的输出电压噪声是线性稳压器最大的优势。

线性稳压器的缺点是效率不高，且只能用于降压的场合。线性稳压器的效率取决于输出电压与输入电压之比：$\eta = V_{OUT} : V_{IN}$。例如，对于普通线性稳压器，在输入电压为 5V 的情况下，输出电压 η 为 2.5V 时，效率只有 50%。看来，对于普通线性稳压器，约有 50% 的电能被转化成"热量"流失掉了，这也是普通线性稳压器工作时易发热的主要原因。LDO 是低压差稳压器，效率要高得多。例如，在输入电压为 3.3V 的情况下，输出电压为 2.5V 时，效率可达 76%。所以，在液晶电视中，为了提高电能的利用率，采用普通线性稳压器较少，采用 LDO 较多。

3.3.2　开关型 DC/DC 变换器

开关型 DC/DC 变换器主要有电感式 DC/DC 变换器和电容式 DC/DC 变换器。这两种 DC/DC 变换器的工作原理基本相同，都是先存储能量，再以受控的方式释放能量，从而得到所需的输出电压。不同的是，电感式 DC/DC 变换器采用电感存储能量，电容式 DC/DC 变换器采用电容存储能量。开关型电感式 DC/DC 变换器工作在开关状态，变换效率较大，功率消耗较小，缺点是输出纹波较大。在开关型 DC/DC 变换器中，电容式 DC/DC 变换器的输出电流较小，带负载能力较差。因此，在液晶电视中一般采用电感式开关型 DC/DC 变换器。

按照输入/输出电压的大小，开关型 DC/DC 变换器分为升压式和降压式两种。当输入电压低于输出电压时，称为升压式；反之，称为降压式。在液晶电视中，采用降压式开关型 DC/DC 变换器。

电感式降压 DC/DC 变换器工作原理图如图 3-23 所示。图 3-23 中，V_{IN} 为输入电压，V_{OUT} 为输出电压，L 为储能电感，VD 为续流二极管，C 为滤波电容。电源开关管 VT 既可采用 N 沟道绝缘栅场效应管（MOSFET），也可采用 P 沟道场效应管，还可采用 NPN 或 PNP 晶体三极管。实际应用中，采用 P 沟道场效应管居多。

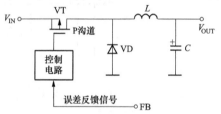

图 3-23　电感式降压 DC/DC 变换器工作原理图

图 3-24 所示为电感式降压 DC/DC 变换器 AP1510 的引脚排列图和内部电路框图。AP1510 的引脚 1 为误差反馈信号输入端，引脚 2 为输出使能端（高电平使能，即该引脚为高电平时，引脚 5、6 才有输出）。引脚 3 为振荡设置端（通过外接电阻设置最大输出电流），引脚 4 为电压输入端，引脚 5 和引脚 6 为电压输出端，引脚 7 和引脚 8 接地。

图 3-25 所示为 AP1510 的典型应用电路。AP1510 内部的开关管在控制电路的控制下工作在开关状态。输入电压 V_{IN} 通过 AP1510 的引脚 4 加到内部开关管的 S 极，开关管的 D 极接输出引脚 5，输入电压 V_{IN} 经内部开关管 S 极和 D 极、储能电感 L 和电容 C_{OUT} 构成回路，开关管导通时，充电电流在电容 C_{OUT} 两端建立直流电压，并在储能电感 L 上产生左正右负的电动势。开关管截止期间，由于储能电感 L 中的电流不能突变，所以，L 通过自感产生右正左负的脉冲电压。于是，L 右端—滤波电容 C_{OUT}—续流二极管 D1—L 左端构成放电回路，放电电流继续在 C_{OUT} 两端建立直流电压，C_{OUT} 两端获得的直流电压 V_{OUT} 为负载供电。

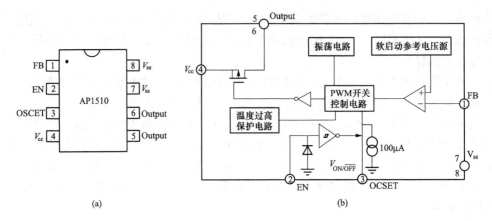

(a)　　　　　　　　　　　　　　　　　　　　(b)

图 3-24　AP1510 引脚排列图和内部电路框图

（a）引脚排列图；（b）内部电路框图

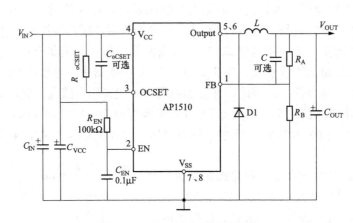

图 3-25　AP1510 典型应用电路

3.3.3　DC/DC 变换器电路实例分析

以康佳 LC-TM3718 型液晶电视为例，对 DC/DC 变换器电路进行分析，DC/DC 变换器电路如图 3-26 所示。

N830（MP1410ES）和外围电路组成开关型 DC/DC 变换器，可将由引脚 2 输入的 12V 电压转换为 3.3V 电压，从引脚 3 输出。N830 的引脚 7 为输出使能端，引脚 7 为高电平时，引脚 3 输出正常，引脚 7 为低电平时，引脚 3 无输出。

N831（BA18BC0）为低压差稳压器，可将引脚 1 输入的 3.3V 电压转换为 1.8V 电压，从引脚 3 输出。

N832（MP1410ES）和外围电路组成开关型 DC/DC 变换器，可将引脚 2 输入的 12V 电压转换为 6V 电压，从引脚 3 输出。N832 的引脚 7 为输出使能端，由 POWERON 信号进行控制。当 POWERON 为高电平时，N832 的引脚 3 输出电压正常；当 POWERON 信号为低电平时，N832 的引脚 3 无输出。

N833（BA05）为低压差稳压器，可将引脚 1 输入的 6V 电压转换为 3.3V 电压，从引脚 3 输出。

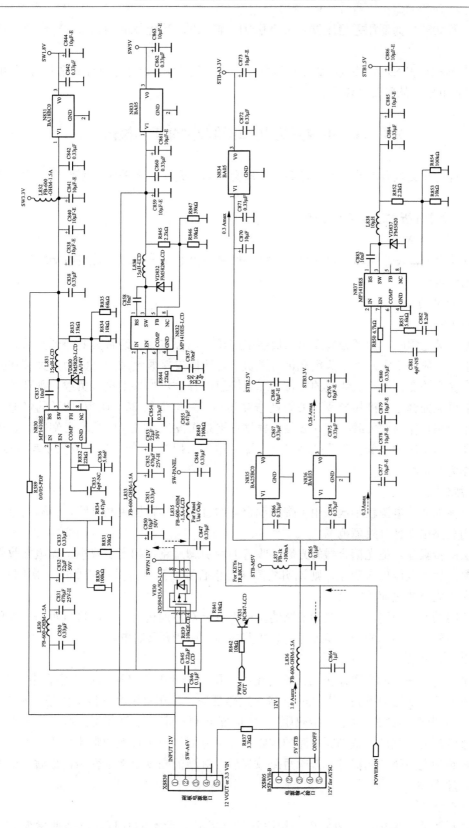

图3-26 DC/DC变换器电路

N836（BA033）为低压差稳压器，可将引脚 1 输入的 5V 电压转换为 3.3V 电压，从引脚 3 输出。

N837（MP1410ES）和外围电路组成开关型 DC/DC 变换器，可将引脚 2 输入的 5V 电压转换为 1.5V 电压，从引脚 3 输出。

3.4 液晶电视开关电源电路故障分析与检修

液晶电视的开关电源电路故障率较高，一般会引起无光栅、无图像、无伴音，称为"三无"故障。

3.4.1 故障分析方法及检修经验

1. 找到开关电源电路

通常开关电源电路直接与市电 220V 连接。通过电路板上与 220V 插座连接的插件，可找到电源电路板。

2. 开关电源的检修方法

（1）假负载法。

在维修开关电源时，为区分故障出在负载电路还是电源本身，经常需要断开负载，并在电源输出端（一般为 12V）加上假负载进行试机。之所以要接假负载，是因为开关管在截止期间，储存在开关变压器一次绕组的能量向二次绕组侧释放，如果不接假负载，则开关变压器储存的能量无处释放，极易导致开关管被击穿损坏。一般选取 30～60W/12V 的灯泡（汽车或摩托车上用）作为假负载，直观方便，根据灯泡是否发光和发光的亮度可知电源是否有电压输出及输出电压的高低。为了减小启动电流，也可采用 30W 的电烙铁或大功率 600Ω～1kΩ 电阻作为假负载。

（2）短路法。

液晶电视的开关电源较多地采用了带光耦合器的直接取样稳压控制电路，当输出电压高时，可采用短路法来区分故障范围。

短路法的步骤是：把光耦合器的光敏接收管的两引脚短路，相当于减小了光敏接收管的内阻，如果测量主电压仍未变化，则说明故障在光耦合器之后（开关变压器的一次侧）；反之，故障在光耦合器之前的电路。

需要说明的是，短路法应在熟悉电路的基础上有针对性地进行，不能盲目短路，以免将故障扩大。另外，从检修的安全角度考虑，短路之前，应断开负载电路。

（3）串联灯泡法。

所谓串联灯泡法，就是取掉输入回路的熔丝，用一个 60W/220V 的灯泡串在熔丝两端。当通入交流电后，如灯泡很亮，则说明电路有短路现象。由于灯泡有一定的阻值，如 60W/220V 的灯泡，其阻值约为 500Ω（指热阻），所以能起到一定的限流作用。这样，一方面能直观地通过灯泡的明亮度大致判断电路的故障；另一方面，由于灯泡的限流作用，不至于立即使已有短路的电路烧坏元器件。排除短路故障后，灯泡的亮度自然会变暗，最后再取掉灯泡，换上熔丝。

（4）代换法。

液晶电视开关电源中，一般使用一块电源控制芯片，此类芯片现在已经非常便宜，因此，怀疑控制芯片有问题时，建议使用正常的芯片进行代换，以提高维修效率。

3. 开关电源故障检修

液晶电视的开关电源部分与 CRT 电视的基本原理是相似的。因此，在检修上有很多相似之处。对于这部分电路，常见的故障现象是：开机烧保险丝管，开机无输出，有输出但电压高或低等。

（1）保险管烧断。

主要检查 300V 以上的大滤波电容、整流桥各二极管及开关管等部位。抗干扰电路出问题也会导致保险丝管烧断、发黑。值得注意的是，因开关管击穿导致的保险丝管烧断往往还伴随着过流检测电阻和电源控制芯片的损坏。负温度系数热敏电阻也很容易和保险丝管一起被烧坏。

（2）保险管正常的无输出电压故障。

保险管正常的无输出电压现象说明开关电源未工作，或者工作进入了保护状态。首先测量电源控制芯片的启动引脚是否有启动电压，若无启动电压或者启动电压太低，则检查启动电阻和启动引脚外接的元器件是否存在漏电，此时如电源控制芯片正常，则经上述检查可很快查到故障。若有启动电压、外围振荡电路元器件或保护电路有问题，可先检查外围元器件，再代换控制芯片。若有跳变，一般为开关管不良或损坏。

（3）输出电压过高。

在液晶电视中，输出电压过高往往来自于稳压取样和稳压控制电路。我们知道，直流输出、取样电阻、误差取样放大器（如 TL431）、光耦合器、电源控制芯片等电路共同构成一个闭合的控制环路，在这一环节中，任何一处出问题都会导致输出电压升高。对于有过压保护电路的电源，输出电压过高首先会使过压保护电路工作。此时，可断开过压保护电路，使过压保护电路不起作用，测开关机瞬间的电源主电压。如果测量值比正常值高出 1V 以上，说明输出电压过高。实际维修中，常表现为取样电阻阻值变化、精密稳压放大器或光耦合器性能不良。

（4）输出电压过低。

根据维修经验，除稳压控制电路会引起输出电压过低外，还有其他一些原因会引起输出电压过低。主要有以下几点：

① 开关电源负载有短路故障（特别是 DC/DC 变换器短路或性能不良等）。此时，应断开开关电源电路的所有负载，以区分是开关电源电路不良还是负载电路有故障。若断开负载电路后电压输出正常，说明是负载过重；若仍不正常，说明开关电源电路有故障。

② 输出电压端整流二极管、滤波电容失效等，可以通过代换法进行判断。

③ 开关管的性能下降，必然导致开关管不能正常导通，使电源的内阻增加，带负载能力下降。

④ 开关变压器不良不但会造成输出电压下降，还会造成开关管激励不足从而损坏开关管。

⑤ 300V 滤波电容不良，造成电源带负载能力差，连接负载时输出电压便下降。

维修开关电源时要注意以下两点：

① 维修无输出的开关电源，通电后再断电，由于电源不振荡，300V 滤波电容两端的电

压放电会极其缓慢，此时，如果用万用表的电阻档测量电源，应先对 300V 滤波电容两端的电压进行放电（可用一大功率的小电阻进行放电），然后才能测量，否则不但会损坏万用表，还会危及维修人员的安全。

② 测量开关电源电路的电压，要选好参考电位，因为开关变压器初级之前的地为热地，而开关变压器之后的地为冷地，两者不是等电位。

3.4.2　典型故障分析

（1）故障现象描述：TCL-LCD27A71-P 型液晶电视机开机后，指示灯不亮，无光栅，无图像，无声音。

（2）电路分析指导：如图 3-27 所示为 TCL-LCD27A71-P 型液晶电视机电源电路图。电源部分主要由保险丝 F1、互感滤波器 LF1 和 LF2、桥式整流堆 BD1、启动电阻 R2、开关振荡集成电路 IC1（NCP1650）、开关变压器 T1、光电耦合器 IC3 和 IC5、三端稳压器 IC10（7805）等部分构成。

交流 220V 电压经保险丝 F1、互感滤波器 LF1 和 LF2、桥式整流堆 BD1，输出直流 300V 电压送到开关晶体管和开关变压器 T1 的初级绕组，经初级绕组再加到开关晶体管 Q2、Q17。该电源电路设有两个开关振荡集成电路。开关变压器次级输出经整流滤波输出＋24V 电压为液晶电视机各部分供电。

（3）故障检修指导：TCL-LCD27A71-P 型液晶电视机出现指示灯不亮，无任何反应，应重点检查交流输入桥式整流堆 BD1、电容 C3、开关振荡集成电路 IC1 和 IC2。

① 拆机后，发现熔丝熔断。用性能较好的同型号熔丝进行代换，通电开机熔丝再次熔断。根据故障现象分析，则可能是整流滤波电路或开关振荡电路可能有对地短路的元器件造成的。

② 用万用表对桥式整流堆 DB1 进行检测（焊下 DB1），用万用表的电阻挡测量其引脚间的阻值。检测时发现，桥式整流堆交流输入的阻值为无穷大正常；直流输出端的正向阻值约为 9kΩ，反向阻值为无穷大正常。

③ 用万用表检测滤波电容器 C3 是否正常（取下 C3）。检测时将万用表调至电阻挡，用红表笔和黑表笔分别接触 C3 的两极，可以明显观察到万用表指针有一个摆动的过程，如图 3-28 所示。此时，可以基本判断滤波电容器 C3 也是正常的。

④ 在桥式整流堆 BD1 和电容 C3 正常的情况下，接着检查开关振荡电路中的开关场效应管、开关集成电路等可能损坏的元器件。首先对开关场效应管 Q1 进行检测，检测时发现开关场效应管各引脚间的阻值均趋于零。

开关场效应管 Q1 可能已经损坏，用同型号进行代换，将损坏的保险管也一起更换，更换后通电调试，故障排除。

对于开关电源的检修，首先要分清电源部分的冷地和热地部分，一般情况下交流输入电路部分的接地端都是热地。用检测仪表检测热区时，需使用隔离变压器，接地端应接热地部分。检测冷区时，可不用隔离变压器，接地端应接冷地部分。如使用万用表测量电压也可不用隔离变压器，但要注意防止触电。

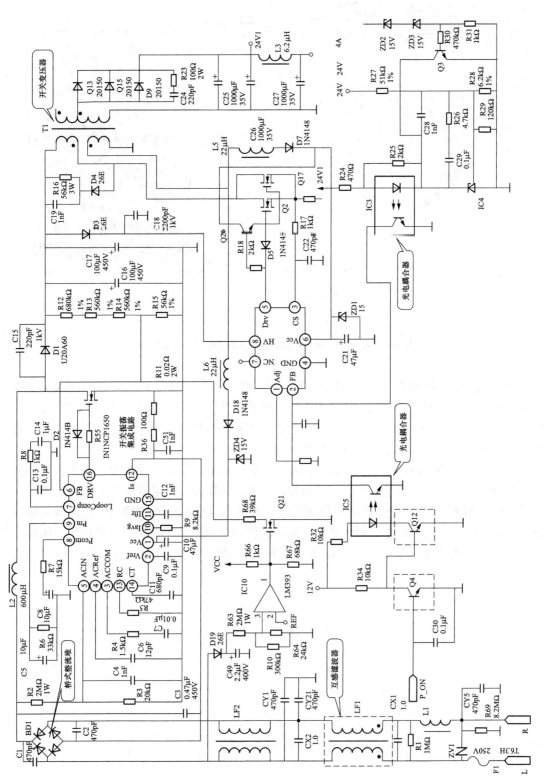

图3-27　TCL-LCD27A71-P型液晶电视机电源电路图

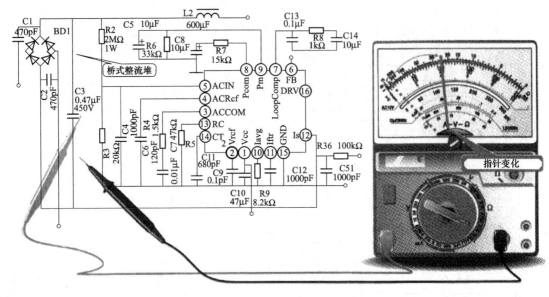

图 3-28   检测电容 C3

3.5   DC/DC 变换器的故障分析与检修

主开关电源输出的直流电压（12V、18V、24V 等）正常的情况下，DC/DC 直流变换电路直接决定着液晶电视正常与否。DC/DC 直流变换电路一般用来产生 5V、3.3V、2.5V、1.8V 等电压，为液晶电视小信号处理电路供电，当这些供电不良时，会表现出多种多样的故障现象，如无信号、无图像、死机、花屏、白屏等。

采用稳压器的 DC/DC 变换器，检修方法是：若查到某个稳压器没输出，可测量其输入电压。若输入电压正常，则检查负载和控制端，若都正常则说明稳压器本身损坏。

采用开关型的 DC/DC 变换器，检修方法是：若查到某个稳压器没输出，可测量其输入电压。若输入电压正常，检查控制端是否正常。若控制端也正常，再检查输出电感、续流二极管等元器件是否正常。若都正常，则为稳压器本身损坏。在实际维修中，输出电感不良居多。

思考与练习

一、填空

1. 开关型 DC/DC 变换器主要有_____式 DC/DC 变换器和_____式 DC/DC 变换器。

2. 液晶电视的电源电路分为_____电源和_____变换器两部分。

二、判断题

液晶电视的开关电源均采用串联型开关电源。（　　　）

三、选择题（单选和多选）

1. 整合结构的电源中，没有（　　　）电路。

A. 背光灯驱动电路　　B. 副电源　　　　C. PFC 电路　　　　D. 桥式整流滤波电路

2. 开关电源的特点有（　　　）。

A. 效率高　　　　　B. 稳压范围宽　　　C. 保护功能全

3. 开关电源具有的保护电路有（　　　）。

A. 尖峰吸收回路　　　B. 过压、过流、欠压保护　　　　C. 软启动保护

4. 开关电源中的交流抗干扰电路的作用是（　　　）。

A. 滤除市电电网和开关电源的高频干扰　　B. 解决电磁干扰问题

C. 提高电路或系统的功率因数　　　　　　D. 抑制电路波形失真

5. 为了提高电路功率因数，抑制电路波形失真，必须采用（　　　）措施。

A. EMC　　　　　　B. EMI　　　　　　C. PPL　　　　D. PFC

6. 由于小信号处理电路所需电压较低，需要进行（　　　）变换。

A. AC/DC　　　　　B. A/D　　　　　　C. DC/DC　　　　D. D/A

四、问答题

1. 什么是开关电源？

2. 液晶电视开关电源的基本工作原理是什么？

3. 液晶电视开关电源的形式有哪些？

4. 交流抗干扰电路的作用是什么？

5. 整流、滤波电路的作用是什么？

6. 功率因数校正（PFC）电路的作用是什么？

7. DC/DC 变换器的作用是什么？

五、综合题

分析液晶电视开关电源的稳压原理。

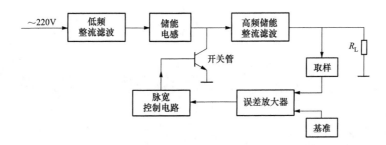

实 践 训 练

一、实践训练内容

1. 结合液晶电视实训平台的开关电源测试模块，对液晶电视的开关的输入、输出电压进行测量，记录该数值并与参考值进行比较。

2. 结合液晶电视实训平台的开关电源测试模块，描述其稳压过程。

3. 利用立创 EDA 软件绘制图 3-6 和 3-25 的原理图，PCB 图以及 3D 效果图。

二、实践训练目的

通过本实践训练，进一步提高学生对液晶电视开关电源的组成、工作原理以及稳压过程的掌握程度。加强学生利用 EDA 软件绘制电路原理图、PCB 图设计以及 3D 效果图的能力。

三、实践训练组织方法及步骤

1. 实践训练前准备。对实践训练的内容以及使用的工具进行资料准备。

2. 以 5 人为单位进行实践训练。

3. 对实践训练的过程做完整记录，并进行总结撰写实践训练报告（实践训练参考样式见附录 B)。

四、实践训练成绩评定

1. 实践训练成绩评定分级

成绩按优秀、良好、中等、及格、不及格 5 个等级评定。

2. 实践训练成绩评定准则

（1）成员的参与程度。

（2）成员的团结进取精神。

（3）撰写的实践训练报告是否语言流畅、文字简练、条理清晰，结论明确。

（4）讲解时语言表达是否流畅，PPT 制作是否新颖。

项目四　液晶电视信号处理与控制电路故障检修

 项目要求

掌握液晶电视信号处理与控制电路及熟悉输入接口。

 知识点

- 液晶电视输入接口电路；
- 液晶电视公共通道电路；
- 液晶电视视频解码电路；
- 液晶电视去隔行处理和图像缩放电路；
- 微控制电路；
- 伴音电路。

 重点和难点

- 液晶电视接口；
- 液晶电视去隔行处理和图像缩放电路；
- 液晶电视微控制器电路。
- 液晶电视伴音电路。

4.1　液晶电视输入接口电路

液晶电视与其他设备之间连接使用、接收或者输出视频和音频信号需要通过特定标准的结合方式来实现，这些拥有固定标准的结合方式就是接口（interfac）。液晶电视的接口分为输入接口和输出接口两种，输入接口接收外来视频和音频信号，输出接口向外传送视频或者音频信号。常见的输入接口有 HDMI 接口、DVI 接口、VGA 接口、Ypbpr 色差分量输入接口、S 端子接口、AV 音频/视频输入接口等。此外，一些多媒体娱乐功能丰富的液晶电视产品还配有 USB 接口、网络接口和读卡器插槽等。图 4-1 所示为某液晶电视各输入接口图。

4.1.1　液晶电视接口

1. HDMI 接口

高清晰多媒体接口（High Definition Multimedia Interface，HDMI）不但可以提供全数

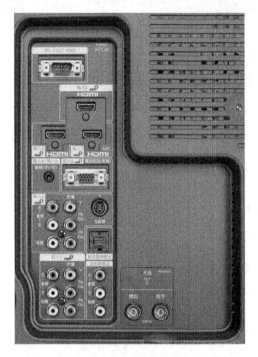

图 4-1　液晶电视各输入接口图

字的视频信号，还可以同时传输音频信号。与有线电视中的射频输入接口不一样的是，采用全数字化的信号传输，不会像射频那样，出现视频与音频干扰导致画质不佳的情况。HDMI 接口外形如图 4-2 所示。HDMI 接口线材如图 4-3所示。

HDMI 接口的最大优点是以一条线缆实现音频和视频信号的同时传输，大大降低了布线复杂性。在简化线材的同时，提供不压缩的高清数字视频和多达 8 声道音频信号，拥有高数据传输速度，让用户充分享受高品质的数字娱乐体验，是 HDTV 时代的真正影音传输接口。

2. DVI 接口

数字视频接口（DigitalVisualInterface，DVI）不支持音频信号的传输。DVI 接口外形图如图 4-4 和图 4-5 所示。DVI 接口线材如图 4-6 所示。

图 4-2　HDMI 接口

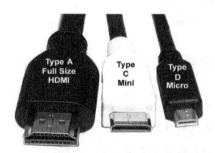

图 4-3　HDMI 接口线材

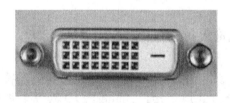

图 4-4　DVI-D 接口

图 4-5　DVI-I 接口

目前常见的 DVI 接口有两种，分别是 DVI-Digital（DVI-D）和 DVI-Integrated（DVI-I）。DVI-D 仅支持数字信号，而 DVI-I 则不仅支持数字信号，还可以支持模拟信号。即 DVI-I 的兼容性更强。

DVI-I 接口兼容数字和模拟接头，有 24 个数字插针和 5 个模拟插针的插孔（旁边四针孔和一个十字花）。DVI-D 接口是纯数字接口，只有 24 个数字插针的插孔（没有模拟的

图 4-6　DVI 接口线材

四针孔和一个十字花）。

因此，DVI-I 的接口可以连接 DVI-I 和 DVI-D 接头的线，而 DVI-D 的接口只能连接 DVI-D 的纯数字线。

3. 色差分量接口

色差分量（component）接口采用 YPbPr 和 YCbCr 两种标识，前者表示逐行扫描色差输出，后者表示隔行扫描色差输出。色差分量接口一般利用 3 根信号线分别传送亮度和两路色差信号。这 3 组信号分别是：亮度以 Y 标注，以及从三基色信号中的两种（蓝色和红色）去掉亮度信号后的色彩差异信号，分别标注为 Pb 和 Pr，或者 Cb 和 Cr，在三条线的接头处分别用绿、蓝、红色进行区别。这三条线如果相互之间插错了，可能会显示不出画面，或者显示出奇怪的色彩来。色差分量接口支持传送 480i/480p/576p/720p/1080i/1080p 等格式的视频信号，接口能够满足高清晰信号输出的需要。色差分量接口外形图如图 4-7 所示，色差分量线材如图 4-8 所示。

图 4-7　色差分量接口　　　　　　　图 4-8　色差分量线材

4. AV 复合视频接口

AV 复合（composite）视频接口是目前在视听产品中应用最广泛的接口，属于模拟接口，由黄、白、红 3 路 RCA 接头组成。黄色接头传输视频信号，白色接头传输左声道音频信号，红色接头传输右声道音频信号。AV 复合视频接口实现了音频和视频的分离传输，避免了因为音/视频混合干扰而导致的图像质量下降，但由于 AV 接口的传输是一种亮度/色度（Y/C）混合的视频信号，仍然需要显示设备对其进行亮/色分离和色度解码才能成像，这种先混合再分离的过程必然会造成色彩信号的损失，色度信号和亮度信号也会有很大的机会相互干扰从而影响最终输出的图像质量。因为 AV 复合视频接口模拟接口，所以传输的信号量不能满足高清信号的要求。AV 复合视频接口外形如图 4-9 所示，AV 复合视频线材如图 4-10 所示。

5. RF 输入接口

RF（RadioFrequency）射频输入接口是最早在电视机上使用的，它是目前家庭有线电视采用的接口，如图 4-11 所示，线材如图 4-12 所示。

RF 的成像原理是将视频信号（CVBS）和音频信号（audio）混合编码后输出，然后在显示设备内部进行一系列分离/解码的过程后输出成像。

图 4-9　AV 复合视频接口　　　　　　　　图 4-10　AV 复合视频线材

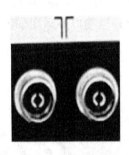

图 4-11　RF 输入接口　　　　　　图 4-12　RF 输入接口选材

由于步骤繁琐且音视频混合编码会互相干扰，所以其输出质量也是最差的。RF 输入接口是电视机最常见的接口，随着高清机顶盒的出现该接口的使用频率也在减少。

6. VGA 接口

VGA（Video Graphic Array）接口，即视频图形阵列，也叫 D-Sub 接口，是 15 针的梯形插头，分成 3 排，每排 5 个，传输模拟信号，如图 4-13 所示。线材如图 4-14 所示。从 CRT 显示器时代开始，VGA 接口就被使用，并且一直沿用至今，对于模拟显示设备，如模拟 CRT 显示器，信号被直接送到相应的处理电路，驱动控制显像管生成图像。LCD、DLP 等数字显示设备中需配置相应的 A/D（模拟/数字）转换器，将模拟信号转变为数字信号，VGA 接口应用没问题。用于连接平板之类的显示设备时，转换过程中图像损失使显示效果略微下降。

VGA 接口是目前平板电视普遍拥有的接口，可方便消费者将家中的电脑作为输入设备，输出画面到电视上。

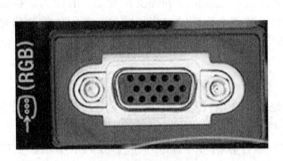

图 4-13　VGA 接口　　　　　　　　图 4-14　VGA 接口线材

VGA 接口支持在 640×480 的较高分辨率下同时显示 16 种颜色或 256 种灰度，在 320×240 分辨率下同时显示 256 种颜色。VGA 接口由于良好的性能开始迅速流行，厂商们纷纷在 VGA 基础上加以扩充，如将显存提高至 1MB 并使其支持更高分辨率，如 SVGA(800×600) 或 XV-GA(1024×768)，这些扩充的模式称之为视频电子标准协会 VESA(Video Electronics Standards Association) 的 SVGA(Super VGA) 模式，现在显卡和显示设备基本上都支持 SVGA 模式。

此外，后来还有扩展了 SXGA(1280×1024)、SXGA＋(1400×1050)、UXGA(1600×1200)、WXGA(1280×768)、WXGA＋(1440×900)、WSXGA(1600×1024)、WSXGA＋(1680×1050)、WUXGA(1920×1200) 和 WQXGA(2560×1600) 等模式，这些符合 VESA 标准的分辨率信号都可以通过 VGA 接口传输。

7. S 端子接口

S 端子，即分离式影像端子 S-video(SeparateVideo)，实际上是一种五芯接口，由两路传输视频亮度信号、两路传输视频色度信号和一路公共屏蔽地线组成。如图 4-15 所示，S 端子线如图 4-16 所示。S 端子将亮度和色度分离输出，避免了混合视频信号输出时亮度和色度的相互干扰。S 端子只能输入输出视频信号，不能支持音频输出，在新型号的平板电视中该接口越来越少见。

图 4-15　S 端子接口

图 4-16　S 端子线

8. USB 接口

Universal Serial Bus(通用串行总线) 简称 USB，是目前电脑、数码相机、平板电视等产品应用的一种接口规范。USB 接口是一种四针接口，其中中间两个针传输数据，两边两个针给外设供电，外形如图 4-17 所示，USB 线如图 4-18 所示。

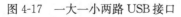

图 4-17　一大一小两路 USB 接口

图 4-18　USB 线

主要优点：①可以热插拔。在使用外接设备时，不需要重复"关机将并口或串口电缆接上再开机"这样的动作，而是直接在计算机开机时，就可以将 USB 电缆插上使用。②携带方便。③标准统一。④可以连接多个设备。USB 在计算机上往往具有多个接口，可以同时连接几个设备，如果接上一个有 4 个端口的 USBHUB 时，就可以再连上 4 个 USB 设备，以此类推，将设备都同时连在一台计算机上而不会有任何问题（注：最高可连接至 127 个设备）。

（1）USB1.0。

USB1.0 是在 1996 年出现的，速度只有 1.5Mb/s（位每秒）；1998 年升级为 USB1.1，速度也大大提升到 12Mb/s，在部分旧设备上还能看到这种标准的接口。USB1.1 是较为普遍的 USB 规范，其高速方式的传输速率为 12Mbps，低速方式的传输速率为 1.5Mbps（b 是 Bit 的意思）。

（2）USB2.0。

USB2.0 规范是由 USB1.1 规范演变而来的。它的传输速率达到了 480Mbps，折算为 MB 为 60MB/s，足以满足大多数外设的速率要求。USB2.0 中的"增强主机控制器接口"（EHCI）定义了一个与 USB1.1 相兼容的架构。它可以用 USB2.0 的驱动程序驱动 USB1.1 设备。也就是说，所有支持 USB1.1 的设备都可以直接在 USB2.0 的接口上使用而不必担心兼容性问题，而且像 USB 线、插头等附件也都可以直接使用。

（3）USB3.0。

由 Intel、微软、惠普、德州仪器、NEC、ST-NXP 等业界巨头组成 USB3.0Promoter Group 宣布，该组织负责制定的新一代 USB3.0 标准已经正式完成并公开发布。USB3.0 的理论速度为 5.0Gbps。

USB3.0 在实际设备应用中将被称为"USBSuperSpeed"，顺应此前的 USB1.1FullSpeed 和 USB2.0HighSpeed。

9．网络接口

随着网络电视不断增加，在目前的平板电视上，还可经常看到 RJ-45 接口，这种接口就是最常见的网络设备接口，俗称"水晶头"，专业术语为 RJ-45 连接器，属于双绞线以太网接口类型。RJ-45 接口只能沿固定方向插入，设有一个塑料弹片与 RJ-45 插槽卡住以防止脱落。这种接口在 10Base-T 以太网、100Base-TX 以太网和 1000Base-TX 以太网中都可以使用，传输介质都是双绞线。

网络接口已经成为很多平板电视所必备的一个接口，虽然现在很多平板电视带有无线网络设备，但对于没有无线网络设备的人来说，RJ-45 网络接口还是很重要的。RJ-45 网络接口如图 4-19 所示。网线如图 4-20 所示。

图 4-19　RJ-45 网络接口　　　　　　　图 4-20　网线

4.1.2　输入接口电路实例分析

本节以康佳 LC-TM3718 型液晶电视为例，对输入接口电路进行分析。

康佳 TM3718 型液晶电视设有 AV、S、YPbPr、VGA、DVI 等多种输入接口电路，下面重点介绍 YPbPr、VGA、DVI 接口电路的工作原理。

1. YPbPr 输入接口电路

YPbPr 输入接口电路如图 4-21 所示。

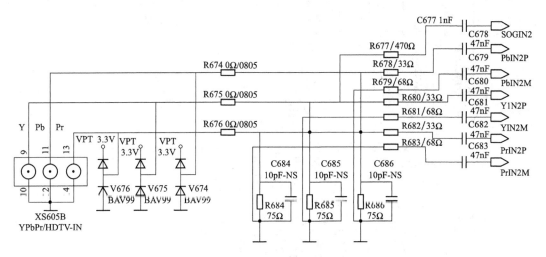

图 4-21 YPbPr 输入接口电路

从 YPbPr 输入接口 XS605B 输入的 Y 信号经 RC 滤波网络 R675、R685、C685 送到后续的 A/D 转换电路 [在电视机的实际后续电路中为 N301（MST3788-110）] 的 Y 信号输入端；从 YPbPr 输入接口 XS605B 输入的 Pb 信号经 RC 滤波网络 R674、R686、C686 送到 A/D 转换电路 N301 的 Pb 信号输入端；从 YPbPr 输入接口 XS605B 输入的 Pr 信号经 RC 滤波网络 R676、R684、C684 送到 A/D 转换电路 N301 的 Pr 信号输入端。另外，从 Y 信号中分离的同步信号 SOGIN2 也送到 A/D 转换电路 N301 进行处理。

2. VGA 输入接口电路

VGA 输入接口电路如图 4-22 所示。

由液晶电视 XS602（VGA 接口）的引脚 1、引脚 2 和引脚 3 接收到的 R、G、B 信号，经 R663、R664、R665 进行阻抗匹配后，由 RC 耦合电路送到 A/D 转换电路 N301（MST3788-110）的 VGA 接口的 R、G、B 输入端，进行 A/D 转换处理。

由液晶电视 XS602（VGA 接口）的引脚 13 和引脚 14 接收到的行同步信号（HSYNC）和场同步信号（VSYNC）送到 A/D 转换电路 N301 的 VGA 接口的同步信号输入端，进行同步信号处理。

液晶电视和主机通信时，液晶电视作为外部设备，须提供身份识别信号供主机检测识别，因此，电路中设置了 DDC 存储器 D640（24LC21A）。在 DDC 存储器 D640 中，存储了有关液晶电视的基本信息，如厂商、型号、显示模式配置等。当液晶电视作为终端显示器与计算机相连时，显示器的一些参量信息通过 I^2C 总线由液晶电视 VGA 接口送至计算机主机，由计算机主机读取该信息，完成液晶电视的身份识别。

由图 4-22 可知，存储器 D640 的引脚 8 供电端由电脑主机通过 VGA 接口引脚 9 输出的 VEE4.3V 和液晶电视电源产生的 VPI5V 电压共同供电，即使液晶电视不开机，存储器也可工作（不开机时由 VGA 接口的引脚 9 供电），以方便计算机主机随时读取 DDC 存储器 D640 中的信息。

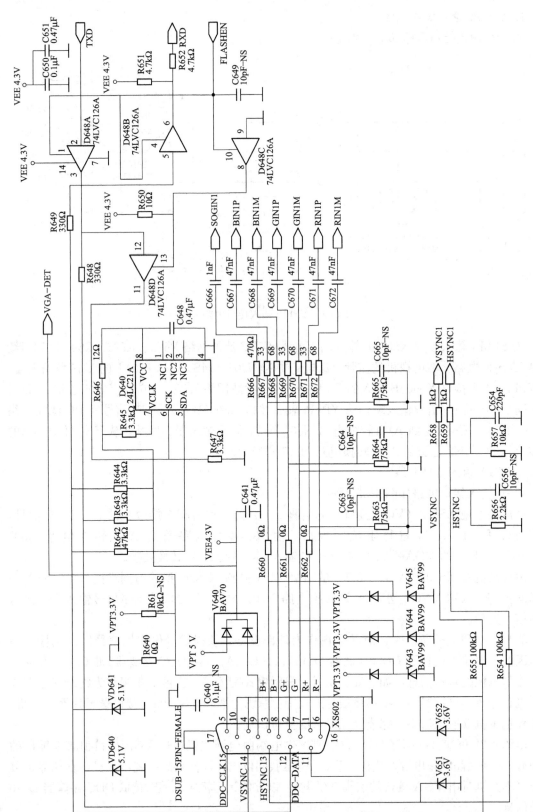

图4-22 VGA输入接口电路

另外，该机 VGA 接口还可作为主控芯片 D501（PW181）的程序升级接口使用。外部升级头通过液晶电视的 VGA 接口，可对液晶电视的主控芯片 PW181 内的程序进行升级，具体工作过程是：当需要对液晶电视 PW181 中的程序进行刷写时，PW181 的 FLASHEN 端输出高电平，控制总线缓冲器 D648（74LVC126A）内的总线缓冲器工作，这样，外部升级头通过液晶电视 VGA 接口的引脚 12 和引脚 15（总线数据和总线时钟引脚）与 PW181 的 TXD（发送端）、RXD（接收端）进行通信，从而完成对 PW181 程序的刷新操作。

3. DVI 输入接口电路

DVI 输入接口电路如图 4-23 所示。

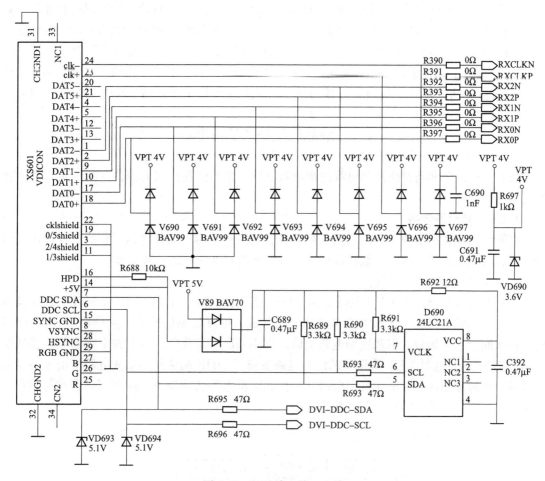

图 4-23　DVI 输入接口电路

计算机主机显卡输出的信号经连接电缆送到液晶电视的 DVI 接口，DVI 端子的引脚 1 和引脚 2、引脚 9 和引脚 10、引脚 17 和引脚 18 为分别为通道 2、通道 1 和通道 0 的 TMNS 数字信号，DVI 接口的引脚 23 和引脚 24 为 TMDS 时钟信号，这些信号直接送到 A/D 转换电路 N301（MST3788-110）内部的 TMDS 接收器进行处理。

DIV 端子的引脚 4、引脚 5、引脚 12、引脚 13、引脚 20 和引脚 21（即 4 通道、3 通道和 5 通道）未被使用，仅保留通道 0、通道 1、通道 2，因此，这是一个单路 DVI 接口。

电路中，D690（24LC21A）是一个 DDC 数据存储器，存储 DVI 显示器硬件参数信息。

当通过计算机主机 DVI 接口与液晶电视相连时，DVI 接口 I²C 总线直接与 D690 的引脚 5、引脚 6 接通，由计算机主机完成液晶电视的身份识别。D690 的引脚 8 为供电端，由电脑主机输出的＋5V（由主机产生，通过 DVI 接口的引脚 14 送到液晶电视）和液晶电视电源产生的 VPT5V 电压共同供电，因此，即使液晶电视不开机，存储器也可工作，电脑主机可随时读取 DDC 存储器中的信息。

DVI 接口引脚 16 是热插拔检测（HPD）端，HPD 检测信号由液晶电视输出送往计算机主机。当液晶电视等数字显示器通过 DVI 接口与计算机主机相连或断开时，计算机主机能够通过 DVI 的 HPD 引脚检测出这一事件，并作出响应。

DVI 接口的 HPD 引脚通过上拉电阻 R688 与 DVI 接口的＋5V 连接。当液晶电视通过 DVI 与主机相连且＋5V 正常时，HPD 引脚为 5V 高电平，主机检测到 HPD 为高电平时，判断液晶电视通过 DVI 与主机连接，主机通过 DVI 接口的引脚 6、引脚 7DDC 通道读取液晶电视中的 EDID 数据，并使主机显卡中的 TMDS 信号发送电路开始工作。当液晶电视与主机之间的 DVI 连接断开时，主机一侧的 HPD 信号为低电平，主机显卡中的 TMDS 信号发送电路停止工作。

4.2　液晶电视公共通道电路

液晶电视的公共通道是液晶电视的最前端电路，主要包括高频调谐器（高频头）和中频处理电路两部分。

4.2.1　高频调谐器

高频调谐器又称高频头，是液晶电视信号通道最前端的一部分电路。它的主要作用是调谐所接收的电视信号，即对天线接收到的电视信号进行选频、放大和变频。

1. 高频调谐器的电路组成

高频调谐器的电路由 VHF 调谐器和 UHF 调谐器组成，如图 4-24 所示。VHF 调谐器由输入回路、高频放大器、本振电路和混频电路组成，由混频电路输出中频信号。UHF 调谐器由输入回路、高频放大器和变频电路组成。在 UHF 调谐器中，输出的中频信号还要送至 VHF 混频电路，这时 VHF 调谐器的混频电路变成了 UHF 调谐器的中放电路。由于高频调谐器的工作频率很高，为防止外界电磁场干扰和本机振荡器的辐射，高频调谐器被封装在一个金属小盒内，金属盒接地，起屏蔽作用。

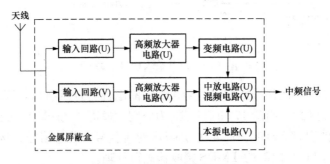

图 4-24　高频调谐器的组成

VHF 调谐器与 UHF 调谐器的调谐原理基本相同。从天线接收的高频电视信号，包括各种不同的频道，输入回路选出所需收看的频道，抑制掉其他频道信号和各种干扰信号。为提高接收灵敏度，高频电视信号先经过选频放大，然后送入混频电路，与本振电路产生的本振信号进行混频，以产生中频电视信号。

2. 高频调谐器的功能

高频调谐器的功能主要有 3 个方面。

（1）选频。通过频段切换和改变调谐电压选出所要接收的电视频道信号，抑制掉邻近频道和其他各种干扰信号。

（2）放大。将接收到的微弱高频电视信号进行放大，以提高整机灵敏度。

（3）变频。将接收到的载频为 f_p 的图像信号、载频为 f_c 的色度信号、载频为 f_s 的伴音信号分别与本振信号 f_o 进行混频，变换成载频为 38MHz 的图像中频信号、载频为 33.5MHz 的色度中频信号和载频为 31.5MHz 的第一伴音中频信号，并将它们送至中频放大电路。

3. 液晶电视常用高频头介绍

液晶电视常用的高频头主要有混频合成式高频头和中放一体化高频头。

（1）频率合成式高频头。

图 4-25 所示为频率合成式高频头内部电路框图。

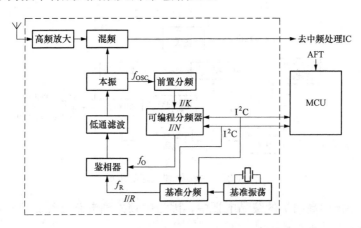

图 4-25　频率合成式高频头内部电路框图

频率合成式高频头采用了锁相环（PLL）技术，不像电压合成式高频头那样由 MCU 直接提供高频头的频段、调谐电压，而是由 MCU 通过 I^2C 总线向高频头内接口电路传送波段数据和分频比数据，高频头内的可编程分频器等电路对本振电路的振荡频率 f_{osc} 进行分频，得到分频后的频率 f_O，再与一个稳定度极高的基准频率 f_R 在鉴相器内进行比较。若两者有频率或相位误差时，立即产生一个相位误差电压，经低通滤波后改变本振 VCO 的频率，直至两者相位相等。此时的本振频率即被精确锁定在所收看的频道上。

（2）中放一体化高频头。

液晶电视中较多地使用了中放一体化高频头。中放一体化高频头内部集成了频率合成式高频头和中频处理两部分电路，能直接输出视频全电视信号 CVBS 和第二伴音中频信号 SIF 或者直接输出视频全电视信号 CVBS 和音频信号 AUDIO。这样设计，不但简化了电路，提高了电视机的性能，而且便于生产和维修。图 4-26 所示为高频头及在液晶电视中的应用示意图。

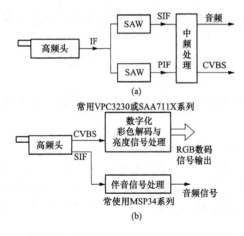

图 4-26　高频头及在液晶电视中的应用

（a）常用 VPC3230；

（b）中放一体化高频头及在液晶电视中的应用

谐器进行频率微调，以稳定中频频率。

4.2.2　中频处理电路

中频处理电路也称中频通道，一般由声表面波滤波器、中频放大、视频检波、噪声抑制（ANC）、预视放、AGC、AFT 等电路组成，如图 4-27 所示（图中虚线部分表示此部分电路集成在一起，被称为中频处理 IC）。高频调谐器输出的中频信号首先经过声表面波滤波器，一次形成中放特性曲线。然后进行中频放大，将信号放大到视频检波所需的幅度。视频检波电路对中频信号进行同步检波，还原出视频信号，同时输出 6.5MHz 的第二伴音中频信号。视频信号经 ANC 处理和预视放后输出。当接收的电视信号强弱变化时，为了使输出的视频信号电压保持在一定范围内，电路设置了 AGC 电路。AFT 电路的作用是当中频信号频率发生变化时，对高频调

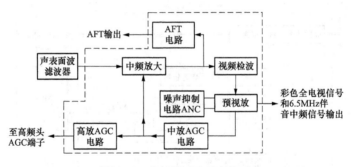

图 4-27　中频处理电路的组成

在使用中放一体化高频头的液晶电视中，因为中频处理电路已经集成在高频头中，所以不需要单独设置中频处理电路。

4.2.3　高频和中频处理电路实例分析

本节以康佳 LC-TM3718 型液晶电视为例，对高频和中频处理电路进行分析。

1. 主通道高频和中频处理电路

主通道高频和中频处理电路如图 4-28 所示。

由图 4-28 可知，康佳 TM3718 型液晶电视高频、中频处理电路主要以频率合成高频头 N150（AFT1/3000）和中频处理电路 N151（TDA9885T）为核心构成。高频头 N150 引脚功能如表 4-1 所列，中频处理电路 TDA9885T 内部框图如图 4-29 所示，引脚功能如表 4-2 所示。

TDA9885T 中频处理电路采用了免调整式锁相环中频解调器技术，采用这种技术的 IC 不必使用常规的图像中周和 AFT 中周，AFT 的调整与控制使用数字方式，大大降低了中频电路的故障率（中周易出故障）。

TDA9885T 还采用了 I^2C 总线控制技术，通过 I^2C 总线，可对 AFT、AGC 等进行控制。当 AFT 锁定中频解调 VCO 频率时，电路自动将反映这一状态的 I^2C 总线数据 AFCWIN

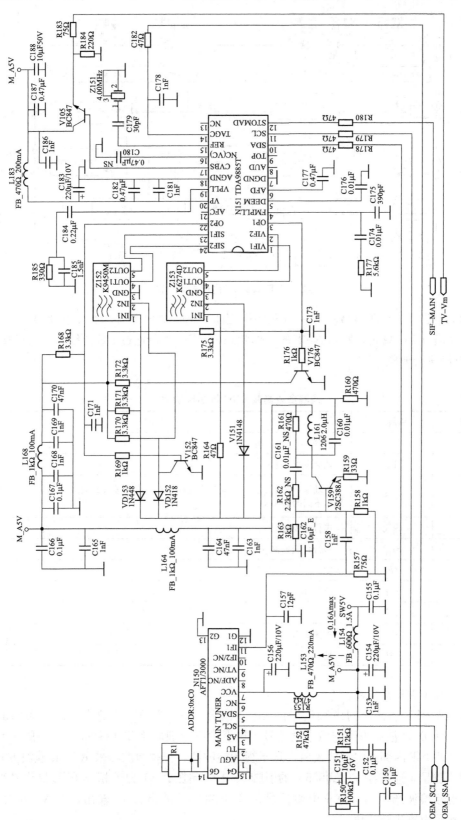

图4-28 主通道高频和中频处理电路

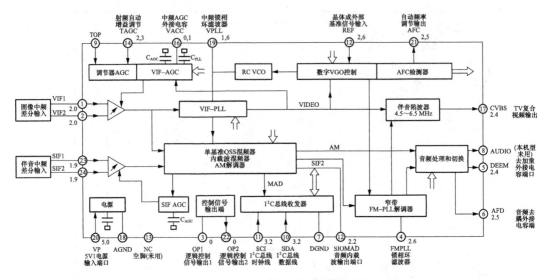

图 4-29　TDA9885T 内部电路框图

（AFC 窗口）置 1；当 VCO 频率不在 AFC 锁定窗口内时，AFCWIN 为 0。因此 MCU（微控制器）可以通过 I^2C 总线读取到 AFT 的工作状态，MCU 也可通过 I^2C 总线对 TDA9885T 中的 AFT 电路进行调整。

表 4-1　　　　　　　　　　　　频率合成高频头 N150 引脚功能

引脚号	引脚名	功能
1	AGC	射频 AGC 输入端
2	TU	调谐电压，未用
3	AS	地址端，对于本机，主高频头此端接地，副高频头此端接 +5V，以便 MCU 识别出不同的高频头
4	SCL	串行总线时钟
5	SDA	串行总线数据
6	NC	空
7	V_{CC}	5V 供电
8~10	NC	空
11	IF1	中频输出
12~13	G1	地

（1）图像中频检波电路。

由高频头 IF1 端输出的中频信号经 C158 耦合、预中放 V159 放大，由声表面滤波器 Z153（K6274D）滤波后得到图像中频信号，送至中频处理电路 TDA9885T 的引脚 1 和引脚 2。在 TDA9885T 内部经中频放大后，送至视频检波器，视频检波器采用 PLL 检波方式，可提高图像的质量。连接在 TDA9885T 的引脚 15 上的晶振 Z151 为锁相环 PLL 提供基准振荡频率。经视频检波产生的彩色全电视信号由 TDA9885T 的引脚 17 输出，经 V105 缓冲后，送到视频解码电路进行解码。

表 4-2　　　　　　　　　　　　　　　　　TDA9885T 引脚功能

引脚号	引脚名	功能	引脚号	引脚名	功能
1	VIF1	图像中频输入 1	13	NC	未用
2	VIF2	图像中频输入 2	14	TAGC	射频自动增益调节
3	OP1	逻辑信号输出控制 1	15	REF	外部基准频率输入
4	FMPLL	FM 音频 PLL 滤波	16	VAGC	中频 AGC 外接电容端
5	DEEM	去加重，外接电容器	17	CVBS	彩色全电视信号输出
6	AFD	音频去耦	18	AGND	地
7	DGND	地	19	VPLL	中频锁相环滤波
8	AUD	音频解调输出	20	VP	5V 电压
9	TOP	未用	21	AFC	自动频率控制输出
10	SDA	串行总线数据	22	OP2	逻辑信号输出控制 2
11	SCL	串行总线时钟	23	SIF1	第一音中频输入 1
12	SIOMAD	音频内载波输出	24	SIF2	第一伴音中频输入 2

（2）AGC 电路。

视频检波器输出的视频信号还有一路送至中频 AGC 电路，检出的射频 AGC 电压由引脚 14 输出，送至高频头 N150 的引脚 1RFAGC 端子，用以控制高放电路的增益。

（3）AFT 电路。

由 TDA9885T 检出的 AFT 电压可由引脚 21 输出，但该机未采用此引脚。AFT 电压通过 I^2C 总线送到 MCU 电路，MCU 再通过 I^2C 总线控制频率合成高频头的本振频率，确保高频头 IF 端的载波始终为 38MHz，使 MCU 在自动搜台时，能将节目锁定在最佳位置。

（4）伴音解调电路。

由高频头 IF1 端输出的中频信号，经 C158 耦合、预中放 V159 放大，由声表面滤波器 Z152（K9450M）滤波后得到第一伴音中频信号，送至中频处理电路 TDA9885T 的引脚 23 和引脚 24。输入的信号经内部限幅放大后，送至内部混频器，得到第二伴音中频信号从引脚 12 输出，送到外部音频处理电路。另外，第二伴音中频信号在内部还送到音频解调电路，解调出 TV 音频信号，可从引脚 8 输出，不过，该引脚在康佳 TM3718 液晶电视中未使用。

TDA9885T 的引脚 3 和引脚 22 为制式控制端，在接收不同制式信号时，这两个引脚的电平有所不同，通过控制 V176、V152 的导通与截止，使 Z152、Z153 的幅频特性发生改变，以便 TDA9885T 对不同制式的信号进行解调处理。

2. 副通道高频和中频处理电路

副通道高频和中频处理电路如图 4-30 所示。

康佳 TM3718 是具有射频画中画（PIP）功能的液晶电视，因此，电路中设置有 2 个高频头和 2 路中频处理电路。由图 4-28 和图 4-30 可知，副通道高频、中频处理电路与主通道高频、中频处理电路基本相同，具体工作原理这里不再赘述。

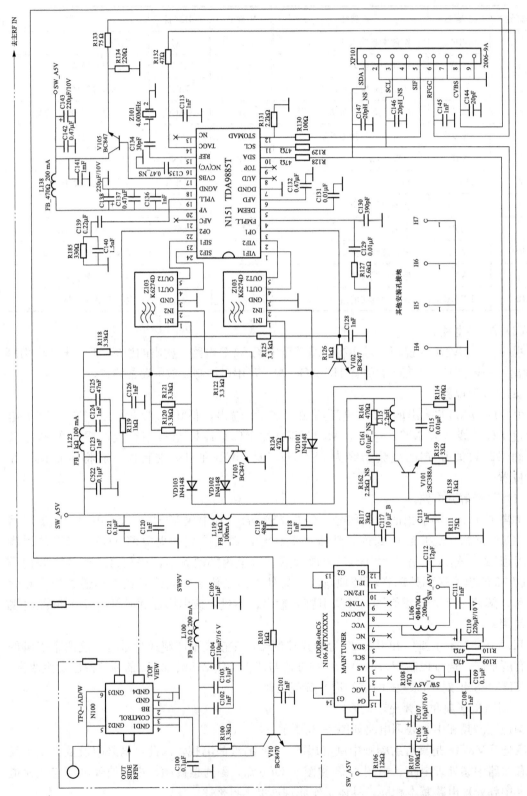

图4-30　副通道高频和中频处理电路

4.3 液晶电视视频解码电路

液晶电视解码电路主要采用是对来自中频一体化高频头（或中频处理电路）的全电视信号以及外接 AV 设备的全电视信号进行解码处理，解调出亮度/色差（YUV）信号或 RGB 基色信号。

根据解码的方式不同，视频解码可分为模拟解码和数字解码两大类。

模拟视频解码是对输入的视频信号进行 Y/C 分离，将色度 C 信号分离出 U（B-Y）、V（R-Y），在矩阵电路中与亮度信号 Y 进行计算，以获得模拟的 R、G、B 信号，送到外部 A/D 转换电路，将模拟信号转换为数字信号。图 4-31 所示为模拟解码电路的工作示意图。

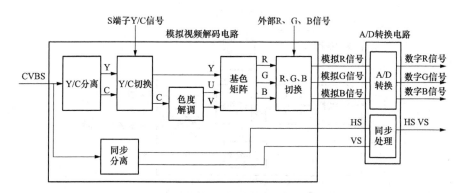

图 4-31 模拟解码电路的工作示意图

电路的工作过程如下：解调出的彩色全电视信号 CVBS 送到模拟视频解码电路。模拟解码电路的 Y/C 分离电路将 CVBS 信号分离为亮度信号 Y 和色度信号 C，Y、C 信号在送到 Y/C 切换电路，与 S 端子输入的 Y/C 信号切换后，其中的 Y 信号送到基色矩阵电路，C 信号送到色度解调电路，解调出两个色差信号 U（B-Y）和 V（R-Y）也送到基色矩阵电路，在基色矩阵电路中，Y、U（B-Y）、V（R-Y）3 个信号进行运算处理，产生 R、G、B 信号，送到 R、G、B 切换开关电路，与外部 RGB 信号（如字符信号）进行切换，切换后的 RGB 信号送到外部 A/D 转换电路，将模拟的 RGB 信号转换为数字 RGB 信号，输出到去隔行处理电路。

液晶电视采用的模拟解码芯片有多种，常用的有 TB1261、TB1274AF、LA76930、TDA9321、OM8809、TM－PA8809、TDA9370、TDA120×× 和 TDA150×× 等。在以上几种芯片中，TMPA8809、TDA9370、TDA120××、TDA150×× 为超级芯片，其内部不但集成有解码电路，还具有 MCU 的功能。

图 4-32 所示为液晶电视常用模拟解码方式的电路配置方案，这部分电路也常称为模拟信号前端。

数字视频解码是用 A/D 转换电路对模拟的视频信号进行数字化处理，然后进行 Y/C 分离和数字彩色解码，以获得数字 Y、U（B-Y）、V（R-Y）或数字 RGB 数据，送到后面的去隔行处理电路。图 4-33 所示为数字视频解码电路的工作示意图。

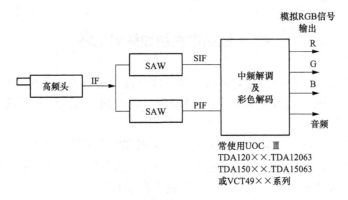

图 4-32 液晶电视常用模拟解码方式的电路配置方案

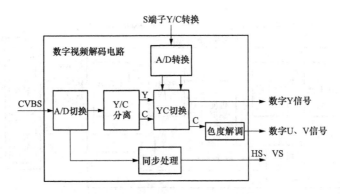

图 4-33 数字视频解码电路的工作示意图

液晶电视采用的数字解码芯片有很多，既有专用的数字解码芯片，如 SAA717×、VPC3230D、TVP5147 等，也有将数字解码与去隔行、图像缩放功能集成在一起的芯片，如 SVP-EX、SVP-PX、SVP-CX 等；也有将数字解码与 MCU 集成在一起的数字解码超级芯片，如 VCT49XY、VCT6973 等；还有将 A/D 转换器、MCU、视频解码器、去隔行处理、图像缩放、LVDS 发送器等多个电路集于一体的全功能超级芯片，如 MT8200、MT8201、MT8202、MST718BU、MST96889、MST9U88LB、MST9U89AL、TDA155××、FLI8532、PW106、PW328 等。

图 4-34 所示为液晶电视中使用常规高频头数字解码方式的电路配置方案，图 4-35 所示为液晶电视中使用中放一体化高频头数字解码方式的电路配置方案。

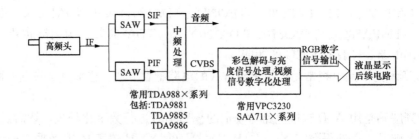

图 4-34 液晶电视中使用常规高频头数字解码方式的电路配置方案

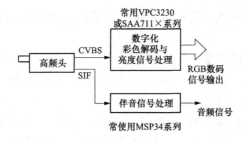

图 4-35　液晶电视中使用中放一体化高频头数字解码方式的电路配置方案

4.4　液晶电视 A/D 转换电路

　　液晶电视 A/D 转换电路的作用是将模拟 YUV 或 RGB 信号转化为数字 YUV 或者数字 RGB 信号，送至去隔行、图像缩放（SCALER）电路进行处理。在液晶电视中一般需要多个 A/D 转换电路，对不同的模拟信号进行数字转换。A/D 转换电路既有独立的芯片，如常用的 AD9883、AD9884、TDA8752、TDA8759 等；也有集成在其他电路中的组合芯片，如很多隔行、SCALER 芯片都集成有 A/D 转换电路。

　　液晶电视较为常用的 A/D 转换芯片为 MST9885 和 AD9884，需要说明的是，现在很多机型已不再采用独立的 A/D 芯片，A/D 转换电路已被集成在 SCALER 电路中。但无论是独立的还是被其他电路集成的，其内部组成和工作原理是完全一致的。

4.4.1　液晶电视 A/D 转换芯片 MST9885

　　MST9885 是用于个人计算机和工作站捕获 RGB 三基色图像信号的优选 8 位输出的模拟量接口电路，其 140MSPS（Million Samples Per Second）的编码速率和 3000MHz 的模拟量带宽可支持高达 1280×1024（SXGA）的显示分辨率，它有充足的输入带宽来精确获得每一个像素并将其数字化。MST9885 内部电路框图如图 4-36 所示。

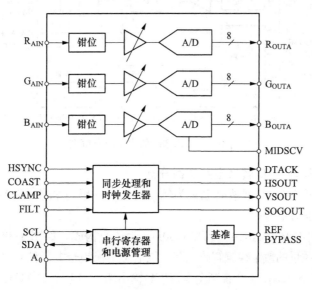

图 4-36　MST9885 内部电路框图

　　MST9885 的内部锁相环以行同步输入信号为基准产生像素时钟, 像素时钟的输出频率范围为 20~140MHz。

　　MST9885 有 3 个高阻模拟输入引脚作为 RGB 三基色通道, 它适应 0.5~1.0V 峰峰值的输入信号, 信号的输入阻抗应保持为 75Ω, 并且通过 47nF 电容耦合到 MST9885 输入端, 这些电容构成了部分直流恢复电路。

　　行同步信号从 MST9885 的引脚 30 输入, 用来产生像素时钟 DCLKA 信号和钳位。行同步信号输入端包括一个施密特触发器, 以消除噪声信号。为使三基色输入信号被正常地数字化, 输入信号的直线分量补偿必须被调整到适合 A/D 转换的范围。行同步信号的后肩为钳位电路提供基准的参考黑电平, 产生钳位脉冲确保输入信号被正常钳位。另外, 通过增益的调整, 可调节图像的对比度; 通过调整直流分量的补偿, 可以调整图像的亮度。

4.4.2　液晶电视 A/D 转换芯片 AD9884

　　AD9884 是 8 位高速 A/D 转换电路, 具有 140MSPS 的编码能力和 500Hz 全功率的模拟带宽, 能够支持 1280×1024 分辨率和 75Hz 的刷新频率。为了将系统消耗和能源浪费降至最低, AD9884 包含了一个内部的+1.25V 参考电压。AD9884 采用 3.3V 供电, 输入信号范围为 0.5~1.0V, 电路可以提供 2.5~3.3V 的三态门输出。AD9884 具有单路和双路两种输出模式, 当采用单电路输出模式时, 只采用端口 A, 端口 B 悬空并处于高阻状态; 当采用双路输出时, 可从端口 A、B 输出两路数字信号。AD9884 的内部框图如图 4-37 所示。

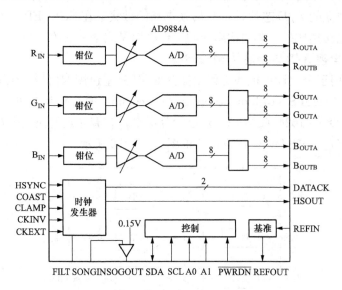

图 4-37　AD9884 的内部电路框图

4.4.3　视频解码与 A/D 转换电路实例分析

　　本节以康佳 LC-TM3718 型液晶电视为例, 对视频解码与 A/D 转换电路进行分析。

　　1. 主通道视频解码电路

　　主通道视频解码电路以 N340 (VPC3230D) 为核心构成, 如图 4-38 所示。

　　VPC3230D 是高质量的数字视频解码电路, 包括 4 个视频全电视信号 (CVBS) 输入端、1 个 S 端子信号 (SVHS) 输入端、1 个视频全电视信号输出端、2 组 RGB/YCrCb 分量信号输入端和 1 个快速消隐信号 FB 输入端。图 4-39 所示为 VPC3230D 内部电路框图, 引脚功能如表 4-3 所列。

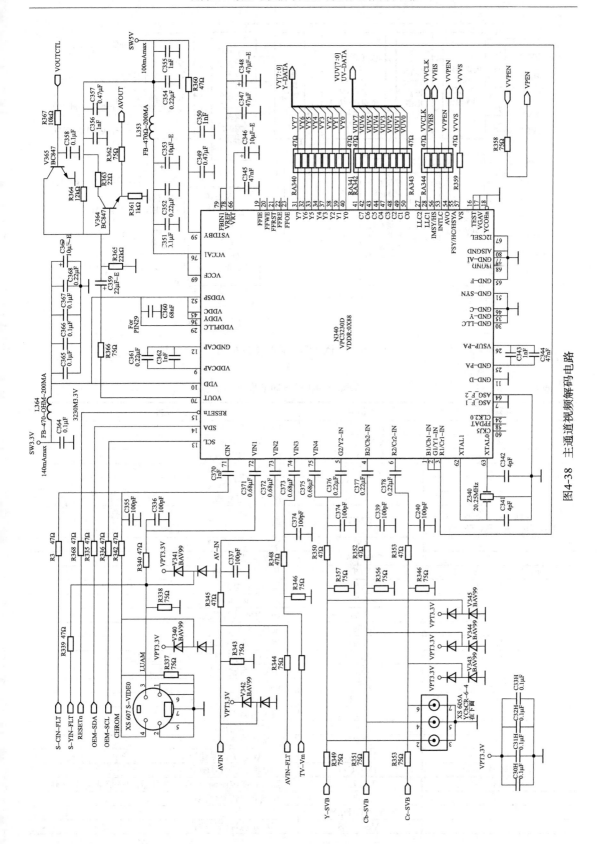

图4-38 主通道视频解码电路

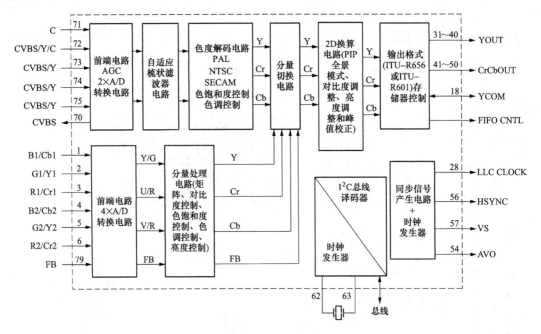

图 4-39   VPC3230D 内部电路框图

表 4-3   **VPC3230D 引脚功能表**

引脚号	引脚名	功能
1	B1/Cb1-IN	B1/Cb1 信号输入
2	G1/Y1-IN	G1/Y1 信号输入
3	R1/Cr1-IN	R1/Cr1 信号输入
4	B2/Cb2-IN	B2/Cb2 信号输入
5	G2/Y2-IN	G2/Y2 信号输入
6	R2/Cr2-IN	R2/Cr2 信号输入
7，64，30，11，12，25，35，65，77，46，51，68，80	GND	地
8	NC	NC
9	VDDCAP	电源去耦
10，29，36，45，52	VDD	数字 3.3V 电源
59，69，76	AVCC	模拟 5V 电源
13	SCL	I^2C 总线（时钟线）
14	SDA	I^2C 总线（数据线）
15	RESETn	复位
16	TEST	测试，这里接地
17	VGAV	VGA 场同步信号输入，这里接地
18	YCOEn	Y/C 信号输出使能，这里接地
19~23	FFIE	NC
24	CLK20	主时钟信号输出，未用
26	VSUPPA	模拟引脚供电
27	LLC2	倍频时钟输出，未用
28	LLC1	时钟信号输出
31~34，37~40	Y0~Y7	8 位数字 Y 信号输出
41~44，47~50	C0~C7	8 位数字 C 信号输出
53	INTLC	隔行扫描控制输出（0—奇数场；1—偶数场），未用
54	AVO	视频有效信号使能
55	FSY/HC/HSYA	NC
56	MSY/HS	行同步脉冲信号输出

续表

引脚号	引脚名	功能
57	VS	场同步脉冲信号输出
58	FPDAT	NC
60	CLK5	5MHz 时钟输出，未用
61	NC	NC
62	XTAL1	20.25MHz 晶振输入
63	XTAL0	20.25MHz 晶振输出
66	VRT	A/D 转换参考电压去耦
67	I2CSEL	I²C 总线地址选择端
70	VOUT	模拟复合视频信号输出
71	CIN	S 端子 C 信号输入
72	VIN1	S 端子 C 信号输入
73	VIN2	外部视频信号输入
74	VIN3	TV 视频信号输入
78	VREF	A/D 转换参考电压去耦
79	FBIN1	快速消隐信号输入

VPC3230D 是数字电路，正常工作需要供电（3.3V 和 5V）、复位（引脚 15）和振荡信号（引脚 62 和引脚 63）3 个条件。当满足工作条件时，电路开始工作，其简要工作过程如下：

VPC3230D 的引脚 74 输入的 TV 视频信号和引脚 73 输入的 AV 视频信号均加到 VPC3230D 内部的视频切换开关电路，经切换后视频信号送往幅度自动增益控制（AGC）电路进行处理，以防止 A/D 转换时取样量化误码，导致图像出现大量数字噪声或清晰度下降等问题。经 AGC 电路的信号再送往 A/D 转换电路，将模拟视频信号转换为数字视频信号，加到数字梳状滤波器，分离出数字 Y、C 信号，送到色度解码电路。另外，从 VPC3230D 的引脚 72、引脚 71 输入的 S 端子 Y、C 信号也送到内部 A/D 转换电路，转换为数字的 Y、C 信号后也加到色度解码电路。

色度解码电路解调出 YUV 信号，再经色调/色饱和度控制后，送到内部分量切换电路，另外，从 VPC3230D 的引脚 5、引脚 4 和引脚 6 输入的 Y、Cb、Cr 信号经内部 A/D 转换、色调/色饱和度/亮度/对比度控制后，也送到内部分量切换电路，经切换后的分量信号 Y/Cb/Cr 再经输出格式变换处理后，从 VPC3230D 的引脚 40～引脚 37 和引脚 34～引脚 31 输出数字 Y 信号，从 VPC3230D 的引脚 50～引脚 47 和引脚 44～引脚 41 输出数字 C 信号，送到后续电路进行处理。

在 VPC3230D 电路中，经 A/D 转换的视频信号还要送到内部的同步信号处理电路，从视频信号中获取数字同步信息，得到的行场同步脉冲 VVHS、VVVS 和时钟信号 VVCLK 分别从 VPC3230D 的引脚 56、引脚 57 和引脚 28 输出，送入后续电路进行处理。

2. 副通道视频解码电路

副通道视频解码电路如图 4-40 所示。

由图 4-40 可知，副通道视频解码电路与主通道视频解码电路一样，采用数字视频解码芯片 VPC3230D。经 N385（VPC3230D）解码后，输出数字视频信号，送到中控芯片 D501（PW181），与主通道视频信号进行切换。

3. A/D 转换电路分析

A/D 转换电路以 N301（MST3788-110）为核心构成，电路如图 4-41 所示。

A/D 转换电路 N301 的主要作用是对 VGA、YPbPr 接口输入的模拟信号进行 A/D 转换。在 N301 内部还设有一个 TMDS 接收器，可对 DVI 接口输入的数字信号进行解码。

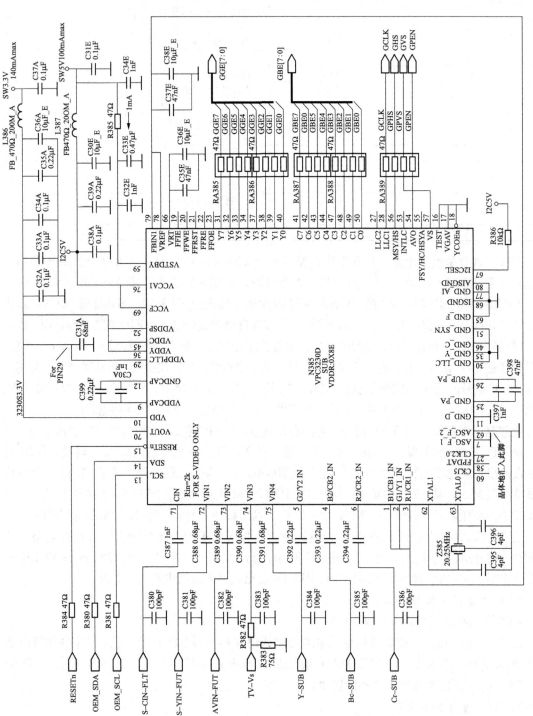

图4-40 副通道视频解码电路

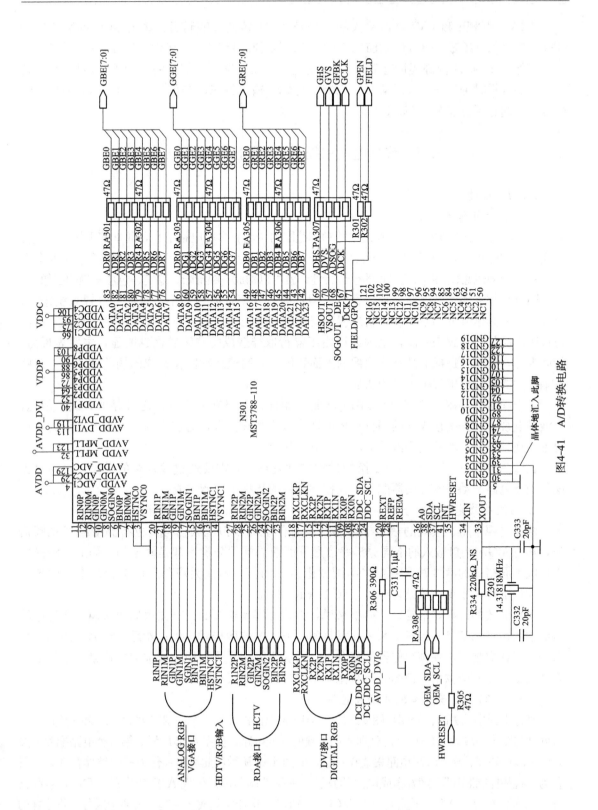

图4-41　A/D转换电路

VGA、YPbPr 和 DVI 接口输入的信号经 N301 转换或解码后，输出 24 位的数字信号 GRE [7∶0]、GGE [7∶0]、GBE [7∶0] 送到主控芯片 D501（PW181）作进一步处理。

另外，在 N301 内部还设有 PLL 时钟发生器，在行场同步信号的作用下，产生 A/D 转换所需的取样时钟信号，同时从引脚 69 和引脚 70 输出行场同步信号，从引脚 67 输出时钟信号，一起送到主控芯片 D501。

4.5　液晶电视去隔行处理和图像缩放电路

4.5.1　概述

1. 去隔行处理电路介绍

广播电视中心设备中，为了在有限的频率范围内传输更多的电视节目，通常都采用隔行扫描方式即把一帧图像分解为奇数场和偶数场信号发送，在显示端把奇数场信号与偶数场信号均匀镶嵌，利用人眼的视觉特性和荧光粉的余辉特性，就可以构成一幅清晰、稳定、色彩鲜艳的图像。

隔行扫描方式虽然降低了视频宽度，但提高了频率资源利用率，对数字电视系统来说，也降低了视频信号的码率，便于实现视频码流的高效压缩。随着科学技术水平的提高，人们对视听产品的要求越来越高，电视系统由于隔行取样造成的缺陷越来越明显，主要表现为：行间闪烁，低场频造成的高亮度图像的大面积闪烁，高速运动图像造成的场差效应等，这些缺陷在大屏幕彩色电视机中尤为明显。

对于固定分辨率、数字寻址的 LCD 显示器件，大都支持逐点、逐行寻址方式。因此，在液晶电视中，先把接收到的隔行扫描电视信号或视频信号，通过去隔行处理电路变为逐行寻址的视频信号，然后送到液晶显示屏上进行显示。

在液晶电视中，隔行/逐行变换的过程非常复杂，它需要通过较复杂的运算，再通过去隔行处理电路与动态帧存储器配合，在控制命令的指挥下才能完成。

2. 图像缩放处理电路介绍

液晶电视采用、接收的信号非常多，既有传统的模拟视频信号，也有高清格式视频信号，还有 VGA 接口输入的不同分辨率信号，而液晶屏的分辨率却是固定的。因此，液晶电视接收不同格式的信号时，需要将不同图像格式的信号转换为液晶屏固有分辨率的图像信号，这项工作由图像缩放处理电路（SCALER）完成。

图像缩放的过程非常复杂，简单来说，大致过程是这样的：首先根据输入模式检测电路得到输入信号的信息，计算出水平和垂直两个方向的像素校对比例；然后，对输入的信号采取插入或抽取技术，在帧存储器的配合下，可编程算法计算出插入或抽取的像素，最后插入新像素或抽取原图像素，使图像信号像素格式与液晶面板相同。

4.5.2　常见去隔行和 SCALER 芯片

液晶电视中的去隔行处理与图像缩放 SCALER 电路的配置方案一般有两大类。第一类是去隔行处理与图像缩放 SCALER 电路分别使用单独的集成电路，如图 4-42 所示。第二类电路配置方案是将去隔行处理、SCALER 电路集成在一起，如图 4-43 所示，此类芯片作为一个整体存在，一般称为"视频控制芯片"。随着集成电路的发展，视频控制芯片开始将 A/D 转换器、TMDS 接收器（接收 DVI 信号）、OSD（屏显电路）、MCU、LVDS 发送器等集成在一起，为便于区分，将这样的芯片称为"主控芯片"。现在，有一些主控芯片开始集成有数字视频解码电路，此类芯片一般称为

"全功能超级芯片"，由全功能超级芯片构成的液晶电视是最为简洁的一种。

下面简要介绍在液晶电视中比较常用的几种去隔行、SCALER 芯片。

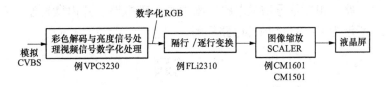

图 4-42　去隔行处理与图像缩放 SCALER 电路分别使用单独的集成电路

图 4-43　去隔行处理与 SCALER 电路集成为一块视频控制芯片

1. 主控芯片 PW113

PW113 是 Pixelworks 公司生产的视频处理主控芯片，内含去隔行处理电路、高质量图像缩放电路、OSD 控制电路、SDRAM 和强大的 80186 微处理器。支持行和场图像智能缩放、图像自动最优化，使得屏幕上的图像显示精细完美。PW113 不需要外接帧缓存器，降低了输出时钟频率，扩展了显示系统的兼容性。

图 4-44 所示为 PW113 内部电路框图。

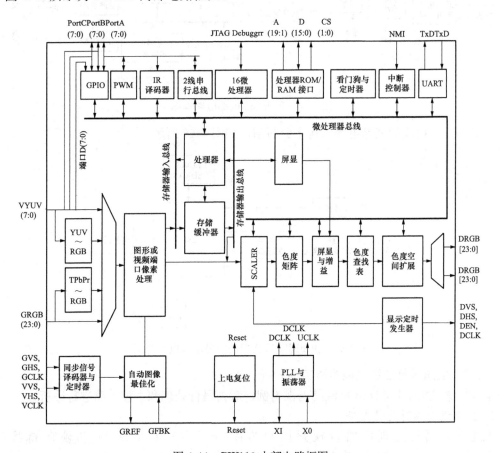

图 4-44　PW113 内部电路框图

2. 全功能超级芯片 FLI8532

FLI8532 是内含三位视频信号解码器、DCDi 去隔行处理电路、图像格式变换电路、DDR 存储器接口电路、视频信号增强电路、画中画处理电路、片内微控制器和 OSD 控制器等电路。图 4-45 所示为 FLI8532 内部电路框图。

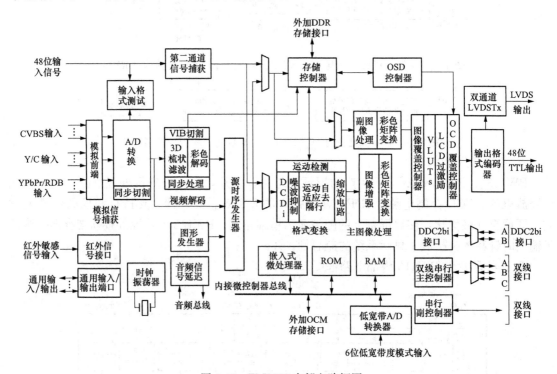

图 4-45　FLI8532 内部电路框图

由 FLI8532 构成的液晶电视结构十分简洁,如图 4-46 所示。

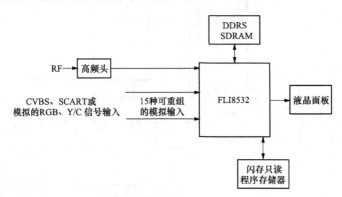

图 4-46　由 FLI8532 构成的液晶电视电路简图

4.5.3　去隔行处理和主控电路实例分析

本节以康佳 LC-TM3718 型液晶电视为例,对去隔行处理和主控电路进行分析。

1. 主通道去隔行处理电路

主通道去隔行处理电路以视频控制芯片 D401（A）（PW1232）和帧存储器 D490（M12L64164A）为核心构成,有关电路如图 4-47 所示。

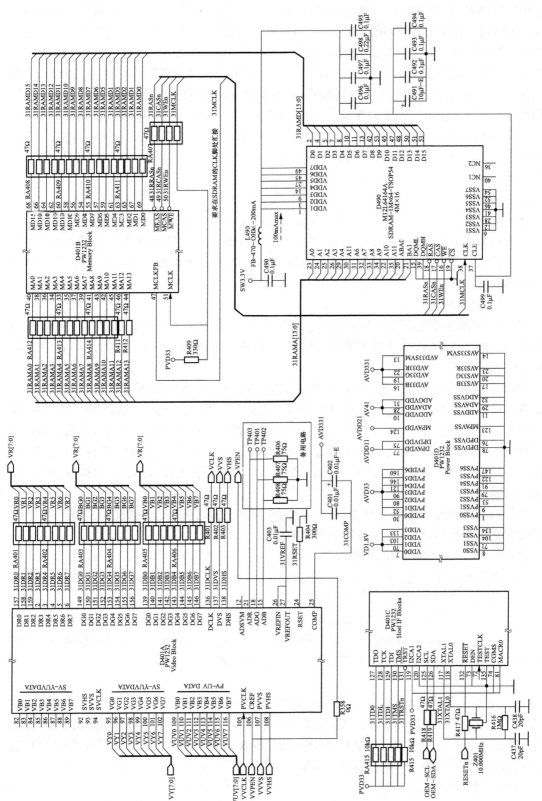

图4-47 主通道去隔行处理电路

由主视频解码芯片 N340（VPC3230D）输出的亮度信号 VY［7：0］送到 PW1232 的引脚 95～引脚 102；由主视频解码芯片 N340 输出的色度信号 VUV［7：0］送到 PW1232 的引脚 109～引脚 116，由主视频解码芯片 N340 输出的行同步信号（VVHS）、场同步信号（VVVS）、数据使能信号（VVPEN）、时钟信号（VVCLK）送到 PW1232 的引脚 108～引脚 105。PW1232 在外接 SDRAM 帧存储器 D490 的配合下，将隔行扫描的图像信号变换为逐行扫描的图像信号，由 PW1232 的 VR［7：0］（引脚 2～引脚 6、引脚 157～引脚 159）、VG［7：0］（引脚 149～引脚 156）和 VB［7：0］（引脚 139～引脚 146）端输出，送到 D501（PW181）作进一步处理；同时，由 PW1232 的引脚 138、引脚 137 和引脚 136 输出行同步、场同步和时钟信号，也送到 D501。

2. 主控电路

主控电路以 D501（PW181）为核心构成，电路如图 4-48 所示。

PW181 是 Pixelworks 公司生产的图像信号处理集成电路，该电路集去隔行处理、图像缩放、图像增强、OSD 处理、MCU 等电路于一体，功能十分强大。图 4-49 所示为 PW181 内部电路框图。

（1）PW181 的输入端口

PW181 的图像捕捉范围从 VGA 格式（640×480）到 WXGA 格式（1366×768），显示输出范围也可以从 VGA 格式到 WXGA 格式，支持所有美国 ATSC 制数字电视（DTV）高清晰度电视（HDTV）模式。

PW181 的图形输入接口支持 24/48 位的 RGB/YPbPr/YCbCr 图形输入，每时钟信号为单像素或双像素，支持 DVI1.0 版宽带数字内容保护 HDCP，这种防复制功能的原理是：采用一种名为"证实协议"的技术，使发送端的设备必须先对接收端的设备进行身份证明，确定接收端的设备是否具有可以接收带防复制内容的资格。只有证实该接收设备具有此资格，发送设备才对该接收设备提供服务，输出节目内容，否则将拒绝提供服务，这样就完成了宽带数字内容保护。

PW181 的视频输入端口支持 8/16/24 位的 RGB/YPbPr/YCbCr 视频输入，但仅支持每时钟单像素，支持 DVI1.0 版宽带数字内容保护。

PW181 可同时启动视频信号输入端（Vport）和图形信号输入端（Gport），每个输入端口都有单独的彩色空间变换器，每个输入端口都有一个 ITU-656 信号解码器，接收在 8 位数据总线中编码的 NTSC/PAL 制视频数据信号。

虽然 PW181 的每个输入端口都支持接收 RGB 三基色信号、YPbPr 和 YCbCr 分量信号输入，但在信号处理时，只能按一种信号格式处理，因此必须通过彩色空间变换电路，把各种不同格式的信号输入，归一化为某种统一格式再进行处理。

（2）同步信号处理

PW181 的两个输入端 Gport 和 Vport 的同步信号处理电路非常灵活，能支持所有常用的同步信号，包括分离的同步信号、数字复合同步信号、G 信号中的复合同步信号及隔行的或不隔行的同步信号。对无行同步信号（HS）和场同步信号（VS）的输入信号，同步解码器可以从单一数据有效信号中导出行场同步信号。

（3）去隔行处理电路

PW181 内的可编程运动自适应去隔行处理电路采用反向的 3：2 帧复制算法，能把隔行

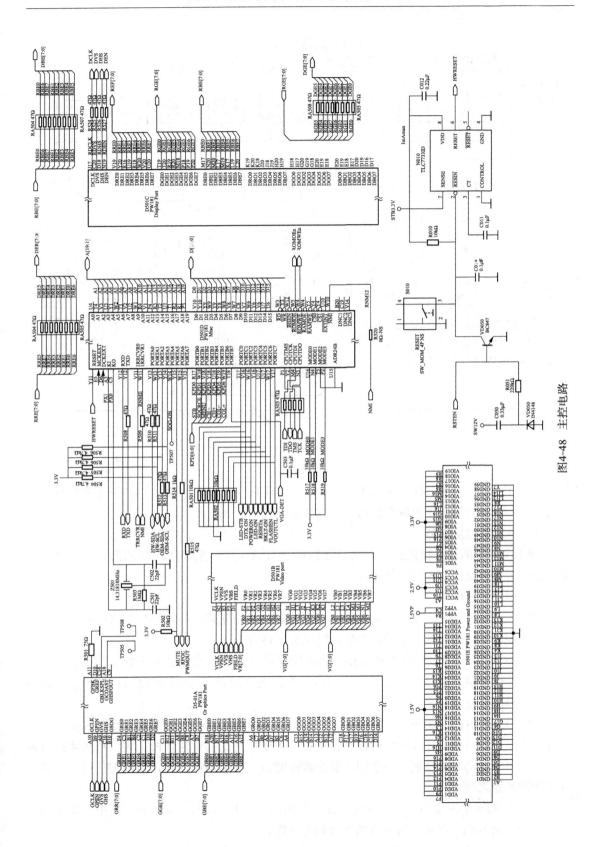

图4-48　主控电路

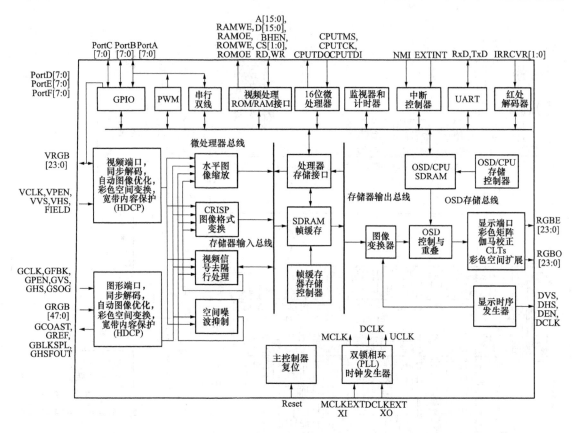

图 4-49　PW181 内部电路框图

的 NTSC/PAL/SECAM 制彩色电视输入信号变为逐行的视频输出信号，这个先进的算法可以完成由多个隔行场信号生成平滑运动的视频信号。

（4）空间噪波滤波器

PW181 内部的可编程自适应空间噪波滤波器可减少逐行全部运动图像信号中的噪波信号，提高图像信噪比，改善图像质量。

（5）图像缩放电路

PW181 能把 NTSC/PAL 制的模拟电视信号及任一刷新频率的计算机图形信号和幅型比不同的视频信号，缩放到一个固定频率的终端显示器件。

PW181 具有 CRISP 图像格式变换、水平图像缩放和图像变换器 3 个独立的图像格式变换电路，结合帧锁定电路和两个可编程的彩色查询表（LUT），可在多重窗口内形成清晰的图像而无须用户介入。

PW181 的 CRISP 图像格式变换电路可生成十分清晰的图像，除了不同光栅区具有不同缩放比之外，还可以完成非线性的幅型比变换。该幅型比变换器包含两个完全可编程的滤波器，一个用于运动数据滤波，一个用于静止数据滤波，根据图像内容，光栅缩放电路自动地在两个滤波器之间切换。

PW181 的水平图像缩放变换器可以在一个图像上实现高达 7～1 倍的下变换，便于画中画（PIP）、画外画（POP）和并排的图像信号处理。

PW181 的图像变换器具有独立的可编程缩放系数，利用硬件设备，显示图像的缩放系数可以自动地在行与行之间或像素与像素之间改变，实现高质量的图像非线性缩放。

（6）屏显（OSD）电路

屏显电路用来显示菜单和字符信息，支持透明菜单和随机成型菜单，具有淡入/淡出功能。

（7）PW181 芯片内的 SDRAM 帧缓存器

PW181 芯片内的 SDRAM 帧缓存器可以存储一帧完整的图像而无须外加 DRAM，采用智能化的图像压缩技术，能存储一幅完整的 WXGA 或高清晰度电视（HDTV）图像信息。

PW181 芯片内的 SDRAM 除了支持输入与输出刷新频率不同的帧频变换外，还能锁定帧频，完成双倍缓存的运行模式，即一个缓存器完成存储时，另一个缓存器完成读出。帧频加倍可以使 60Hz 输入频率产生 120Hz 的输出频率。

片内存储器还可用来存储屏显 OSD 比特图，并可提供微处理器（CPU），省去了 CPU 外部的 RAM。

（8）输出显示端口

PW181 的输出显示端口可以输出 24/30/48/60 位的数字信号，支持每时钟单像素或双像素传输，具有可编程的时序。

（9）双时钟信号发生器

PW181 的可编程锁相环（PLL）振荡器可用来产生用于内接存储器、微处理器和显示端口的时钟信号，每个锁相环（PLL）振荡器可单独起作用。

4.6 液晶电视微控制器电路

以微处理器（CPU）为核心构成的电路称之为微控制器电路（MCU）。一般情况下安装在数字信号处理电路板上，由于电路的集成度越来越高，液晶电视中将微控制器集成到了数字图像信号处理电路的内部，制成了超大规模的集成电路。

在液晶电视中，微控制器具有重要的作用，负责对整机的协调与控制。微控制器出现故障，将会造成整机瘫痪，不能工作或工作异常。

4.6.1 微控制器电路的基本组成

图 4-50 所示为液晶电视中微控制器电路的基本组成框图。

由图 4-50 可知，液晶电视微控制器电路主要由微处理器、按键输入电路、遥控电路、存储器（数据存储器、程序存储器）、开关量（高/低电平）控制电路、模拟量（输出 PWM 控制信号）控制电路和总线控制电路（对受控 IC 进行控制）等几部分组成。

4.6.2 微控制器的工作条件

微控制器要正常工作，必须具备以下 3 个条件：正常的供电、复位和振荡电路。

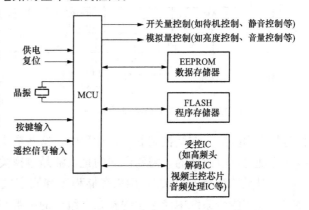

图 4-50 微控制器电路的基本组成框图

1. 供电

液晶电视微控制器的供电由电源电路提供,供电电压为 3～5V。该电压应为不受控电压,即液晶电视进入节能状态时,供电电压不能丢失,否则微控制器将不能被再次唤醒。

2. 复位电路

复位电路的作用就是使微控制器在获得供电的瞬间,由初始状态开始工作。若微控制器内的随机存储器、计算器等电路获得供电后不经复位便开始工作,可能会因某种干扰导致微控制器的程序错乱而不能正常工作,为此,微控制器电路需要设置复位电路。复位电路由专门的复位电路(集成电路或分立元件)组成,有些微控制器采用高电平复位(即通电瞬间给微控制器的复位端加入高电平信号,正常工作时再转为低电平),也有些微控制器采用低电平复位(即通电瞬间给微控制器的复位端加入低电平信号,正常工作时再转为高电平),这是由微控制器的结构决定的。

3. 振荡电路

微控制器的一切工作都是在时钟脉冲作用下完成的,如存/取数据、模拟量存储等操作。只有在时钟脉冲的作用下,微控制器的工作才能井然有序,否则,微控制器不能正常工作。

微控制器的振荡电路一般由外接的晶体、电容和微控制器内电路共同组成。晶体频率一般为 10MHz 以上,晶体的两引脚和微控制器的两个晶振引脚相连,产生的时钟脉冲信号经微控制器内部分频器分频后,作为微控制器正常工作的时钟信号。

4.6.3 微控制器内部电路介绍

1. 微控制器

很多液晶电视采用以 51 系列单片机为内核的微控制器,它把可开发的资源(ROM、I/O接口等)全面提供给液晶电视生产厂家,厂家可根据应用的需要来设计接口和编制程序,因此适应性较强,应用较广泛。

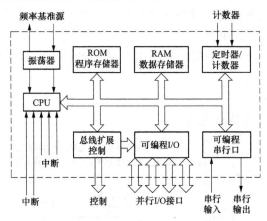

图 4-51 微控制器硬件组成方框图

图 4-51 所示为微控制器硬件组成方框图。由图 4-51 可见,一个最基本的微控制器主要由以下几部分组成。

(1) CPU

CPU(微处理器)在微控制器中起着核心作用,微控制器的所有操作指令的接收和执行、各种控制功能、辅助功能都是在 CPU 的管理下进行的。同时,CPU 还要担任各种运算工作。

(2) 存储器

微控制器内部的存储器包括两部分。

一是随机存储器 RAM,用来存储程序运行时的中间数据,在微控制器工作过程中,这些数据可能被要求改写,所以 RAM 中存放的内容是随时可以改变的。需要说明的是,液晶电视关机断电后,RAM 存储的数据会消失。

二是只读存储器 ROM,用来存储程序和固定数据。所谓程序就是根据所要解决问题的要求,应用指令系统中所包含的指令,编成的一组有次序的指令集合。所谓数据就是微控制器工作过程中的信息、变量、参数、表格等。当电视关机断电后,ROM 存储的程序和数据不会消失。

（3）输入/输出接口

输入/输出（I/O）接口电路是指 CPU 与外部电路、设备之间的连接通道及有关的控制电路。由于外部电路、设备的电平大小、数据格式、运行速度、工作方式等均不统一，一般情况下是不能与 CPU 相兼容的（即不能直接与 CPU 连接），这些外部的电路和设备只有通过输入/输出接口的桥梁作用，才能与 CPU 进行信息传输、交流。

输入/输出接口种类繁多，不同的外部电路和设备需要相应的输入/输出接口电路。可利用编制程序的方法确定接口具体的工作方式、功能和工作状态。

输入/输出接口分成两大类：一是并行输入/输出接口，二是串行输入/输出接口。

① 并行输入/输出接口

并行输入/输出接口的每根引线可灵活地作为输入引线或输出引线。有些输入/输出引线适合于直接与其他电路相连，有些接口能够提供足够大的驱动电流，与外部电路和设备接口连接后，使用起来非常方便。有些微控制器允许输入/输出接口作为系统总线来使用，以外扩存储器和输入/输出接口芯片。在液晶电视中，开关量控制电路和模拟量控制电路都是并行输入/输出接口。

② 串行输入/输出接口

串行输入/输出接口是最简单的电气接口，和外部电路、设备进行串行通信时只需使用较少的信号线。在液晶电视中，I^2C 总线接口电路是串行总线接口电路。

（4）定时器/计数器

在微控制器的许多应用中，往往需要定时器/计数器电路精确的定时。有的定时器具有自动重新加载的能力，使定时器的使用更加灵活方便，利用这种功能很容易产生一个可编程的时钟。此外，定时器可工作在计数器方式，作为事件计数器，对指定输入端的输入脉冲进行计数运算。

（5）系统总线

微控制器的上述几个基本部件电路之间通过地址总线（AB）、数据总线（DB）和控制总线（CB）连在一起，再通过输入/输出接口与微控制器外部的电路连接起来。

4.6.4　外部存储器

除微控制器内部的 RAM、ROM 外，在微控制器的外部，还设有 EEPROM 数据存储器和 FLASHROM 程序存储器。

1. EEPROM 数据存储器

EEPROM 是电可擦写只读存储器的简称，几乎所有的液晶电视在微控制器的外部都设有一片 EEPROM，用来存储电视工作时所需的数据（用户数据、质量控制数据等）。这些数据在断电时不会消失，但可以通过进入工厂模式或用编程器进行更改。

针对电视软件故障，经常会提到"擦除""编程""烧写"等概念，一般指 MCU 外部 EEPROM 中的数据，而不是程序。另外，维修液晶电视时，经常要进入液晶电视工厂模式（维修模式）对有关数据进行调整，所调整的数据也是 EEPROM 中的数据。

2. FLASHROM 程序存储器

FLASHROM 也称闪存，是一种比 EEPROM 性能更好的电可擦写只读存储器。目前，部分液晶电视在微控制器的外部除设有一片 EEPROM 外，还设有一片 FLASHROM。对于此类构成方案，数据（用户数据、质量控制数据等）存储在微控制器外部的 EEPROM 中，辅助程序和屏显图案等存储在微控制器外部的 FLASHROM 中，主程序存储在微控制器内部的 ROM 中。

4.6.5　按键输入电路

当用户对液晶电视的参数进行调整时，是通过按键来进行操作的。按键实质上是一些小的电子开关，具有体积小，重量轻，经久耐用，使用方便，可靠性高的优点。按键的作用就是使电路通与断，当按下开关时，按键电子开关接通，手松开后，按键电子开关断开。微控制器识别出不同的按键信号控制相关电路的动作。

4.6.6　遥控输入电路

一体化红外接收头将接收到的 940nm 红外遥控信号，还原出发射端的信号波形，加到微控制器的遥控输入引脚，并从微控制器相关引脚输出控制信号，完成遥控器对电视机各种功能的遥控操作。

4.6.7　开关量和模拟量控制电路

1. 开关量控制电路

开关量是输入到微控制器或从微处理器输出的高电平或低电平信号。微控制器的开关量控制信号主要有指示灯控制信号、待机控制信号、视频切换控制信号、音频切换控制信号、背光灯开关控制信号、静音控制信号及制式切换控制信号等。

2. 模拟量控制电路

微控制器模拟量控制信号是指微控制器输出的 PWM 脉冲信号，经外围 RC 等滤波电路滤波后，可转换为大小不同的直流电压，该直流电压再加到负载电路上，对负载进行控制。

微控制器输出的模拟量主要有背光灯亮度控制信号和音量控制信号等。由于微控制器一般设有 I^2C 总线控制引脚，很多控制信息均由微控制器通过总线进行控制，因此，可大大减少模拟量控制信号的数量，使控制电路大为简化。

4.6.8　I^2C 总线控制电路

I^2C 总线（I^2CBUS）即 "Inter Integrated Circuit BUS" 的缩写，译名为 "内部集成电路总线"，是由飞利浦公司开发的一种总线系统。I^2C 总线系统问世后，迅速在家用电器等产品中得到了广泛的应用。微控制器电路上的 I^2C 总线由 2 根线组成，包括一根串行时钟线（SCL）和一根串行数据线（SDA）。微控制器利用串行时钟线发出时钟信号，利用串行数据线发送或接收数据。

微控制器电路是 I^2C 总线系统的核心，I^2C 总线由微控制器电路引出。液晶电视中很多需要由微控制器控制的集成电路（如高频头、去隔行处理电路、SCALER 电路、音频处理电路等）都可以挂接在 I^2C 总线上，微控制器通过 I^2C 总线对这些电路进行控制。

为了通过 I^2C 总线与微控制器进行通信，在 I^2C 总线上挂接的每一个被控集成电路中，都必须设有一个 I^2C 总线控制接口电路。在该接口电路中设有解码器，以便接收由微控制器发出的控制指令和数据。

微控制器可以通过 I^2C 总线向被控集成电路发送数据，被控集成电路也可通过 I^2C 总线向微控制器传送数据，被控集成电路是接收还是发送数据则由微控制器控制。

4.6.9　微控制器电路实例分析

本节以康佳 LCTM3718 型液晶电视为例，对微控制器电路进行分析。

（1）存储器电路

存储器电路包括数据存储器电路和程序存储器电路，如图 4-52 所示。

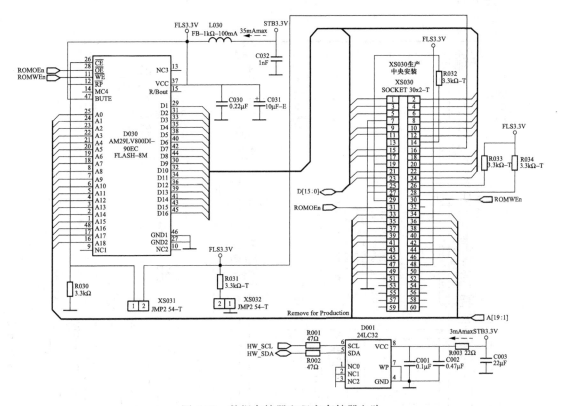

图 4-52 数据存储器和程序存储器电路

EEPROM 数据存储器电路：PW181 外接 EEPROM 数据存储器 D001（24LC32），用来存储彩电工作时所需的数据（用户数据、质量控制数据等）。这些数据断电时不会消失。

FLASH 程序存储器：PW181 外接一片容量为 8MB 的 FLASH 程序存储器 D030（AM29LV800D1），用于存储指令程序。

工作时，PW181 输出地址信号 A［19：1］对 D030 进行寻址，PW181 输出数据信号 D［15：0］对 D030 中的程序进行读写。地址信号及数据信号传送时序关系受 PW181 输出的 ROMOEn（存储器使能信号）、ROMOWEn（存储器写信号）控制。只有 PW181 与 FLASH 程序存储器 D030 间所有程序交换都运行正常，PW181 才能按程序规定，从 EEPROM 中读出关机前的相关数据，作好待机或一次开机状态准备。

（2）遥控接收电路

红外遥控编码信号经遥控接收器接收后，经内部光电转换，输出遥控编码信号，送入 PW181 的 V11 引脚内部，在 V11 引脚内部进行译码，最后变换为各种控制信号，完成对相应功能的控制。

（3）按键电路

按键电路如图 4-53 所示。

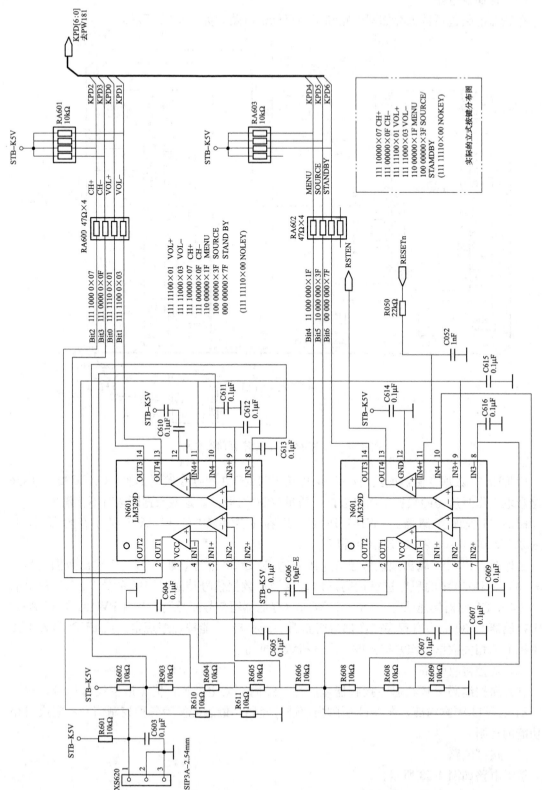

图4-53　按键电路

康佳 TM3718 液晶电视采用触摸按键，当触摸不同按键时，会引起误差放大器 N600 或 N601 的误差输出引脚输出不同的控制电压，送到 PW181 的 KPD [6：0] 引脚，经 PW181 检测后，完成对彩电各种功能的控制。

按键电路的具体工作过程如下：

模拟按键信号从插座 XS620 的引脚 1 输入（不同按键动作时，引脚 1 输入电压不同）。按键信号 A/D 转换电路由运放 N600、N601 等组成。N600、N601 中的每个运放（N601 中的运放 4 除外）的反相输入端连接比较基准电压，基准电压由电阻 R602～R609 及 R610、R611 分压取得，R602 的下端（N600 的引脚 8）约为 3V，经过每一分压电阻后大约降低 0.4V，R603 下端为 2.6V，R604 下端约为 2.2V，依次类推。

运放同相输入端接来自插座 XS620 的引脚 1 按键输入信号，当所有按键不动作时，按键输入信号约为 5V，N600、N601 中的按键信号 A/D 转换运放输出端都为高电平，送往 PW181 的按键信号为 1111111。

当 VOL＋键动作时，运放同相输入端来自插座 XS620 的引脚 1 的按键输入信号电压在 2.6～3V 之间。此时，因为只有 N600 的引脚 8 运放反相输入端的基准电压为 3V，大于同相输入端电压，因此 N600 的引脚 14 输出为低电平，其他运放仍然输出高电平，此时送往 PW181 的按键信号为 Bit 01111110。

当 VOL－键动作时，运放同相输入端来自插座 XS620 的引脚 1 的按键信号电压在 2.2～2.6V 之间。此时，N600 的引脚 8 和引脚 10 运放反相输入端的基准电压高于运放同相输入端的按键信号电压，因此 N600 的引脚 13 和引脚 14 输出为低电平，其他运放仍然输出高电平，此时送往 PW181 的按键信号为 Bit 11111100。

依次类推，当 CH＋键动作时，按键输出信号为 Bit2 1111000；CH—键动作时，按键输出信号为 Bit3 1110000······

（4）逆变器控制电路

逆变器控制电路如图 4-54 所示。

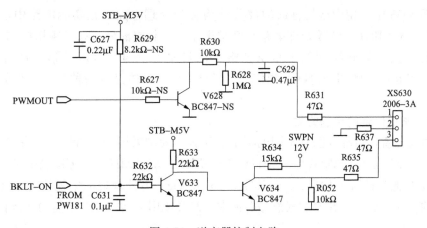

图 4-54 逆变器控制电路

PW181 的 U17 引脚输出的背光灯开关控制信号 BKL-TON 经 V633、V634 控制后，由 XS630 送到逆变器电路，控制背光灯的亮与灭。

PW181 的 V15 脚输出的亮度控制信号 PWMOUT 经 V628 控制后，由 XS630 送到逆变器电路，控制背光灯的亮度。

4.7　液晶电视伴音电路

伴音电路是指伴音信号经过的通路。严格地说，从天线接收信号到扬声器发出声音的所有伴音信号经过的电路都属于伴音电路，而习惯上所说的伴音电路是指第二伴音中频以后伴音信号单独经过的通路。伴音电路主要功能是处理放大音频信号，最后驱动扬声器重现声音。图 4-55 所示为伴音电路的组成框图。

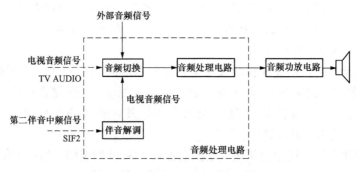

图 4-55　伴音电路的组成框图

4.7.1　伴音电路的组成

由图 4-55 可知，伴音电路主要由伴音解调电路、音频切换电路、音频处理电路和音频功放电路等几部分组成。伴音解调电路用于将伴音中频信号解调为音频信号；音频切换电路用来对电视音频信号和外部音频信号（如 AV 音频、S 端子音频、YPbPr 音频和 VGA 音频等）进行切换；音效处理电路用来对音频信号进行美化处理（如环绕立体声、重低音处理等），使声音优美、动听；音频功放电路用来对音频信号进行功率放大，以推动扬声器工作。图 4-55 中，用虚线框框起的部分称为音频处理电路，在实际电路中，这三部分（伴音解调、音频切换、音效处理电路）经常集成在一起或部分（如音频切换和音效处理）集成在一起；图中的虚线箭头表示从前端电路过来的信号，可以是第二伴音中频信号 SIF2，也可以是经过解调的电视音频信号 TVAUDIO，具体是哪一种信号，视前端电路的功能而定。

4.7.2　电视伴音的传送方式

对于电视伴音，世界各国有不同的标准和制式，我国采用 D/K 制式。D/K 制式第一伴音中频为 31.5MHz（其他制式为 32MHz、32.5MHz、33.5MHz），D/K 制式第二伴音中频为 6.5MHz 其他制式为 4.5MHz、5.5MHz、6.0MHz。另外现在的电视伴音中还有立体声伴音节目的传送。因此，在多制式液晶电视中，需要使用多制式、多功能的伴音信号解调与处理电路。

1. 音频功率放大器工作状态的划分

之前课程学习的放大器，基本上都是低频小信号电压放大器，工作时消耗的能量很小，一般不考虑效率问题，这种放大器驱动能力小，通常工作在系统的前级。在电子系统中，还需要能输出一定信号功率的输出级，这种向负载提供功率的放大电路称为功率放大器，简称功放。事实上，放大电路的实质都是能量转换，从能量控制的观点来看，功放和电压放大器没有本质的差别，功放通常工作在大信号状态，需要获得一定的不失真的输出功率。

　　就放大器工作状态而言，可分为 A 类、B 类、AB 类、C 类、D 类（或甲类、乙类、甲乙类、丙类、丁类）。甲类、乙类和甲乙类放大器工作状态可借助三极管的输入特性曲线进行说明，如图 4-56 所示。

　　A 类放大器的工作点建立在线性放大区，在输入信号作用的一个周期内，三极管始终有电流流过，导通角 $\theta =360°$，其特点是不失真放大，效率低，理想效率不超过 50%，是小信号电压放大所采用的状态。

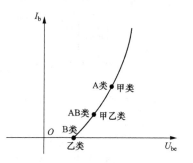

图 4-56　三极管的输入特性曲线

　　B 类放大器工作点建立在三极管的开启电压点，仅放大信号的半周，导通角 $\theta =180°$，虽然减少了静态功耗，理想效率可达 78.5%，但会出现严重的波形失真。为此，B 类放大采取推挽式，用两支工作于乙类的三极管，每只三极管分别放大信号的正负半周，最后合成完整的波形。但是由于曲线根部存在严重的非线性，导致波形交越失真，实际应用中是不能将工作点建立在 B 类的，因此 B 类仅仅是推挽式功放的理想工作点。

　　为克服非线性导致的交越失真，将工作点在 B 类基础上向上提一点，建立在 A 类和 B 类之间，称 AB 类，其导通角略大于 $180°$，这是推挽式功放的实际工作点。

　　C 类放大器工作点建立在小于开启电压的点上，相当于负偏压供电，其导通角 $\theta <180°$，一般取导通角 $\theta =120°\sim 160°$，效率大于 78.5%。这样，只有在大信号时，信号正半周的一部分才进入放大区，放大器输出的是余弦脉冲，需要利用谐振回路取出其基波分量，因此 C 类放大器用于高频信号的功率放大。

　　D 类放大器工作点的电流通角 θ 固定为 $180°$，而晶体管处于开关工作状态。这是由于 C 类工作点提高效率是依靠减小导通角 θ 来实现的。θ 减小使集电极电流中的直流分量减小，能提高集电极效率。但是，电流导通角的减小是有一定限度的，因为 θ 减小，基波也会下降，输出功率也会降低。若要保持一定的输出功率，就需要增加输入信号幅度，这将增加前级的负担。D 类工作点较好地解决了这一问题，晶体管在饱和与截止之间转换，三极管所加电压与电流不同时出现，这样就能降低晶体管的损耗功率，其效率可达到 90% 以上。而且使功放及其供电电源散热减少，散热器体积减小，成本低，这些优点使 D 类放大器得到了广泛的应用，尤其是在追求轻、薄结构的 LCD 电视中采用了 D 类音频功率放大器（数字音频功率放大器）成为必然选择。

　　2. 音频功率放大器的类型

　　按照电路形式划分，功放可分为变压器推挽式功放、OLT 功放、OCL 功放、BTL 功放等类型，下面将分别进行介绍。

　　（1）变压器推挽式功放

　　变压器推挽式功放是传统分立元件推挽式音频功放，通常用于收音机、收录机，其输出功率一般从几百毫瓦到 1W，典型电路如图 4-57 所示。

（2）OCL 功放

OCL（Output Capacitor Less）是指无输出电容的功放，图 4-58 是由 NPN、PNP 管组成的互补式 OCL 的最简电路模型。

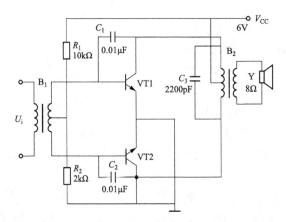

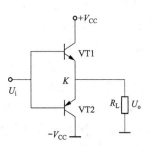

图 4-57　分立元件推挽式功放　　　　　图 4-58　OCL 推挽功放电路模型

（3）OTL 功放

OTL（Output Transformer Less）是指无输出变压器功放。在 OCL 电路的基础上，采用单电源供电，$-V_{CC}$ 端接地，输出端串入耦合电容，就成为 OTL 功放，其基本电路模型如图 4-59 所示。OTL 功放输出功率仅为 OCL 功放的 1/4，且由于输出电容的影响，低频响应较差。

（4）BTL 功放

BTL（Balanced Transformer Less）称为桥接推挽功率放大电路，其电路模型如图 4-60 所示。由图 4-59 可见，该电路类似于电桥，4 个晶体管组成桥臂，在无信号输入时，电桥处于平衡状态，中点 KK′ 保持等电位，静态时 R_L 上没有电流。BTL 电路的特点是需要两个大小相等、相位相反的信号进行激励，设 U_{i1} 为正、U_{i2} 为负，这时 VT1、VT4 处于正偏导通，VT2、VT3，反偏截止，信号电流经 VT1、VT4；当 U_{i1} 为负、U_{i2} 为正时，情况与上述相反，信号电流流经 VT3、VT2，这样在 R_L 上就获得了完整周期的交流信号。

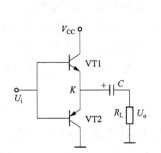

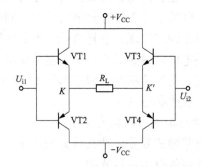

图 4-59　OTL 推挽功放电路模型　　　　图 4-60　BTL 推挽功放电路模型

BTL 电路的突出优点是在双电源供电的情况下，输出功率相当于 OCL 的 4 倍；单电源供电的情况下，输出功率与 OCL 相同。

3. D类音频功率放大器工作原理

D类放大器属高频功率放大器。音频信号被调制成高频脉冲信号（脉冲宽度调制，PWM）进行放大，输出级放大管工作在开关状态。放大后的信号通过低通滤波器（LPF）提取出音频信号，推动扬声器还原声音，如图4-61所示。

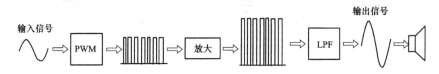

图 4-61　D类功率放大器对音频信号的处理示意图

当输入模拟音频信号时，音频信号经 PWM 调制后变成与其幅度相对应脉宽的 PWM 脉冲信号，即音频 PWM 编码，再经功率放大器放大，最后经低通滤波后还原为音频信号。

这里关键是 PWM 电路，它的作用是把模拟信号变成宽度或占空比与输入信号成正比的脉冲，由三角波发生器（锯齿波发生器）、电压比较器组成，其工作波形如图4-62所示。

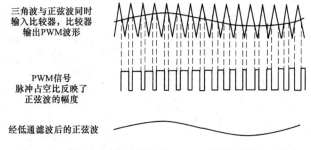

图 4-62　模拟音频信号转换成 PWM 信号的原理示意图

数字的音频信号在进行 D 类放大之前，不应将其转换为模拟信号，应在数字域将信号变换为 PWM。图 4-63 所示为数字音频信号转换成 PWM 信号的原理示意图。

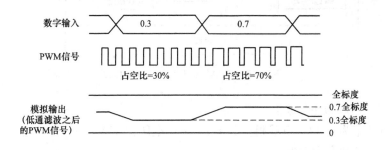

图 4-63　数字音频信号转换成 PWM 信号的原理示意图

输出级一般选择 4 个 MOSFET 开关管桥接电路。图 4-64 所示为"H"形桥接输出级，FET1～FET4 工作在开关状态，FET1、FET4 导通时 FET2、FET3 截止，FET3、FET2 导通时 FET1、FET4 截止，产生的信号再经 LC 滤波器滤波，即可取出音频信号，可使接在桥路上的负载（扬声器）得到交变的电压、电流而发出声音。

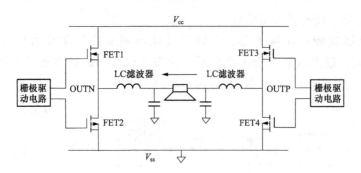

图 4-64　D 类放大器的输出级及滤波器

4. D 类功率放大器 TPA3004D2 介绍

　　TPA3004D2 是德州仪器公司生产的针对模拟信号输入的 D 类功率放大器，其内部电路框图如图 4-65 所示（图中只绘出了右声道，左声道与右声道相同）。

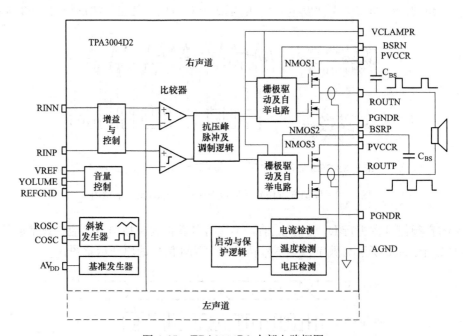

图 4-65　TPA3004D2 内部电路框图

　　TPA3004D2 具有以下特点：

- 每通道功率为 12W，负载阻抗为 8Ω，工作电压为 15V；
- 效率高，功耗和发热低；
- 具有 32 级直流音量控制，−40～36dB；
- 具有供给耳机放大器的输出线，且可控制音量；
- 体积小，可节省空间，有增强散热的 PowerPAD 封装；
- 内置过热和短路保护。

　　由于 TPA3004D2 具有这些特点，它特别适合作为液晶电视等平板显示设备的音频功放使用。图 4-66 所示为 TPA3004D2 的引脚排列图。

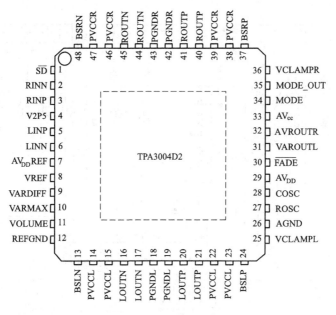

图 4-66　TPA3004D2 引脚排列图

D 类功放芯片一类是采用 BGA 封装和小型四方扁平封装。其中 BGA 封装如 TPA2000D2，主要用于手机、MP3 中；小型四方扁平封装 TPA2008D2，多用于笔记本电脑、汽车音响中。另一类是功率较大的直插式封装。

4.7.3　伴音处理电路实例分析

本节以康佳 LCTM3718 型液晶电视为例，对微控制器电路进行分析。

1. 音频处理电路

音频处理电路以 N230（MSP3410）为核心构成，如图 4-67 所示。

MSP3410 主要适用于 NICAM-728＋FM 单声道及德国双载波伴音，可将输入调频（FM）模拟伴音中频信号进行 A/D 转换、解调、D/A 转换，输出模拟音频信号；可将输入的丽音数字音频信号进行解调、D/A 转换处理，输出模拟音频信号；MSP3410 还能对音频音量、低音、高音、左右声道进行平衡控制，对 AV/TVA 音频信号、调频/丽音信号进行切换，对多种制式伴音信号进行自动识别等。总之，MSP3410M 功能十分强大，表 4-4 所列为 MSP3410 的部分引脚功能。

MSP3410 和 MCU 一样，正常工作需要 3 个条件，即供电（引脚 10、引脚 31 和引脚 49）、复位（引脚 16）和晶振信号（引脚 54 和引脚 55）。

MSP3410 的引脚 50 为主通道第二伴音音频信号输入端，引脚 52 为副通道第二伴音音频信号输入端。第二伴音音频信号输入到 MSP3410 内部电路后，MSP3410 首先对输入的信号进行识别，若是 FM 调频信号，先进行 A/D 转换，将模拟信号转换为数字信号，然后进行解调处理，形成数字音频信号；若是 NICAM 丽音信号，则不需要进行 A/D 转换，而是直接进入 NICAM 解码电路进行解码，产生丽音数字音频信号。

外部 AV、PC、YPbPr、YCbCr 输入接口输入的左右音频信号送到 MSP3410 的相应引脚，经过 A/D 转换，变换成数字音频信号。

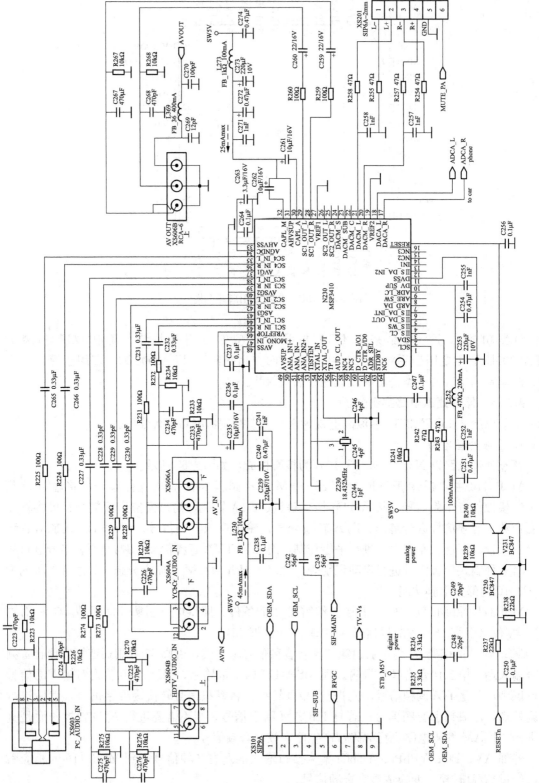

图4-67　音频处理电路

表 4-4　　　　　　　　　　　　　MSP3410 在音频电路中所使用的引脚功能

引脚号	引脚名	功能	引脚号	引脚名	功能
1	SCL	I²C 总线串行数据	37	ASG1	接地
2	SDA	I²C 总线串行时钟	38	SC3_IN_L	YPbPr 音频输入 L
3~9	NC	未用	39	SC3_IN_R	YPbPr 音频输入 R
10	DV_SUP	5V 供电	40	ASG2	接地
11	DVSS	地	41	SC2_IN_L	YCbCr 音频输入 L
12~15	NC	未用	42	SC2_IN_R	YCbCr 音频输入 R
16	$\overline{\text{RESET}}$	复位输入	43	ASG3	接地
17	DACA_R	耳机 R 输出	44	SC1_IN_L	AV 音频输入 L
18	DACA_L	耳机 L 输出	45	SC1_IN_R	AV 音频输入 R
19	VREF2	接地	46	VREFTOP	参考电压
20	DACM_R	主伴音 R 输出	47	MONO_IN	单声道音频输入
21	DACM_L	主伴音 L 输出	48	AVSS	接地
22~26	NC	未用	49	AVSUP	+5V 供电
27	VREF1	接地	50	ANA_IN1+	主通道第二伴音输入
28	SC1_OUT_R	AV 音频输出 R	51	ANA_IN_	第二伴音公共输入端
29	SC1_OUT_L	AV 音频输出 L	52	ANA_IN2+	副通道（画中画）第二伴音输入
30	CAPL_A	外接电容器	53	TESTEN	接地
31	AHVSUP	接+5V	54	XTAL_IN	晶振输入
32	CAPL_M	外接电容器	55	XTAL_OUT	晶振输出
33	AHVSS	接地	56~61	NC	未用
34	AGNDC	模拟基准电压	62	ADR_SEL	地址选择
35	SC4_IN_L	PC 音频输入 L	63	$\overline{\text{STDBY}}$	待机控制
36	SC4_IN_R	PC 音频输入 R	64	NC	未用

外部接口数字音频信号和 TV 数字音频信号（含丽音音频）在 I²C 总线的控制下进行切换，然后进行高音/低音音调控制、左右声道平衡控制、音量控制等处理，再经过 MSP3410 内部的 D/A 转换电路，将数字音频信号转换成模拟音频信号，从 MSP3410 的引脚 20 和引脚 21 输出 R、L 音频信号，送到音频功放电路 N201（TDA8946J）。

MSP3410 从引脚 28 和引脚 29 输出一路 R、L 音频信号，经 RC 耦合电路耦合后，去 AV 音频输出接口。

MSP3410 从引脚 17 和引脚 18 输出耳机音频信号，经耳机音频功放电路 N288（TDA1308）放大后，驱动耳机发出声音（有关电路参见图 4-67 所示）。MSP3410 的引脚 54 和引脚 55 外接 18.432MHz 晶振，产生的振荡信号经内部分频后用于伴音解调，该晶振不良时，会引起伴音小，伴音失真，有杂音等故障。

2. 主伴音频功放电路

主伴音音频功放电路以 N201（TDA8946J）为核心构成，如图 4-68 所示。

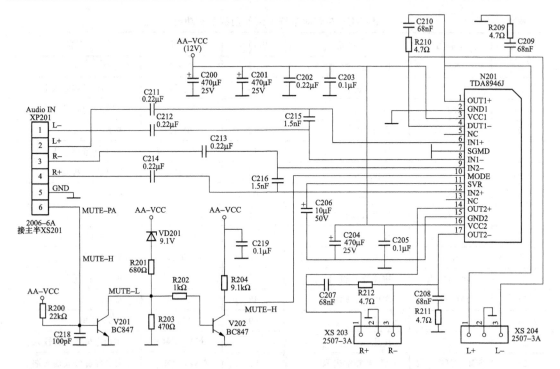

图 4-68　音频功放电路

主伴音功放 TDA8946J 为双路 BTL 功率放大器，具有过热保护、短路保护和开关机静音功能，TDA8946J 内部电路框图如图 4-69 所示，引脚功能如表 4-5 所列。

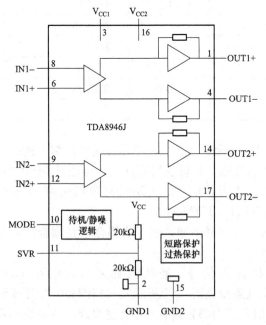

图 4-69　TDA8946J 内部电路框图

由 N230（MSP3410）的引脚 20 和引脚 21 输出的 R、L 声道音频信号经接口 XP201 及阻容耦合元件，送到功放 TDA8946J 的引脚 12 和引脚 6，经功率放大后，从 TDA8946J 的引脚 1、引脚 4 及引脚 14 和引脚 17 输出，驱动 R、L 声道扬声器发出声音。

3. 静音控制

静音控制包括遥控静音、开机静音、关机静音、外接耳机时的静音功能，电路如图 4-70 所示。

（1）遥控静音

当按下遥控器"静音"键时，由 D501（PW181）输出的 MUTE 信号为高电平，V280 导通，V282 截止，其集电极输出高电平信号 MUTE-PA，经插接件 XS201、XP201 送到 V201 的基极，控制 V201 导通，V202 截止，故 V202 集电极输出高电平，加到 N201（TDA8946J）的引脚 10，使之静音（高电平静音）。

表 4-5   **TDA8946J 引脚功能**

引脚号	引脚名	功能	引脚号	引脚名	功能
1	OUT1+	1 通道正相输出	10	MODE	选择模拟输入（待机、静音、操作）
2	GND1	接地点 1	11	SVR	供给一半的吸收电压
3	V_{CC1}	提供 1 通道的供电	12	IN2+	2 通道同相输入
4	OUT1−	1 通道反相输出	13	NC	空脚
5	NC	空脚	14	OUT2+	2 通道同相输出
6	IN1+	1 通道同相输入	15	GND2	接地点 2
7	SGND	接地	16	V_{CC2}	提供 2 通道的供电
8	IN1−	1 通道反相输入	17	OUT2−	2 通道反相输出
9	IN2−	2 通道反相输入			

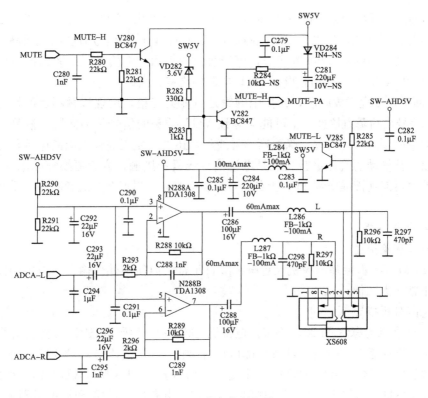

图 4-70 静音控制电路

（2）开机静音

刚开机时，由 D501 输出的 MUTE 信号为高电平，通过遥控静音中所述通路使 N201 的引脚 10 处于高电平而使之静音，直到信号节目的出现才发出声音。

（3）关机静音

当遥控关机或关电源开关时，C281 仍储存有近 5V 电压，经 R284 控制 V201 导通，V202 截止，故 V202 集电极输出高电平，送到 N201 的引脚 10，使之静音（高电平静音）。

（4）外接耳机时静音

当外接耳机输出时，耳机插头将 XS608 的引脚 5 和引脚 4 断开，使得 V285 基极由原来的接地状态变成通过 R285 到 5V，于是 V285 饱和导通，V282 截止，其集电极输出高电平信号 MUTE-PA，控制 V201 导通，V202 截止，故 V202 集电极输出高电平，加到 N201 的引脚 10，使主伴音静音（高电平静音）。

4.8　液晶电视信号处理与控制电路故障分析与检修

4.8.1　输入接口电路的故障分析与检修

1. 找到接口电路

输入、输出接口一般位于电视机的背部。由于输入、输出接口外形比较特殊，很容易在电路板上找到接口的安装位置。

2. 故障分析

液晶电视信号输入接口有 AV 接口、S 端子、YPbPr 接口、VGA 接口、DVI 接口、HDMI 接口等。当这些接口电路出现故障后，从相应接口输入信号时会出现无图像、图像有干扰等故障。对于 VGA、DVI 等接口，可能会出现提示"无信号"或者画面不停地胀缩现象。下面以 VGA 接口为例，说明输入接口电路的维修方法。

VGA 插头在多次插拔以后，针孔中的簧片可能会变松，出现接触不良的情况。对液晶电视 VGA 信号线的暴力拉扯，也可能会导致 VGA 插头的信号传输问题，液晶电视黑屏或者单色、偏色问题。遇此情况，除更新信号线外，还可以使用焊锡把液晶电视信号线插头上的针脚加粗，让松动的簧片重新和液晶电视信号线紧密接触，或者更换液晶电视上的 VGA 插座。另外也可能使液晶电视 PCB 上的 VGA 插头对应的焊点开焊或者断路，重新补焊就可以了。

3. 典型故障分析

（1）故障现象描述

海信 TLM2018 型液晶电视机收看电视节目正常，但使用外部输入、输出接口收看节目时，声音正常，无图像。

（2）电路分析指导

如图 4-71 所示为海信 TL2018 型液晶电视机视频切换、解码电路图，S 视频端子是输入 Y/C 分离视频信号的接口，色度信号送到引脚 71，视频信号送到引脚 72。XS102、XS103、XS104 是与 DVD 视盘机连接的接口，DVD 视盘机送来 DVD-Cr、DVD-Cb、DVD-Y 信号经此接口送到视频切换开关 N119（VPC3230D）的引脚 5、引脚 4、引脚 6，经过解码后由引脚 31、引脚 32、引脚 33、引脚 34、引脚 37、引脚 38、引脚 39、引脚 40 输出关到 N120（PW1220）。

（3）故障检修指导

海信 TLM2018 型液晶电视机能收看电视节目，说明微处理器、视频解码器、音频信号处理、伴音功放电路等基本正常。收看 AV 节目时有声音无图像，说明音频切换电路基本正常，重点检查视频切换电路。

① 首先检查 DVD 视盘机与液晶电视机接口连接是否正确。经过检查接口连接正确，再用示波器检测 X102、X103、X104 接口输出的信号波形，将接地夹连接接地端，探头分别连接接口，检测方法如图 4-72 所示。

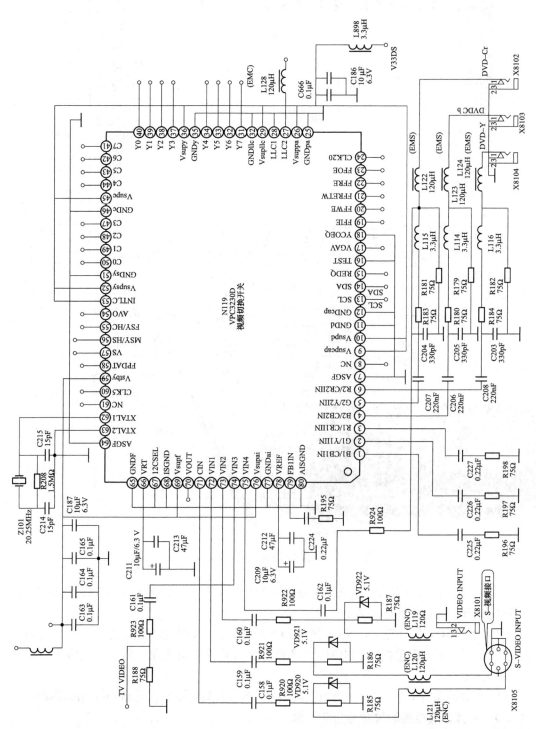

图4-71 海信TLM2018型液晶电视机视频切换、解码电路

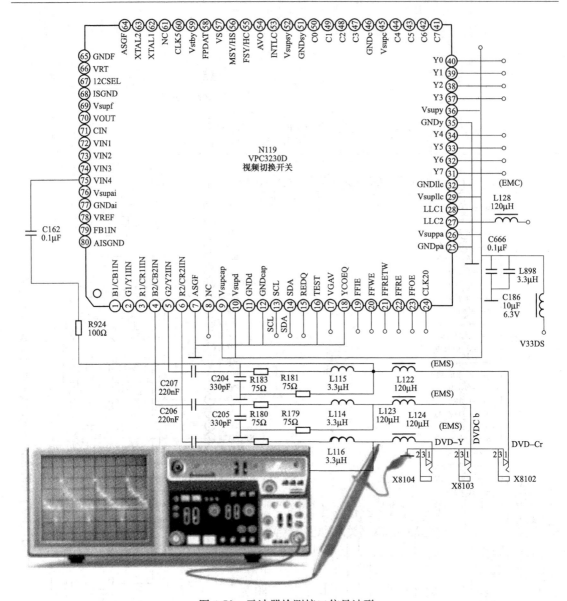

图 4-72　示波器检测接口信号波形

② 若接口输入的信号正常，接着检测视频切换电路 N119 的引脚 5、引脚 4、引脚 6，经过检测发现引脚 6 无信号波形输入。

③ X104 接口输入信号正常，N119 的引脚 6 无信号，此时重点检查色度（Y）信号通路中的元器件。用万用表高阻挡检测电容 C208 时，无短暂的充电现象，阻值为无穷大，说明 C208 内部损坏。

④ 用电烙铁将电容 C208 焊下，更换上同型号，性能完好的电容。重新开机后故障排除。

4.8.2　公共通道电路的故障分析与检修

液晶电视公共通道是指高频头及中频处理电路，这部分电路出现故障时，一般会引起无图无声或图像不清楚等故障。

1. 找到调谐器及中频电路

由于调谐器处理的信号频率很高，为防止外界干扰，通常都封装在屏蔽良好的金属盒子里，在电路中很容易找到，如图 4-73 所示为典型液晶电视机中的调谐器实物外形图。

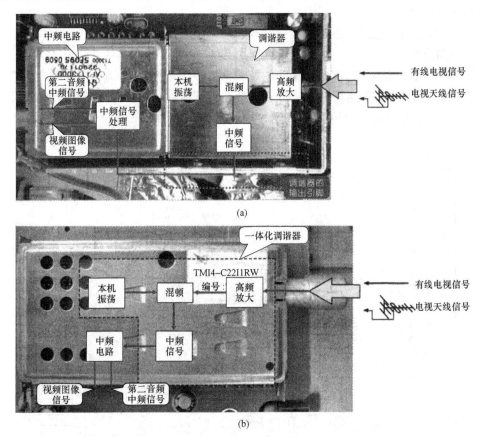

图 4-73　调谐器实物外形

(a) 调谐器及中频电路；(b) 一体化调谐器

2. 故障分析

(1) 无图无声

无图无声故障主要原因有两个方面：一个是高频头故障，另一个是中频处理电路故障。若液晶电视采用的是中放一体化高频头，可直接对其更换，一般均可排除故障。若液晶电视未采用中放一体化高频头，可用以下方法鉴别是高频头故障还是中频处理部分故障。

若进行自动搜索，屏幕上能有各频道图像瞬间闪过，节目号不翻转，说明高频头工作正常，故障在 MCU 或存储器软件。若自动搜索时只有部分频道图像瞬间闪过，则说明高频头 33V（有些为 30V）电路有故障。若自动搜索一直无图像闪现，故障可能在高频头及中频处理电路。此时，用表笔串接一只 $1\mu F$ 的电容，一端接地，另一端触碰高频头 IF 输出端，若屏幕上无干扰噪点，则说明故障在中放电路；若屏幕有干扰点，则说明故障在高频头。

(2) 雪花噪点大，图像不清晰

雪花噪点大，图像不清晰一般是 AGC 电路、高频头及高频头输出电路故障引起的。检修时，首先测量高频头 AGC 电压是否正常，若低于正常值较多则应检查中频处理电路外接的 AGC 调节电位器及相关元器件；若高频头 AGC 电压正常，则应检查高频头的工作电压是否正常；若电压都正常，则检查中频输入、预中放电路及控制电路等。

3. 典型故障分析

（1）故障现象

海信 TLM1519 型液晶电视机收看电视节目时，出现花屏现象。

（2）电路分析

花屏的故障是调谐器电路部分常见的故障现象之一。海信 TLM1519 型液晶电视机中调谐器和中频电路是两个独立的电路单元，图 4-74 所示为调谐器及外围部分。该调谐器工作由 I²C 总线进行控制，数字电路中的 CPU 为其提供 I²C 总线信号，分别送到调谐器的引脚 4 和引脚 5。

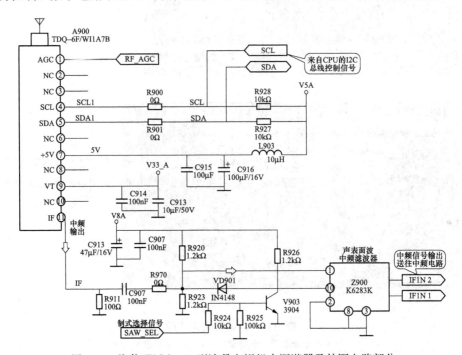

图 4-74　海信 TLM1519 型液晶电视机中调谐器及外围电路部分

调谐器 A900 的引脚 11 为 IF 中频信号输出端，该信号经声表面滤波器 Z900 滤波后送往中频电路。

（3）故障检修

怀疑调谐器有故障时，应先试一下整机控制功能是否正常，遥控开/关机是否正常，功能切换是否正常及菜单是否能正常调出等，再检查以下几点。

① 查天线、电缆、输入插头及连接是否正常。若插头氧化锈蚀或连接不良将导致射频信号输入不正常，调谐器也无法正常工作。

② 查调谐器 A900 引脚 5 的＋5V 电源供电是否正常。该工作电压是调谐器正常工作的基本条件。

③ 查调谐器引脚 4、引脚 5 的 I²C 总线控制是否正常。

④ 调谐器输入信号正常，调谐器各引脚的直流电压及控制信号也正常，而引脚 11 无输出，怀疑是调谐器本身问题，更换调谐器，故障即可排除。

4.8.3　视频信号处理电路的故障分析与检修

1. 找到视频信号处理电路

视频信号处理电路引脚众多，规模较大，周围安装有图像帧存储器。通过这些特点，可以很轻松地找到数字图像处理电路。另外，查找芯片上的型号标识并与相关图纸资料中参数进行对照也是快速准确辨认大规模集成电路的常用方法。

2. 视频信号处理电路的故障分析与检修

视频信号处理电路主要包括视频解码、A/D 转换、去隔行处理、SCALER 和图像增强处理电路等，一般由一片超级芯片或几片芯片构成，其主要作用是切换 TV 视频信号和输入接口输入的信号，A/D 转换、解码，进行隔行/逐行变换，图像缩放、变换等，将各信号转换为固定模式的信号，通过输出接口送到液晶面板电路。

视频信号处理电路主要故障为虚焊、电容漏电等，常表现为花屏、白屏。检修时，首先应保证各处理芯片的供电正常，这些芯片的供电电压一般分 3.3V、2.5V、1.8V 等。如果供电电压正常，就要对 IC 进行补焊措施，再检查其外围元器件是否损坏。根据维修经验，视频信号处理电路中，较易出现的故障为供电电路异常（DC/DC 变换器损坏）、晶振不良，因此，维修时应对这些元器件重点检查。

4.8.4　音频信号处理电路的故障分析与检修

1. 找到音频信号处理电路和音频功放电路

音频信号处理电路处理来自中频通道的伴音信号和 AV 接口输入的音频信号。由于音频信号处理集成电路的外形与其他芯片相似，很难通过外形判断芯片的名称，因此通常可使用集成电路手册或维修资料查询芯片的型号，判断芯片功能及引脚作用。

音频功放电路处理来自音频信号处理电路的音频信号，经过放大后，输出驱动扬声器的音频信号。通常在音频功率放大器安装位置的附近安装连接扬声器的插件，连接扬声器的引线将扬声器与音频功率放大器的输出端连接。

2. 故障分析

液晶电视音频处理电路常见的故障为无伴音或伴音小。

（1）无伴音

无伴音故障一般采用波形测试法或信号注入法进行检修。信号注入法查找故障的方法为：把万用表放到 R×10 或 R×100 挡，红表笔接地，黑表笔碰触音频信号输入端，如果扬声器里有"咔啦、咔啦"的响声，说明自此以后的电路基本正常，否则说明自此以后的信号在某处被阻断。

在检修时应注意以下几个问题：

① 拆开后壳检查之前，先用遥控器调整一下音量，看是否被人为地调到最小；有耳机插孔的，应检查耳机插孔是否接触不良；具有外接音箱功能的电视机，应检查是否处于外接音箱状态。

② 注意检查静音电路是否起控。如果静音电路起控，应对 MCU 和静音电路进行检查。

（2）伴音小、失真、有杂音

此故障应重点检查以下部位：

① 伴音解调电路。液晶电视采用的伴音解调电路的外围电路十分简单，且大都没有鉴频线圈（鉴频线圈失谐后易造成伴音小、失真、有杂音等故障），因此，对于伴音解调电路，

应重点检查伴音准分离声表面波滤波器、伴音解调电路外围的晶振等元器件是否正常。对于采用中放一体化高频头的彩电,伴音解调电路一般集成在中放一体化高频头内部,当高频头出现故障时,也会引起伴音小、失真、有杂音等故障。

② 音频耦合电容。在音频信号传输过程中,设有很多耦合电容,当耦合电容容量下降较多时,电容器的容抗增大(容抗与电容量成反比),会导致音频信号经过耦合电容器后衰减很大,使声音变小。

③ 功放。如果功放不良,会引起音频信号得不到正常的放大量,从而引起声音变小。

④ 扬声器。扬声器不良也会导致声音失真、音小、有杂音等故障。

3. 典型电路故障维修(1)

(1) 故障现象

海信 TLM1519 液晶电视开机后,图像正常,但接收电视节目信号无伴音。

(2) 电路分析

如图 4-75 所示为海信 TLM1519 液晶电视机音频信号处理电路,来自电视机的音频信号送到音频信号处理电路 N500 (PT2313L) 的引脚 15、引脚 11,经过处理后左(L)、右(R)音频信号分别由引脚 23、引脚 22 输出送到伴音功放电路中。其中 N500 的引脚 2 为 8V 供电电压端,引脚 27、引脚 28 分别为 SDA、SCL 信号端。

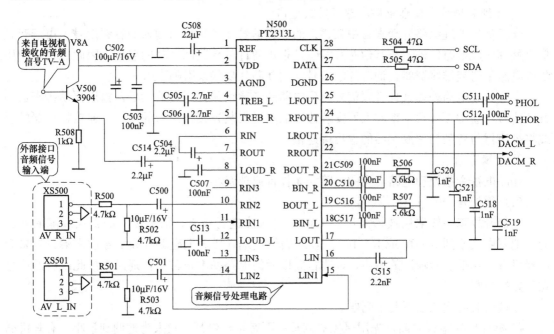

图 4-75   海信 TLM1519 液晶电视音频信号处理电器

(3) 故障检修

海信 TLM1519 液晶电视无伴音,可先检查音频信号处理电路,重点检查左(L)、右(R)音频信号通路。

① 当电视机接收音频信号时,先用万用表检测音频信号处理电路 N500 的引脚 2 供电电压是否正常,将量程选择"10V"挡,黑表笔连接接地端,红表笔连接引脚 2,万用表电压为 8V,则正常,检测方法如图 4-76 所示。

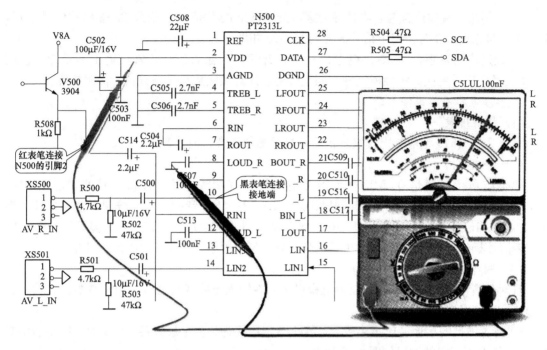

图 4-76 万用表检测 N500 的引脚 2 供电点

　　② 供电电压正常，再用示波器检测 N500 的引脚 15、引脚 11，接地夹连接接地端，探头分别连接引脚 15、引脚 11，如图 4-77 所示。

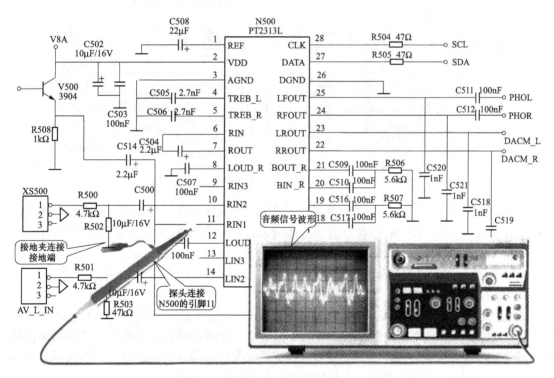

图 4-77 示波器检测 N500 的引脚 11 音频信号

③ 测得输入端波形正常，再用示波器检测 N500 的引脚 23、引脚 22 输出端信号波形，测得无信号输出。正常情况下信号波形与图 4-78 相同。

④ 经过检测发现，N500 供电电压正常，音频信号输入信号正常，输出不正常，说明 N500 已经损坏需更换。将性能完好、同型号的芯片焊接完成后重新开机，故障排除。

4. 典型电路故障维修（2）

（1）故障现象

海信 TLM1519 型液晶电视机开机后，显示图像正常，但伴音音质差。

（2）电路分析

图 4-79 所示为海信 TLM1519 型液晶电视机伴音功放电路。音频信号处理电路 N500（PT2313L）的引脚 23、引脚 22 分别输出左（L）、右（R）音频信号，送到音频功率放大器 N900（TDA1517）的引脚 1、引脚 9 中，经过 N900 功率放大后由引脚 4 和引脚 6 分别输出 L、R 音频信号驱动左、右扬声器。其中，引脚 7 为 12V 供电端，引脚 8 为消音控制端。

（3）故障检修

针对伴音音质差的故障，可以给电视机 AV 端输入正弦音频信号，用示波器检查信号波形是否有失真的现象。

① 将示波器的接地夹连接接地端，探头分别连接音频功率放大器 N900 的引脚 1 和引脚 9，正常情况下测得的波形如图 4-79 所示。

② 经过检测发现 N900 的输入端信号波形正常，再用示波器检测引脚 4 和引脚 6 的输出信号波形，测得信号波形正常，信号波形如图 4-78 所示。

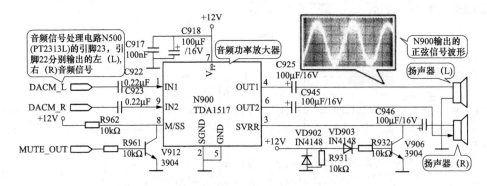

图 4-78　海信 TLM1519 型液晶电视机伴音功放电路

③ 输出端信号波形正常，说明音频功率放大器 N900 性能良好。接着检测输出端连接的电解电容 C925、C945 另一端的波形信号，此时测得信号波形失真，说明电容 C925、C945 性能不良，更换后，重新开机故障排除。

4.8.5　微控制电路的故障分析与检修

1. 找到微控制电路

系统控制电路中的核心部分是一只大规模集成电路，该电路通常称之为微控制器（MCU）电路。一般该电路外围都设置有晶体振荡器、存储器等特征元器件，可作为确认微控制器位置的重要依据。值得注意的是，有些液晶电视机种将微控制器电路以及视频处理电路合二为一，制作在一个芯片内，这样的芯片具备了两者的功能。

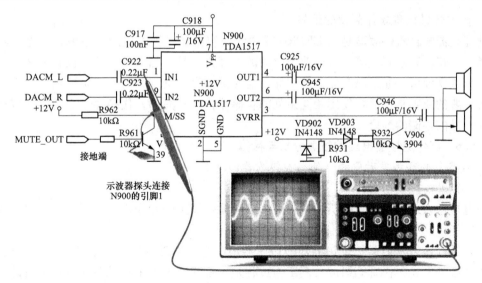

图 4-79　示波器检测 N900 的引脚 1 输入端信号波形

2. 微控制器常见故障分析

（1）无规律花屏、死机

主要检测微控制器的基本工作条件是否正常，供电电压是否稳定，复位电路元器件、晶振性能有无不良。另外，微控制器本身损坏或存储资料丢失，也会造成死机。如果微控制器一切正常，需要检查 SCALER 电路、液晶屏等。

（2）按键失灵

首先检查按键接插件是否接触良好，有无开焊断裂，各按键有无短路，若存在，则更换损坏元件，否则，检查微控制器基本工作条件是否正常。如果故障还不能排除，检测 SDA、SCL 上挂接的元器件是否损坏，最后还需检查存储器及外围电路是否正常。

（3）按键功能错乱

微控制器一般设置 1～2 个引脚作为按键输入引脚，各按键信号通过电阻分压的方式传递到键输入引脚，按下不同的键，会有不同的电压，据此，微控制器可区分出不同的按键功能。如果按键输入电路分压电阻损坏、按键漏电、按键接口接触不良等，都会引起输入到微控制器按键引脚的电压变化，从而导致按键错乱的现象。

（4）不能开机

微控制器设有待机控制端，在开机过程中，其电平是否变化是判定微控制系统是否工作的依据。

若待机控制端在开机时电压能从高电平变到低电平（低电平开机）或从低电平变到高平（高电平开机），表明微控制器、存储器组成的微控制器系统基本工作正常，整机不开机故障在控制系统外的电路上，如开关电源电路、I^2C 总线被控电路等。

若待机控制端在开机时电压不变化，说明微控制器系统未工作，应首先检查微控制器的工作条件（电源、复位和振荡信号）是否正常，若正常，检查微控制器和外部存储器的线路是否正常，若不正常，需要重写 EEPROM 数据存储器，重写后仍不正常，一般需要更换微控制器或数据存储器。

3. 微控制器电路软件故障的维修

微控制器电路软件故障是指 EEPROM 中的内容出错或丢失引起的故障，常见故障现象为：黑屏、花屏和不开机等。对于此类故障的处理方法是：如果原存储器没有损坏，只需写入正常的数据即可；如果原存储器已损坏，需要更换存储器，并写入正常数据。关于存储器的更换一般的原则是：最好使用相同系列的存储器代换；另外，代换存储器的存储容量不能小于原型号的存储器容量。

4.8.6　红外遥控器电路的故障分析与检修

1. 找到红外遥控发射器和红外遥控接收器的位置

（1）红外遥控发射器

当电视进入遥控状态（待机状态）时，按动遥控器上的操作键，即可控制电视机完成某一操作功能。

红外遥控信号发射器安装在机外的遥控器内，主要由键盘矩阵、遥控器专用集成芯片、激励器和红外发光二极管等组成。其工作过程是：首先，由专用集成芯片将每个按键的键位码经内部遥控指令编码器转换成遥控编码脉冲；然后，将编码脉冲对 38MHz 左右的载波进行脉冲幅度调制；最后，将已调制的编码脉冲激励红外发光二极管，使其以中心波长为 940nm 的红外光发出红外遥控信号。

（2）红外遥控接收器

红外遥控接收器是置于电视机前面板上一个独立组件。红外遥控接收器通常被厂家集成在一个元件中，称为一体化红外接收头，外形如图 4-80 所示。内部电路包括红外监测二极管，放大器，限幅器，带通滤波器，积分电路，比较器等。红外监测二极管监测到红外信号，然后把信号送到放大器和限幅器，限幅器把脉冲幅度控制在一定的水平，经过带通滤波器，取出脉冲编码信号，通过解调电路和积分电路进入比较器，比较器输出高低电平，还原出发射端的信号波形，加到微控制器的遥控输入引脚，对相关电路进行控制。

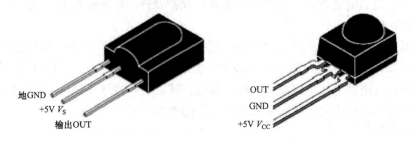

地 GND
+5V V_S
输出 OUT

OUT
GND
+5V V_{CC}

图 4-80　一体化红外接收头外形

红外接收头内部放大器的增益很大，很容易引起干扰，因此在接收头的供电脚上须加上滤波电容，一般在 $22\mu f$ 以上。有的在供电脚和电源之间接入 330Ω 电阻，进一步降低电源干扰。

2. 故障分析

红外遥控发射器常见的故障现象是遥控失灵，即直接按电视机面板上的各功能键均能正常控制，但使用遥控器进行操作时部分或全部按键失效。

遥控失灵可能由两个方面原因造成，一是遥控发射端有问题，二是遥控接收端有问题。这两方面一般不会同时出现问题。

故障部位的鉴别采用如下方法：

① 指示灯观察法。按下遥控发射器上任意一个按键，观察发射器上的指示灯是否亮。由于指示灯和红外管并联，若此时指示灯不亮，则表示遥控发射器无红外信号发射。

② 收音机接收法。由于遥控器中一般采用晶振 455kHz（部分采用 480kHz）与集成电路的内部电路构成振荡器，其倍频正好能被收音机的中波段接收。按下遥控器上任一按键，收音机扬声器中同时发出嘟嘟声，表明遥控发射器有输出，发射正常；若只能听到不会改变节奏的嘟嘟声，则为无控制码信号，一般为集成电路的内部电路损坏，若扬声器中无反应，则要重点检修遥控发射器。

③ 红外信号相机观察法。大多数遥控器是用红外来传递信号。人眼是看不到红外信号的，但相机可以。如果将遥控器指向相机镜头，按下遥控器按钮，同时观察相机镜头，发现蓝色的光点，就表明遥控发射器有红外信号发射。

3. 红外遥控发射器常见故障的检修

（1）电源供电故障。

红外遥控发射器采用两节 1.5V 电池供电，在正常情况下，两节新电池应能使用一年左右。但是如果电源输入端的滤波电容器漏电或使用时间太长，使供电电压下降到 2.2V 以下，则遥控器不能正常工作。应及时更换电池，并注意检查电容器的漏电情况。

另外，电池的弹簧夹松动、夹子氧化、锈蚀造成接触不良也会影响遥控器的正常工作。

（2）按键接触不良。

若遥控器只有部分按键失去作用，则一般是由于导电橡胶的接触电阻增大或印制板表面有灰尘或杂物造成的。遇此情况，先用万用表测导电橡胶点间的电阻值，正常时应在 200～300Ω，若检测值大于 500Ω，会使按键失去作用。这时，可用 6B 铅笔涂抹导电橡胶，直至检测值恢复到 200～300Ω 为止，即可恢复正常使用。对于印制板的处理，可用无水酒精或专用清洗剂清洗，注意清洗时不要用棉球，以防止造成新的故障。

（3）振荡电路停振。

各种遥控器中专用集成电路都必须外接 455kHz（部分采用 480kHz）的晶振，经 12 分频后得到 38kHz（或 40kHz）的载频信号。但是，由于谐振器内不能产生机械振动，不能灌封，因而耐冲击性较差。遥控器在使用过程中，如遇跌落或强烈振动，晶振极易损坏。

（4）激励管或红外发光管故障。

在电路中，激励管或红外发光管任意一个损坏均造成无红外光波发射的故障。这时可采用收音机接收法和替换法相结合的办法来判断。

（5）遥控器专用集成芯片损坏。

遥控器专用集成芯片损坏会导致遥控失灵的故障，此时应该更换遥控器专用集成芯片。

4. 红外遥控接收器常见故障检修

红外遥控接收器出现故障会导致遥控失灵的故障现象。

（1）接插件接触不良。

红外接收器常通过接插件与主板相连接。如果接触不良会造成遥控失灵。

（2）一体化红外接收头损坏。

红外接收专用集成电路损坏会导致遥控失灵的故障。此时，需更换一体化红外接收头。

思考与练习

一、填空

在追求薄、轻结构的 LCD 电视中，采用_____类功率放大器。

二、判断题

1. 高清晰度多媒体接口（High Defintion Multimedia Interface，HDMI）不但可以提供全数字的视频信号，还可以同时传输音频信号。（　　）

2. 所谓微控制器的开关量，就是输入到微控制器或从微处理器输出的高电平或低电平信号。（　　）

3. I²C 总线由串行时钟线（SCL）和串行数据线（SDA）组成。（　　）

三、选择题（单选和多选）

1. 能处理数字信号的接口（　　）

A. S 端子接口　　　　B. DVI 接口　　　　　C. VGA 接口　　　　　D. AV 复合视频接口

2. 数字视频解码会用到（　　）转换电路。

A. A/D　　　　B. DC/DC　　　　C. AC/DC

3. 液晶屏接收不同格式的信号时，由（　　）完成将它们转换为液晶屏固有分辨率的图像信号。

A. SCALER 电路　B. MCU 电路　　　C. AGC 电路　　　　D. AFC 电路

4. I²C 总线具有的特点（　　）。

A. 使 CPU 引脚减少　　　　　　B. 使电路排版困难

C. 引线相互干扰　　　　　　　　D. 内部集成电路总线

5. 丽音（NICAM）是数字声音处理技术，具有的特点有（　　）

A. 信噪比高　　　　B. 动态范围宽　　　C. 音质同 CD 相媲美

四、问答题

1. 液晶电视有哪些接口？
2. 高频调谐器的作用是什么？
3. 什么是中放一体化高频头及其作用？
4. 液晶电视 A/D 转换电路的作用是什么？
5. 去隔行处理和图像缩放电路的作用是什么？
6. 微控制器要正常工作具备的 3 个条件是什么？
7. 伴音电路的作用是什么？
8. D 类功放有什么特点？

五、故障分析

1. 液晶电视红外遥控发射器故障发生遥控失灵如何检修？
2. 液晶电视红外遥控接收器故障发生遥控失灵如何检修？

实 践 训 练

一、实践训练内容

1. 结合液晶电视实训平台，对液晶电视的接口进行识别，记录液晶电视的接口的名称并写出接口处理的是模拟信号还是数字信号。

2. 结合液晶电视实训平台的数字信号处理板（主板），通过示波器观测液晶电视的数字信号处理芯片波形，并通过万用表测量各引脚电压记录该数值并与参考值进行比较。

3. 结合液晶电视实训平台的数字信号处理板（主板），通过万用表测量功放芯片各引脚电压记录该数值并与参考值进行比较。

4. 结合液晶电视实训平台的数字信号处理板（主板）测试模块，通过插拔①、②、③、④、⑤、⑥处的导线观察液晶电视的故障现象，并记录下该故障现象同时分析故障的原因。

5. 对液晶电视遥控器的内部电路组成的关键部件进行识别，并通过拆卸晶振，红外发光二极管、激励三极管观察故障现象并作记录。

6. 对废旧的液晶电视主板芯片进行拆焊，掌握热风枪的使用。

二、实践训练目的

通过本实践训练，进一步提高学生对液晶电视接口、数字信号处理电路和故障检修的认知，以便对对液晶电视的故障进行检修。

三、实践训练组织方法及步骤

1. 实践训练前准备。对实践训练的内容以及使用的工具进行资料准备。

2. 以 3 人为单位进行实践训练。

3. 对实践训练的过程做完整记录，并进行总结完成 PPT 或者撰写实践训练报告（实践训练参考样式见附录 B）。

四、实践训练成绩评定

1. 实践训练成绩评定分级

成绩按优秀、良好、中等、及格、不及格 5 个等级评定。

2. 实践训练成绩评定准则

（1）成员的参与程度。

（2）成员的团结进取精神。

（3）撰写的实践训练报告是否语言流畅、文字简练、条理清晰，结论明确。

（4）讲解时语言表达是否流畅，PPT 制作是否新颖。

项目五　液晶电视背光源及驱动电路故障检修

 项目要求

熟悉液晶电视 CCFL、LED 背光源的结构及特点。

 知识点

- CCFL 背光源；
- LED 背光源；
- 逆变电路；
- LED 驱动电路。

 重点和难点

- LED 背光源；
- LED 驱动电源。

5.1　CCFL 背光源及驱动电路

5.1.1　CCFL 背光源

1. CCFL 的结构

冷阴极荧光灯（Cold Cathode Fluorescent Lamps，CCFL）是一种气体放电发光器件，其构造类似常用的日光灯，通过连接插头与背光驱动电路相连，如图 5-1 所示。

CCFL 是一种密闭的气体放电管，其结构如图5-2 所示。在管的两端是冷阴极，采用镍、钽和锆等金属做成，无须加热即可发射电子。灯管内主要是惰性气体氩气，另外充入少量的氖气和氪气作为放电的媒触，并含有少量的汞气。在灯管两端施加一定高压时，灯管中的汞原子在高压的作用下会释放出紫外光，大约只有 60% 的电能会转化紫外光。其余部分电能被转化为热能白白消耗掉了，灯管的内壁上涂有一层薄薄的白色荧光粉，这层荧光粉在吸收到灯管内的紫外光线时会发出可见光，此时灯管亮起来了。这个

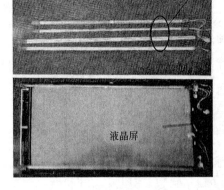

图 5-1　CCFL 外形

点亮的过程很短。日光灯被点亮之后，内部气体性质发生了变化，此时只需要一个比启动电压低很多的小电压就可以维持灯管继续被点亮，而且亮度不会发生变化。

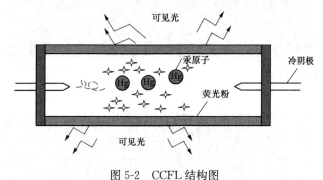

图 5-2　CCFL 结构图

2. CCFL 的特点

CCFL 是优良的白光源，具有成本低，效率高，寿命长，工作状态稳定，容易调节亮度，质量轻等优点。但 CCFL 也存在一些问题，主要表现如下：

①由于每一只灯管的电压、电流特性不完全一样，灯管不能直接并联使用。

②CCFL 工作在高压高频下，工作时，其驱动频率可能会干扰液晶屏上显示的画面。如果灯频接近视频刷新频率的某个倍频，就会在屏幕上出现缓慢移动的线或带。因此，需要严格控制灯频在±5％以内，以消除这种问题。

③用于调节灯亮的脉冲调光频率也要求同样的严格控制。这种调光方式通常采用 30～200Hz 频率范围的脉宽调制（PWM）信号，在短时间内将灯关闭，达到调光目的。由于关闭时间很短，不足以使电离态消失。如果脉冲调光频率接近垂直同步频率的倍频，也会产生滚动线。同样，将脉冲调光频率严格控制在±5％以内就可以消除这个问题。

④有些液晶屏的 CCFL 和液晶屏做成一个整体，不可更换，灯管损坏，只能更换整个液晶屏模块，增加了维修成本。

CCFL 工作时需要较高的交流工作电压，因此，在电路中设计了逆变电路，逆变电路可将开关电源产生的低压直流电（小屏幕一般为 12V，大屏幕一般为 24V）转换为 CCFL 所需要的几百伏的交流高电压，以便驱动 CCFL 背光灯工作。

5.1.2　逆变电路

逆变电路也称逆变器、背光灯驱动电路或背光灯电源，其作用是将开关电源输出的低压直流电转换为 CCFL 所需的交流电。在液晶电视中，逆变电路输出交流电压很高，一般独立做成一个条状电路板，故逆变电路也俗称高压条或高压板。

一般的高压板输入电压为 8～15V，输出电流为 8mA 左右，输出频率为 45～75kHz，输出工作电压为几百伏至上千伏，多数为 600V 左右。

高压板的输入端有 4 个信号：输入电压（小屏幕一般为 12V，大屏幕一般为 24V）、接地端、背光开启/关断控制端（ON/OFF）和亮度调整端（ADJ）。

液晶电视的液晶屏灯管数量为 2 个、4 个、6 个、8 个或更多，需要高压板对应匹配。灯管分别由高压板的输出口进行驱动，小屏幕液晶电视一般为 10 个灯管以下，随着屏幕尺寸的增大，所采用的灯管数也会相应增加。图 5-3 所示为 4 灯高压板实物图。

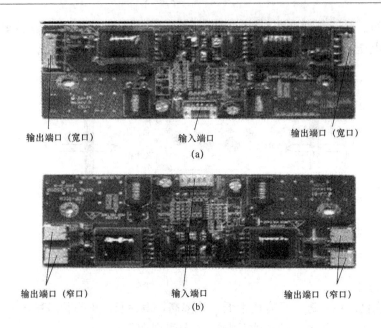

图 5-3　4 灯高压板实物图

(a) 宽口 4 灯；(b) 窄口 4 灯

图 5-4 所示为 6 灯高压板实物图。高压板的输出口有窄口和宽口之分，接 CCFL 背光灯管。每个输出口由两根线组成，一根为高电平，一根为低电平。输出端口有高压，要注意在通电时不要用手去碰，以免触电，对身体造成伤害。

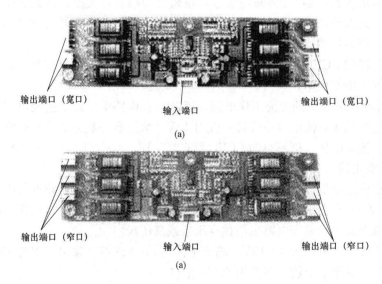

图 5-4　6 灯高压板实物图

(a) 宽口 6 灯；(b) 窄口 6 灯

1. 逆变电路基本组成

图 5-5 所示是一种比较常见的逆变电路的结构形式。由图 5-5 可知，逆变电路主要由驱

动控制电路（振荡器、调制器）、直流变换电路、驱动电路（功率输出管及高压变压器）、保护检测电路、谐振电容 C_1、输出电流取样电路等组成。

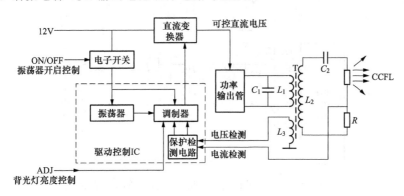

图 5-5　逆变电路的组成框图

在实际的背光灯逆变电路中，常将振荡器、调制器、保护电路集成在一起，组成一块小型集成电路，一般称之为驱动控制 IC。

图 5-5 中的 ON/OFF 为振荡器启动/停止控制信号输入端，该控制信号来自微控制器（MCU）部分。当液晶电视由待机状态转为正常工作状态后，MCU 向振荡器送出启动工作信号，振荡器接收到信号后开始工作，产生频率 40～80kHz 的振荡信号送入调制器，在调制器内部与 MCU 部分送来的 PWM 亮度调整信号进行调制后，输出 PWM 激励脉冲信号，通过直流变换电路，产生可控的直流电压，为功率输出管供电。功率输出管及外围电容 C_1 和变压器绕组 L_1 组成自激振荡电路，产生的振荡信号经功率放大和高压变压器升压耦合后，输出高频交流高压，点亮背光灯。

过流和过压保护电路用于保护背光灯。过流保护检测信号从背光灯与串联的取样电阻 R 上取得，送到驱动控制 IC。过压保护检测信号从 L_3 上取得，也送到驱动控制 IC。当输出电压及背光灯工作电流出现异常时，驱动控制 IC 控制调制器停止输出，从而起到保护作用。

当调节亮度时，背光灯亮度控制信号加到驱动控制 IC，通过改变驱动控制 IC 输出的 PWM 脉冲的占空比，改变直流变换器输出的直流电压大小，也就改变了施加在驱动输出管上的电压大小，即改变了自激振荡的振荡幅度，从而使高压变压器输出的信号幅度、CCFL 两端的高压幅度发生变化，达到调节亮度的目的。

该电路只能驱动一只背光灯，由于 CCFL 背光灯不能并联和串联应用，所以，若需驱动多只背光灯，必须由相应的多个高压变压器输出电路及相适配的激励电路来完成。

2. 典型逆变电路分析

逆变电路的驱动电路常采用全桥结构形式。全桥结构最适合于直流电源电压范围非常宽的应用，几乎所有笔记本电脑的逆变电路中的驱动电路均采用全桥结构。逆变器的直流电源直接来自系统的主流电源，其变化范围为 7～21V。全桥结构在液晶电视、液晶显示器中也有较多应用。

（1）全桥驱动电路基本结构形式

全桥结构驱动电路一般采用 4 只场效应管或 4 只三极管构成，根据场效应管或三极管的类型不同，全桥驱动电路有多种形式，图 5-6 所示为采用 4 只 N 沟道场效应管的驱动电路结构形式。

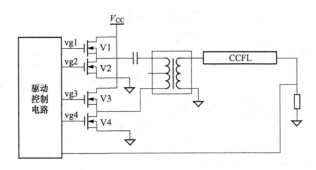

图 5-6　采用 4 只 N 沟道场效应管的全桥驱动电路示意图

电路工作时，在驱动控制 IC 的控制下，使 V1、V4 同时导通或截止，V2、V3 同时导通或截止，且 V1、V4 与 V2、V3 交替导通，使变压器初级形成交流电压。改变开关脉冲的占空比，可改变 V1、V4 和 V2、V3 的导通与截止时间，从而改变变压器的储能，也就改变了输出的电压值。

需要注意的是，如果 V1、V4 与 V2、V3 的导通时间不对称，则变压器初级的交流电压中将含有直流分量，会在变压器次级产生很大的直流分量，造成磁路饱和，因此全桥电路应注意避免电压直流分量的产生。可以在初级回路串联一个电容，以阻断直流电流。

图 5-7 所示为采用两只 N 沟道场效应管和两只 P 沟道场效应管的驱动电路形式。电路工作时，在驱动控制 IC 的控制下，使 V1、V4 同时导通或截止，V2、V3 同时导通或截止，且 V1、V4 与 V2、V3 交替导通，使变压器初级形成交流电压。

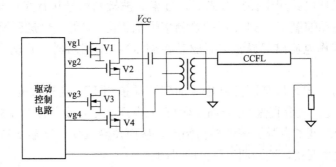

图 5-7　采用两只 N 沟道和两只 P 沟道场效应管的全桥驱动电路示意图

（2）由 OZ960 组成的全桥逆变电路分析

OZ960 是凸凹公司生产的液晶彩显背光灯高压逆变控制电路，由 OZ960 组成的背光灯高压逆变电源电路可将输入的直流电压变换成近似正弦波的高电压，以驱动背光灯。OZ960 具有高效率、零电压切换、较宽的输入电压范围、恒定的工作频率、较宽的调光范围、软启动功能及内置开灯启动保护和过压保护等特点。OZ960 内部电路框图如图 5-8 所示。

图 5-9 是 OZ960 的实际应用电路，应用于液晶电视高压板中。

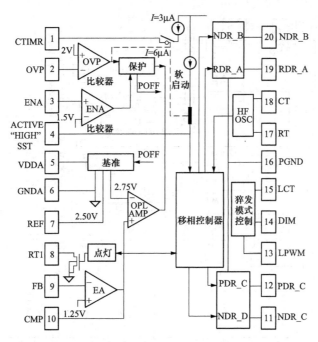

图 5-8 OZ960 的内部电路框图

（1）驱动控制电路

驱动控制电路由 U901（OZ960）及其外围元器件组成。

由开关电源产生的 V_{dd} 电压（一般为 5V）经 R904 限流后送到 OZ960 的供电引脚 5，为 OZ960 提供工作时所需电压。

当需要点亮液晶电视时，微控制器输出的 ON/OFF 信号为高电平，经 R903，使 OZ960 的引脚 3 电压为高电平（大于 1.5V 的电压为高电平）。OZ960 内部振荡电路开始工作，振荡频率由引脚 17 和引脚 18 外接的定时电阻 R908 和定时电容 C912 的值决定。振荡电路工作后，产生振荡脉冲，经内部零电压切换移相控制电路和驱动电路变换整形后从引脚 19、引脚 20、引脚 12 和引脚 11 输出 PWM 脉冲，送至全桥驱动电路。

（2）全桥驱动电路

全桥驱动电路用于产生符合要求的交流高压，驱动 CCFL 工作。驱动电路由 Q904、Q905、Q906、Q907、T901 等组成，这是一个具有零电压切换功能的全桥电路结构。Q904、Q906 的源极施加电压 V_{CC}（一般为 12V），Q905、Q907 的源极接地。在 OZ960 输出的驱动脉冲控制下，Q904 和 Q907 同时导通或截止，Q905、Q906 同时导通或截止，且 Q904、Q907 与 Q905、Q906 交替导通。输出的对称开关管驱动脉冲，经 C915、C916、C917、C918、升压变压器 T901 及背光灯组成的谐振槽路，产生近似正弦波的电压和电流，点亮背光灯。

（3）亮度调节电路

OZ960 的引脚 14 是亮度控制端，需要调整亮度时，来自微控制器的亮度控制电压 ADJ 经 R906、R907 分压，送到 OZ960 的引脚 14，经内部电路处理后，通过控制 OZ960 输出的驱动脉冲占空比，达到亮度控制的目的。

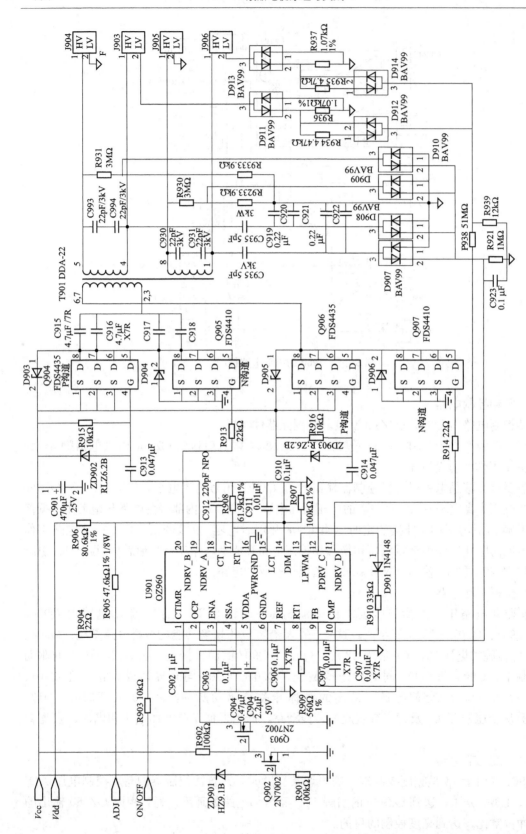

图5-9 OZ960的实际应用电路

（4）保护电路

软件保护电路　OZ96 的引脚 4 为软启动端，外接软启动电容 C904，可起到软启动定时作用。OZ960 工作后，连接引脚 4 的内部电路向电容 C904 充电，当 C904 两端电压升高到启动电压时，背光灯点亮。这样，降低了启动时的冲击电流避免了高压零件和背光灯受到较高的冲击电流而损坏。

过压保护电路　OZ96 内的过压保护电路可以防止背光灯高压变压器次级电路在非正常情况下产生过高的电压而损坏高压变压器和背光灯。电路中，由 T901 次级产生的高压经 R930、R932、R931 和 R933 分压后，作为取样电压，经 D909、D910 电路到 OZ960 的引脚 2。在启动阶段，OZ960 的引脚 2 检测高压变压器的次级电压，当引脚 2 电压达到 2V 时，OZ960 不再升高输出电压，进入稳定输出电压阶段。

过流保护电路　过流保护电路用来保护 CCFL 不致因电流过大而老化或损坏。电路中，R936、R937 为过流检测电阻，其两端电压随工作电流变化而变化，电流越大，R936、R937 两端电压越高。此电压经 D912、D914 送到 OZ960 的引脚 9，作为电流检测端，通过内部控制电路稳定背光灯电流。若 CCFL 的工作电流过大，使 OZ960 的引脚 9 电压升高很多，当达到一定值时，经 OZ960 内部处理，停止输出驱动脉冲，达到保护的目的。

5.2　LED 背光源及驱动电路

5.2.1　LED 的背光源

1. 白光 LED 的结构

白光 LED 是 1998 年研制成功的，具有低电压驱动、体积小、重量轻、寿命长、显色和调光性能好、耐震动、色温变化时不易产生视觉误差等优点。

图 5-10 所示为白光 LED 的结构示意图。它是在蓝色 GaN 芯片的表面涂敷 YAG 荧光粉制成白色 LED。制作时先将 LED 芯片放置在导线结构中用金属线压焊连接，然后在芯片周围涂敷 YAG 荧光粉，最后用环氧树脂封接。树脂既有保护芯片的作用，又有聚光镜的作用。

随着白光 LED 技术的不断进步，白光 LED 在笔记本电脑和液晶电视的背光照明上得到了广泛地应用。

2. LED 背光源特点

LED 背光源是指用 LED（发光二极管）来作为液晶电视的背光源，如图 5-11 所示。和传统的 CCFL（冷阴极管）背光源相比，LED 具有低功耗、低发热量、亮度高、寿命长等特点。

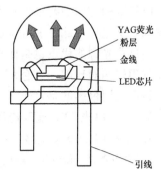

图 5-10　白光 LED 的结构示意图

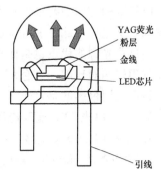

图 5-11　LED 背光条

目前采用 LED 为液晶电视的背光源，最主要目的是提升画质，特别是在色彩饱和度上，LED 背光技术的显示屏可以取得足够宽的色域，弥补液晶显示设备显示色彩数量不足的缺陷，使之能达到甚至超过 AdobeRGB 和 NTSC 色彩标准要求。同时因为 LED 的平面光源特性，使 LED 背光还能实现 CCFL 无法比及的分区域的色彩和色度调节功能，从而实现更加精确的色彩还原性，画面的动态调整可以使得在显示不同画面时，亮度与对比可以动态修正，以达到更好的画质。另外，采用 LED 背光源可以使液晶电视外观更加轻薄。

3. LED 背光源分类

LED 背光源的分类，按技术分类可分为两大类：RGB-LED 背光源与白光 LED 背光源。按入射位置划分可分为：直下式（将显示屏的整个背面换成 LED）与侧入式（周边放上 LED）两大类，如图 5-12 所示。

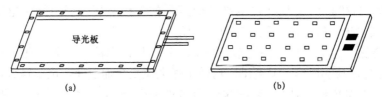

图 5-12　LED 背光条的安装方式

RGB－LED 背光源是诞生时间比较早的一种技术。RGB－LED 通过红色、绿色、蓝色三原色 LED 调制成白光，具有最好的光学特性。优点主要体现在色彩表现力和对比度两方面。当然，RGB－LED 背光源也并非十全十美，第一是成本方面没有很大优势；第二是 RGB－LED 需要单独的调光电路和更好的散热结构，这也会在一定程度上导致电视结构复杂，难以做到轻薄化；另外，RGB 灯在控制上的问题仍有待加强，举例来说，如果其中一盏灯坏了，在整个屏幕上会相当明显。

白光 LED 白光 LED 相对于 RGB－LED 就要简单不少，它采用了只能发出白色光线的 LED 光源代替原来的 CCFL 荧光管。由于不像 RGB－LED 那样需要涉及背光源的调光，因此在电路结构方面的要求相对不高。但是白光 LED 的光谱特性和 RGB－LED 相比还是有所欠缺的，这也导致此种 LED 电视在色彩表现上并不如 RGB－LED 电视那么优秀。

不过背光源的优点也是比较明显的，例如亮度动态调节、区域背光控制都可以实现，也能实现很好的对比度。在色域范围上也能较普通 CCFL 液晶电视有所提升。加上成本的优势，目前应用最多的是背光源。

5.2.2　白光 LED 驱动电路

1. 白光 LED 驱动电路的基本任务

① 将电源电压转换为驱动 LED 所需的电压，这个电压取决于 LED 的连接方法（串联、并联、串并联）和数量。

② 在工作过程中 LED 保持恒定的电流。

③ 采用 PWM 方式来对 LED 进行亮度控制。

2. LED 的驱动方式

① 降压型驱动。

② 升压型驱动。

5.2.3　白光 LED 驱动电路实例分析

KLD＋L067E12-02 模块是康佳自制的 LED 背光驱动模块，该模块输入 24V 电压，输出约 46.2V 电压，提供 12 路且每路 120mA 的恒流输出，从而正常点亮 LED 灯条。本模块采用升压型驱动，从 24V 升至约 46.2V。

1. KLD+L067E12-02 参数介绍

KLD+L067E12-02 主要参数为

输入电压 24V。

输出驱动电压 46.2V。

采用 2 块 OZ9986 作为驱动核心。

可以同时驱动 12 路 LED 发光串。

升压开关电路频率 300kHz。

背光调光频率 100Hz。

驱动电压 59V 时保护电路启动。

当电流达到 2A 时保护电路启动。

开关电压在 2.2V 时启动，在 1V 时关闭。

调光电压在 0.1~3V 变化。

2. KLD+L067E12-02 框图简介

KLD+L067E12-02 框图如图 5-13 所示。

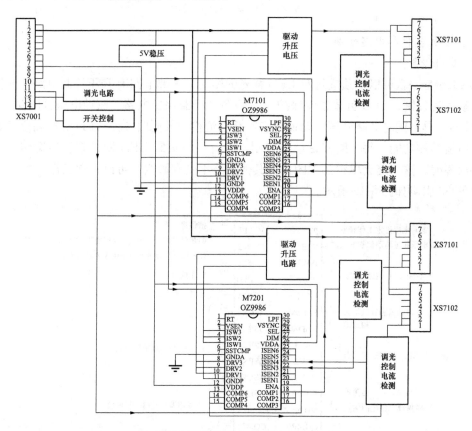

图 5-13 KLD+L067E1202 框图

3. OZ9986 应用简图

OZ9986 应用简图如图 5-14 所示。

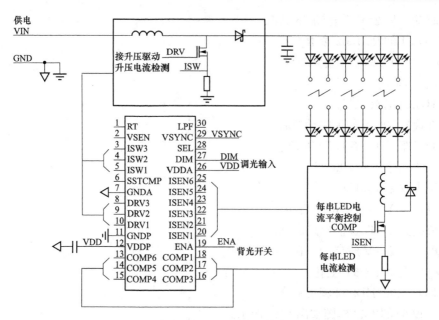

图 5-14　OZ9986 应用简图

4. 主要元器件和电路介绍

(1) OZ9986 介绍

OZ9986 是一款可以单独进行对 LED 背光的驱动。内部电路有升压控制电路、光亮度调整、自动稳光控制、LED 负载过流保护、LED 负载轻载保护电路、驱动电压过压保护电路。

OZ9986 具有同时 3 路升压驱动输出和回路电流检测及同时 6 路 LED 负载亮度调整控制和回路电流检测功能。每一路都是单独控制，当有一组负载 LED 发光管发生短路或者断路等一些故障时，这一路会单独的关闭，而其他几路不受到影响，可以正常工作。

OZ9986 引脚如图 5-15 所示。

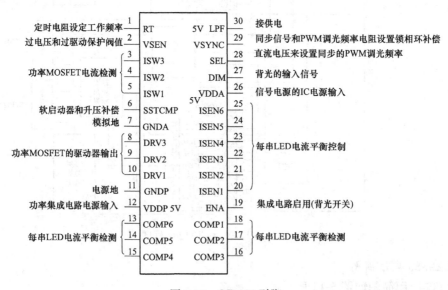

图 5-15　OZ9986 引脚

（2）LED 驱动介绍

Boost 电路如图 5-16 所示。

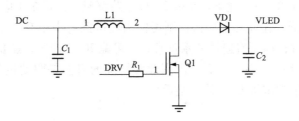

图 5-16　Boost 电路

目的：将 DC 电压升至 VLED 电压输出。

工作过程：Q1 导通时段，VD1 反偏，L1 的电流线性上升，将能量储存于电感 L1 中，此时 VLED 输出电流完全由 C2 提供；Q1 关断时，由于 L1 中电流不能突变，L1 中电压极性反偏，L1 的异名端电压相对于同名端为正，L1 同名端电压为输入 DC 电压，且 L1 通过 VD2 向 C2 充电，使 C2 电压（泵升电压）高于输入 DC 电压，此时电感储能向负载提供电流并补充 C2 单独向负载供电时损失的电荷。输出电压的调整是通过负反馈环控制 Q1 的导通时间实现的。若直流负载电流上升，则导通时间会自动增加为负载提供更多的能量。若输入电压下降而 Ton 下降，则峰值电流即 L1 的储能会下降，导致输出电压下降。但负反馈环会检测到输出电压的下降，通过增大 Ton 来维持输出电压的恒定。至此，实现了 VLED 电压的输出。

关键器件拆分：

C1：输入滤波电容，开路状态不会对电路造成实质性影响，短路会使后面电路失效。

L1：储能电感。开路则电路失效，短路会使 Boost 电路无法工作，且可能使 MOS 管 Q1 烧毁。出故障时可以检测 L1 是否有短路，电感量是否还存在。L1 损坏的情况多表现为感量为 0。

VD1：续流二极管。在线路中着重检测 VD1 是否有短路，是否有反向击穿。

Q1：开关控制 MOS 管。失效状态多表现为：1、2 脚对 3 脚短路。

C2：输出储能电容。必不可少，缺之则电路失效。在线路中着重检测电容正负极是否短路，电容是否失效。

5.3　液晶电视背光源电路故障检修

1. 开机无光、无闪烁

遇到开机无光、无闪烁情况，首先检查 LED 模块与屏的连接关系是否正确，如其他关系均正常，则检测驱动模块。驱动模块正常工作的必要条件是＋12V、ENA、PWM 输入正常。首先检测上面三个参数是否正常；然后检测 MOS 是否有损坏（G 极、D 极是否与 S 极短路），电感是否有短路。从目前发现的情况来看，出现过的损坏情况主要为 MOS 的损坏引起。如 MOS、保险丝、二极管均正常，则再测量主芯片 19 脚电压是否等于输入电压，17 脚 Vref 电压是否为 5V，如果 19 脚电压正常，17 脚电压异常，则可能 IC 已经损坏，需要更换 IC。

2. 液晶屏某一区出现暗块，或者有规律的间接性暗块

灯条或者驱动板异常均可能引起液晶屏某一区出现暗块，或者有规律的间接性暗块一般

为某一灯条未被点亮。正常点亮情况下，ISENS1～ISENS8 的电压大概在 0.3～1.5V，一般在 1V 以内，通过检测各反馈回路到芯片脚的电压，可以初步判断异常情况。

①ISENS 电压大于 3.5V，此路灯串有 LED 短路情况，使得多于电压加到了芯片脚。

②ISENS 电压过低，比如几十毫伏，则可能为此电路灯串中有 LED 开路情况，或者连接线、连接插座等异常；如所有连接关系正常，则可能 IC 已损坏，需要更换 IC。

③LED 液晶屏一半亮、一半不亮。出现此种情况的可能是驱动板与液晶屏之间的 FPC 连接线安装异常，可以尝试将 PFC 线一边反插。

思 考 与 练 习

一、填空

1. 常用的背光源主要有 CCFL 和_____。

2. 以 LED 作为背光源的电视，按技术可分为_____和_____两大类。

3. 以 LED 作为背光源的电视，按入射位置可分_____和_____两大类。

二、判断题

1. RGB-LED 背光源电视的优点主要体现在色彩表现力和对比度两方面。（　　）

2. 白光 LED 背光源电视在色彩表现力上不如 RGB-LED 背光源电视好，但在电路结构方面要相对简单。（　　）

三、问答题

1. CCFL 背光源的特点是什么？

2. LED 背光源的特点是什么？

实 践 训 练

一、实践训练内容

对废旧 LED 背光灯条进行拆焊，并通电进行检测，熟悉其连接方式。

二、实践训练目的

通过本实践训练，进一步提高学生对液晶电视背光源部分的认知。

三、实践训练组织方法及步骤

1. 实践训练前准备。对实践训练的内容以及使用的工具进行资料准备。

2. 以 3 人为单位进行实践训练。

3. 对实践训练的过程做完整记录，并进行总结撰写实践训练报告（实践训练参考样式见附录 B）。

四、实践训练成绩评定

1. 实践训练成绩评定分级

成绩按优秀、良好、中等、及格、不及格 5 个等级评定。

2. 实践训练成绩评定准则

（1）成员的参与程度。

（2）成员的团结进取精神。

（3）撰写的实践训练报告是否语言流畅、文字简练、条理清晰，结论明确。

（4）讲解时语言表达是否流畅，PPT 制作是否新颖。

项目六 液晶面板接口及 T-CON 故障检修

项目要求

熟悉液晶面板常用接口及掌握液晶电视中各信号之间关系。

知识点

- 液晶面板常用接口；
- 液晶电视中的各种信号；
- T-CON 电路组成及作用。

重点和难点

- 液晶面板常用接口；
- T-CON 电路组成及作用。

6.1 液晶面板接口数据传输方式

液晶电视从大结构来说，主要由液晶面板厂家生产的液晶面板和由液晶电视整机厂生产的视频电路板（又称主板）组成。液晶面板与主板之间通过接口电路相连。液晶面板的输入接口电路主要有以下几种类型：TTL（晶体管-晶体管逻辑）接口电路、LVDS（低压差分信号）接口电路、TMDS（最小化传输差分信号）接口电路、RSDS（低摆幅差分信号）接口电路和 TCON（定时控制器）接口电路。其中，TTL 接口在小屏液晶电视中有一定的应用，LVDS 接口在各种屏幕的液晶电视中均有应用。

液晶面板输入信号的种类可分为 RGB 数据信号、时钟与同步信号及数据启动信号几大类。RGB 数据信号数据传输量最大，信号较复杂，其传输方式也多种多样。

1. 串行与并行传输方式

液晶面板输入的 RGB 数据信号有并行传输和串行传输两种方式。其中 TTL、TCON 接口类型采用并行传输方式，LVDS、TMDS、RSDS 接口类型采用串行传输方式。

（1）并行方式传输 RGB 数据

并行方式传输 RGB 数据，是每一位基色信号数据都使用一条单独的数据线进行传输。对应于 8 位液晶面板，R、G、B 三个子像素分别用 8 位数据量表示，则 RGB 数据一共为 24 位，RGB 数据线也一共有 24 条。

（2）串行方式传输 RGB 数据

串行方式传输 RGB 数据，是将每个基色信号的 8 位数据（以 8 位传输为例）排列成一纵队，使用一条数据线按顺序输出。

2. 单路与双路传输方式

液晶电视的分辨率越高，数据传输的速率也就越高。为了降低液晶电视分辨率的提高而对相关 IC 及传输带宽提出的更高要求，降低电磁干扰，在液晶电视 RGB 数据传输电路的结构上采用了双路 RGB 数据输出的方式。因此，RGB 数据的传输也就有了单路和双路之分。

（1）双路方式传输 RGB 数据

"双路"的意思并不是仅使用两根或两对数据线传送数据，而是将 RGB 数据分成奇数、偶数两组数据——奇数像素 RGB 数据和偶数像素 RGB 数据。

（2）单路方式传输 RGB 数据

"单路"是相对于"双路"而言。使用单路方式传输 RGB 数据时，不将 RGB 数据中的奇数、偶数像素分成两路单独传送，而是按常规的方式以正常顺序传输 RGB 数据。

6.2　液晶面板常用接口

6.2.1　TTL 接口

TTL 即 Transistor Transistor Logic 的缩写，译为晶体管-晶体管逻辑。TTL 电平信号由 TTL 器件产生。TTL 器件采用双极型工艺制造，具有速度高，功耗低和品种多等特点。

TTL 接口属于并行方式传输数据的接口，采用这种接口时，不必在液晶电视的主板端和液晶面板使用专用的接口电路。这种接口电路方式的抗干扰能力比较差，且容易产生电磁干扰。在实际应用中，采用 TTL 接口电路的大多是小尺寸液晶电视或低分辨率的液晶电视。

6.2.2　LVDS 接口

1. LVDS 接口概述

LVDS 即 Low Voltage Dierential Signaling，译为低压差分信号技术接口，它是美国 NS（美国国家半导体）公司为克服以 TTL 电平方式传输宽带高码率数据时功耗大，电磁干扰大等缺点而研制的一种数字视频信号传输方式。

由于其采用低压和低电流驱动方式，因此，实现了低噪声和低功耗。目前，LVDS 接口在液晶电视中得到了广泛的应用。

2. LVDS 接口电路组成及工作原理

在液晶电视中，LVDS 接口电路位于液晶电视 SCALER 电路与液晶面板之间，由主板侧的 LVDS 信号发送电路（发送器）和液晶面板侧的接收电路（接收器）共同组成。LVDS 发送器将 SCALER 以 TTL 电平方式输出的并行 RGB 数据信号和控制信号转换成低电压串行 LVDS 信号，再通过主板与液晶面板之间的柔性电缆（排线）将信号传送到液晶面板侧的 LVDS 接收器，LVDS 接收器再将串行信号转换为 TTL 电平的并行信号送往后续电路（一般是定时控制器 TCON）。

发送器一般为一片单独的芯片或集成在 SCALER 芯片中，位于主板电路。接收器一般为一片单独芯片，位于液晶面板内部电路板中。互连单元主要是指连接主板与液晶面板的信号电缆线。

3. LVDS 接口的优点

和 TTL 接口相比，LVDS 接口具有高速传输能力强、低噪声/低电磁干扰、低功耗和低电压等优点。

另外，LVDS 接口对电缆、连接器和 PCB 材料无苛刻要求，因此，不会增加成本。图 6-1 所示为 LVDS 接口常用电缆线。

4. LVDS 输出接口电路类型

与 TTL 输出接口相同，LVDS 输出接口也分为单路传输 RGB 数据和奇/偶像素双路传输 RGB 数据两种方式（也称单端 LVDS 和双端 LVDS 或者一像素 LVDS 和二像素 LVDS）。同时考虑输出位数（6 位，8 位，10 位），LVDS 接口电路的类型可分为以下几种：

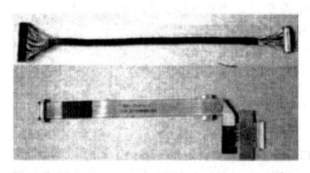

图 6-1　LVDS 接口常用电缆线

（1）单路 6 位 LVDS 输出接口

单路 6 位 LVDS 接口用来驱动 6 位液晶面板，使用单路方式传输 RGB 数据，也称 18 位或 18 bit LVDS 接口。

（2）双路 6 位 LVDS 输出接口

双路 6 位 LVDS 接口用来驱动 6 位液晶面板，使用奇/偶像素双路方式传输 RGB 数据，也称 36 位或 36 bit LVDS 接口。

（3）单路 8 位 LVDS 输出接口

单路 8 位 LVDS 接口用来驱动 8 位液晶面板，使用单路方式传输 RGB 数据，也称 24 位或 24 bit LVDS 接口。

（4）双路 8 位 LVDS 输出接口

双路 8 位 LVDS 接口用来驱动 8 位液晶面板，使用奇/偶像素双路方式传输 RGB 数据，也称 48 位或 48 bit LVDS 接口。

（5）单路 10 位 LVDS 接口

单路 10 位 LVDS 接口用来驱动 10 位液晶面板，使用单路方式传输 10 位 RGB 数据（R0～R9、G0～G9、B0～B9）。

（6）双路 10 位 LVDS 接口

双路 10 位 LVDS 接口用来驱动 10 位液晶面板，使用双路方式传输 10 位 RGB 数据（奇路为：RO0～RO9、GO0～GO9、BO0～BO9，偶路为 RE0～RE9、GEO～GE9、BEO～BE9）。

由于高分辨率液晶屏的分辨率很高，信号的码率也相应提高。一般采用双路 LVDS 接口（即需要两片 LVDS 发送芯片和两片 LVDS 接收芯片），以降低每一路 LVDS 的速率，保证信号的稳定性。

5. 主板侧 LVDS 输出接口电路的配置

图 6-2 所示为双路传输 RGB 数据的 LVDS 接口电路方案之一。在这种电路配置方案中，使用了两片 LVDS 信号发送 IC，一片 IC 发送奇数像素的 RGB 数据，另一片发送偶数像素的 RGB 数据。

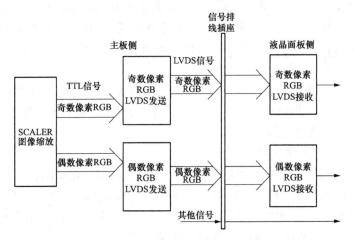

图 6-2　主板侧使用两片发送 IC 的双路 LVDS 接口电路

图 6-3 所示为双路传输 RGB 数据的 LVDS 接口电路方案之二。在这种电路配置方案中，只用了一片 LVDS 信号发送 IC。

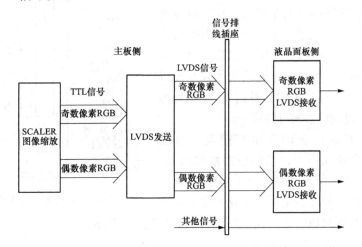

图 6-3　主板侧使用一片发送 IC 的双路 LVDS 接口电路

图 6-4 所示电路方案中没有使用单独的 LVDS 信号发送 IC，LVDS 信号发送电路已经集成在液晶电视 SCALER 电路中。

6. 典型 LVDS 发送芯片介绍

典型的 LVDS 发送芯片分为 4 通道、5 通道和 10 通道几种。

（1）4 通道 LVDS 发送芯片

4 通道 LVDS 发送芯片内部包含了 3 个数据信号（其中包括 RGB、数据使能 DE、行同步信号 HS、场同步信号 VS）通道和一个时钟信号发送通道。

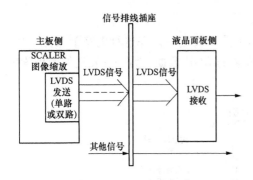

图 6-4   LVDS 发送电路
集成在 SCALER 电路中

奇/偶双路 8 位 LVDS 接口电路。

（3）10 通道 LVDS 发送芯片

图 6-5 所示为 10 通道 LVDS 发送芯片（DS90C387）内部简化框图。包含了 8 个数据信号
（其中包括 RGB、数据使能 DE、行同步信号 HS、
场同步信号 VS）通道和 2 个时钟信号发送通道。

10 通道 LVDS 发送芯片主要用于驱动 8 位液
晶面板，主要用来构成奇/偶双路 8 位 LVDS 接口
电路。

在 10 通道 LVDS 发送 IC 中，设置了 2 个时钟
脉冲输出通道，这样做的目的是可以更加灵活地使
用不同 LVDS 接收电路配置方案。当接收电路同样
使用一片 10 通道 LVDS 接收 IC 时，只需使用一个
通道的时钟信号即可。当接收电路使用两片 5 通道
LVDS 接收 IC 时，10 通道 LVDS 发送 IC 需要为每
个 LVDS 接收 IC 提供单独的时钟信号。

一般而言，液晶面板的分辨率越高，通过
LVDS 接口电路向液晶面板传送的数据量就越大，
也就需要 LVDS 发送 IC 使用更多的数据通道来传
送数据。液晶电视中使用最多的是双路 8 位 LVDS
接口电路；大屏幕液晶电视多采用双路 10 位 LVDS 接口电路。

4 通道 LVDS 发送芯片主要用于驱动 6 位液晶
面板，构成单路 6 位 LVDS 接口电路和奇/偶双路
6 位 LVDS 接口电路。

（2）5 通道 LVDS 发送芯片

5 通道 LVDS 发送芯片内部包含了 4 个数据信
号（其中包括 RGB、数据使能 DE、行同步信号
HS、场同步信号 VS）通道和一个时钟信号发送
通道。

5 通道 LVDS 发送芯片主要用于驱动 8 位液晶
面板，主要用来构成单路 8 位 LVDS 接口电路和

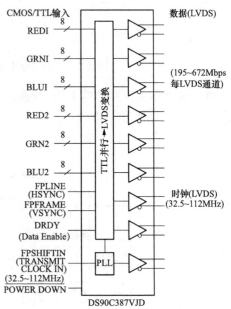

图 6-5   10 通道 LVDS 发送 IC 框图

7. LVDS 发送芯片的输入信号

LVDS 发送芯片的输入信号来自液晶电视 SCALER 电路，与 TTL 接口电路相同。输入
信号包含数据信号、时钟信号和控制信号这三大类。

（1）数据信号

数据信号包括 RGB 信号及数据选通 DE 和行场同步信号。

液晶面板的输入信号中都包含 DE 信号，有的液晶面板不使用行场同步信号。应用于不同
的液晶面板时，有的 LVDS 发送 IC 只需输入 DE 信号，有的需同时输入 DE 和行场同步信号。

（2）输入时钟信号

输入时钟信号即像素时钟信号，也称为数据移位时钟（在 LVDS 发送 IC，将输入的并

行 RGB 数据转换成串行数据时要使用移位寄存器）。像素时钟信号是传输数据和对数据信号进行读取的基准。

（3）待机控制信号

待机控制信号（POWERDOWN）：信号有效时（一般为低电平时），将关闭对 LVDS 发送 IC 中时钟 PLL 电路的供电，停止 IC 的输出。

（4）数据取样点选择信号

数据取样点选择信号用来选择使用时钟脉冲的上升沿或下降沿来读取所输入的 RGB 数据。

有的 LVDS 发送 IC 可能并不设置待机控制信号和数据取样的选择信号，也有的 LVDS 发送 IC 除了上述控制信号还可能设置其他一些控制信号。

8. LVDS 发送芯片的输出信号及信号格式

（1）LVDS 发送芯片的输出信号

LVDS 发送芯片将以并行方式输入的 TTL 电平 RGB 数据信号转换成串行的 LVDS 信号后，直接送往液晶面板侧的 LVDS 接收芯片。

LVDS 发送芯片的输出，包含一个通道的时钟信号和几个通道的串行数据信号，由于 LVD 发送芯片是以差分信号的形式输出，输出信号为两条线，一条线输出正信号，另一条线输出负信号。

① 时钟信号输出

LVDS 发送芯片输出的时钟信号频率与输入时钟信号（像素时钟信号）频率相同。时钟信号的输出常表示为：T_XCLK OUT＋和 T_XCLK OUT-（T_X 表示发送）。

② LVDS 串行数据信号输出

4 通道 LVDS 发送芯片，串行数据占用 3 个通道，其数据输出信号常表示为 TXOUT0＋和 T_XOUT0－，T_XOUT1＋和 T_XOUT1－，T_XOUT2＋和 T_XOUT2－。

5 通道 LVDS 发送芯片，串行数据占用 4 个通道，其数据输出信号常表示为 T_XOUT0＋和 T_XOUT0－，T_XOUT1＋和 T_XOUTI－，T_XOUT2＋和 T_XOUT2－，T_XOUT3＋和 T_XOUT3－。

10 通道 LVDS 发送芯片，串行数据占用 8 个通道，其数据输出信号常表示为 T_XOUT0＋和 T_XOUT0－，T_XOUT1＋和 T_XOUT1－，T_XOUT2＋和 T_XOUT2－，T_XOUT3＋和 T_XOUT3－，T_XOUT4＋和 T_XOUT4－，T_XOUT5＋和 T_XOUT5－，T_XOUT6＋和 T_XOUT6－，T_XOUT7＋和 T_XOUT7－。

事实上，不同厂家生产的 LVDS 发送芯片，其输出数据排列方式有所不同，因此，液晶电视的主板侧 LVDS 发送芯片的输出数据格式必须与液晶面板 LVDS 接收芯片要求的数据格式相同，否则主板与液晶面板不匹配。

（2）LVDS 发送芯片输出信号的格式

在液晶电视使用的液晶面板中，使用最多的 LVDS 信号格式为 VESALVDS 信号格式与 JEIDALVDS 信号格式。

LVDS 是美国 NS 公司开发的接口技术，其制定的 LVDS 信号格式后来被 VESA（美国视频电子标准协会）采纳为 VESALVDS 信号格式进行推广。有时 VESALVDS 信号格式也被称为 NSLVDS 信号格式，或 NONJEIDALVDS 信号格式（非 JEIDA 信号格式）。

JEIDA 是日本电子工业发展协会的简称，JEIDALVDS 信号格式是日本电子工业发展协会在显示器数字接口标准 DISM 中制定的 LVDS 信号格式。

目前多数厂商生产的 TFT-LCD 液晶面板都支持这两种格式，在液晶屏驱动板接口上留有一个 LVDS 信号格式选择端，通过对这个端口施加高低电平来适应数字板不同的 LVDS 信号格式输出，该端口开路时即为液晶屏的默认格式。三星液晶面板的默认格式是 JEIDA，LG、奇美、友达等液晶面板的默认格式是 VESA。

除了 VESA 和 JEIDALVDS 信号格式外，还有其他种类的 LVDS 信号格式。在更换液晶显示器主板或更换液晶显示器面板时，必须弄清 LVDS 接口所要求的 LVDS 信号格式，使液晶显示器主板侧 LVDS 发送芯片的输出数据格式与液晶面板 LVDS 接收所要求的数据格式相同，否则，即使都是 LVDS 信号接口，也不能直接进行代换，否则图像显示不正常。

6.2.3　TMDS、RSDS、TCON 接口简介

1. TMDS 接口

TMDS 即 Transition Minimized Differential Signaling，译为最小化传输差分信号。TMDS 接口主要应用于液晶电视的 DVI 信号输入接口及液晶电视主板输出中。

2. RSDS 接口

RSDS 即 Reduced Swing Differential Signaling，译为低摆幅差分信号。目前，RSDS 接口主要应用在液晶面板电路中，在液晶主板输出接口电路中应用很少。

3. TCON 接口

TCON 即 Timing Control，译为定时控制器，也称时序控制器。用于接收 TTL 电平信号，经处理后控制驱动 IC，驱动液晶屏显示图像。

虽然很多液晶电视采用的 SCALER 芯片有 TCON 接口，但大都未使用，而是仍然采用技术较为成熟、性能较好的 LVDS 输出接口电路。

6.3　TFT 液晶面板的信号与定时

6.3.1　TFT 液晶电视中的同步与定时信号

在液晶电视等数字显示设备中必须具备同步信号和定时信号，其中包括行同步信号、场同步信号、有效数据选通信号和像素时钟信号。

1. 像素时钟信号 DCLK

只要是数字信号处理电路，就必须有时钟信号。在液晶电视等数字显示设备中，像素时钟是一个非常重要的时钟信号。像素时钟信号的频率与液晶面板的工作模式有关，液晶面板分辨率越高，像素时钟信号的频率也越高。在一行内，像素时钟的个数与液晶面板一行内所具有的像素数量相等。例如，分辨率为 1024×768 的液晶面板，一行有 1024 个像素，则在一行中（对应于有效视频区间）像素时钟的个数也是 1024 个。像素时钟信号主要有两方面的作用。

① 指挥 RGB 信号按顺序传输。像素时钟信号就像指挥员指挥队伍时发出的口令"一、二，一、二，……"，数字 RGB 信号在像素时钟信号的作用下，按照一定的顺序传输。

② 确保数据传输的正确性。读取数字 RGB 信号是在像素时钟的作用与控制下进行的，各电路只有在像素时钟的上升沿（或下降沿）到来时才对数字 RGB 数据进行读取，以确保

读取数据的正确性。图 6-6 所示为像素时钟与数字 RGB 信号之间的对应关系示意图（1024×768 液晶面板）。

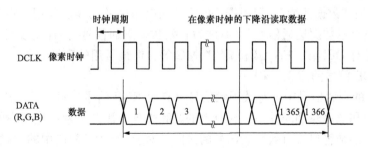

图 6-6　像素时钟与数字 RGB 信号之间的对应关系示意图

2. 行场同步信号

CRT 彩电中的行场同步信号是包含消隐信号的三电平信号，如图 6-7 所示。由图 6-7 可知，消隐信号处于一个电平，同步信号处于一个电平。在 CRT 彩电中使用幅度分离电路，可对同步信号和消隐信号进行分离。

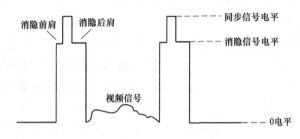

图 6-7　CRT 彩电中的同步信号

液晶电视不像 CRT 彩电那样，采用电子束扫描的方法形成光栅和图像，而是采用数字寻址的方式对液晶面板上的像素进行激励，产生光栅和图像。因此，液晶电视中使用的同步信号是一个不包含消隐信号的两电平信号，即数字信号的高电平（表示"1"或"有"）和低电平（表示"0"或"无"）。这也是液晶电视等数字显示器中要单独设置 DE 信号的一个原因。

为了使液晶电视的同步信号与模拟信号保持兼容，液晶电视等数字设备中使用的模拟视频信号格式中仍然保持了消隐期，如图 6-8 所示。

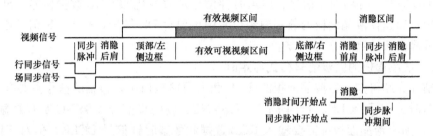

图 6-8　模拟视频信号格式图

在电路中，行同步信号常用 HS、DHS 或 HSYNC 表示，场同步信号常用 VS、DVS 或 VSYNC 表示。

3. 有效显示数据选通信号 DE

DE 信号是液晶电视等数字显示器中非常重要的一个同步定时信号。

DE 的含义是"数据使能",但根据 DE 信号在电路中的功能及作用,将 DE 信号的中文名称叫做"有效显示数据选通信号"(简称为有效数据选通信号)。有效数据选通信号 DE 的其他表示方式还有 DENA、ENAB 和 DSPTMG 等,但最常用的还是 DE。

(1)设立 DE 信号的意义

图 6-8 所示的视频信号中,有效视频信号(有效 RGB 信号)只占信号周期中的一部分,而信号的行消隐和场消隐期间并不包含有效的视频数据。因此,液晶电视中的有关电路在处理视频信号时,必须将包含有效视频信号的区间(对应于 CRT 彩电中的"扫描正程")和不包含有效视频信号的消隐区间区分开来。

液晶电视 SCALER 电路将液晶电视输入的不同格式的图像信号转换为液晶面板固有分辨率的信号时,只需针对有效视频信号期间出现的信号进行变换处理,消隐期间的信号则被认为是无效信号不进行处理。

因此,在液晶电视等数字显示器中必须设置一个能够在液晶电视视频信号中选出有效视频信号区间的同步定时信号,这个信号就是 DE 信号。

(2)DE 信号及其产生

图 6-9 所示为 DE 信号示意图,其中图 6-9(c)为 DE 信号。DE 是高电平有效信号,DE 的高电平期间与 CRT 显示器中的扫描正程相对应。高电平所对应的视频数据信号被认为是有效数据信号,由图 6-9 可知,如果将消隐信号(图 6-9(a))进行倒相,正好与 DE 信号相同,但在液晶显示器中不能处理三电平的同步/消隐信号,因此,单独设立了 DE 信号。

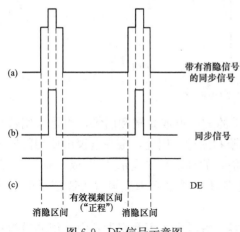

图 6-9　DE 信号示意图

只要有数字视频信号的电路,一般都需要 DE 信号。DE 信号存在于液晶电视的两端和中间。"两端"指液晶显示器的 DVI 接口和液晶显示器驱动板与液晶面板的接口;"中间"指液晶显示器主控电路。

液晶电视 DVI 接口输入的是数字视频信号,其中包含 DE 信号、行场同步信号、像素时钟信号及数字化的 RGB 数据信号。SCALER 电路通过输出接口送往液晶面板的数字视频信号中也包含 DE 信号,这个 DE 信号由 SCALER 电路按照液晶面板的物理分辨率产生。

6.3.2　液晶面板的同步信号模式与定时

根据前面介绍可知,在液晶面板的 TTL 和 LVDS 接口中,包括的信号主要有 RGB 数据信号、像素时钟信号 DCLK、行同步信号 HSYNC、场同步信号 VSYNC 及有效显示数据选通信号 DE。所有液晶面板都需要输入 RGB 数据和像素时钟信号 DCLK,但对于同步信号,使用方式却不同。

(1)仅使用 DE 同步信号的液晶面板

仅使用 DE 同步信号的液晶面板不需要输入行同步信号 HSYNC 和场同步信号 VSYNC,

只需输入 DE 作为同步信号即可。液晶面板的行同步信号输入端和场同步信号输入端一般都需要接低电平，否则不能正常工作。

（2）同时使用 DE/HSYNC/VSYNC 同步信号的液晶面板

同时使用 DE/HSYNC/VSYNC 同步信号的液晶面板需要同时输入有效显示数据选通信号 DE、行同步信号 HSYNC、场同步信号 VSYNC 才能正常工作。

（3）液晶面板单像素/奇偶像素数据输入模式及信号定时

液晶电视 SCALER 电路向液晶面板传送 RGB 数据信号的方式有两种：一种为单像素模式（单路方式）；另一种为奇偶双像素模式（双路方式），将 RGB 数据分为奇数像素和偶数像素两路向液晶面板传送。

6.4　T-CON 电路

6.4.1　T-CON 电路组成与作用

T-CON 是英文 "Timer-Control" 的简称，被称为时序控制电路，也被称为液晶屏逻辑控制电路。T-CON 电路大多是使用一块独立的电路板，也有一些液晶电视将 T-CON 电路集成在主板中，T-CON 电路实物如图 6-10 所示。

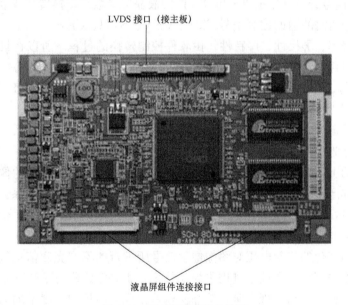

图 6-10　T-CON 电路实物图

1. T-CON 电路的组成

液晶屏驱动电路包括时序控制电路、γ 校正电路、电源电路、液晶屏源极驱动电路（列驱动）、液晶屏栅极驱动电路（行驱动）。

2. T-CON 电路各组成部分的作用

图 6-11 为 T-CON 电路的框图。下面介绍一下 T-CON 电路板上各主要电源电路的作用。

（1）T-CON 电路

T-CON 是 T-CON 电路板上最核心的电路，其电路主要由一片专业 T-CON 处理芯片构

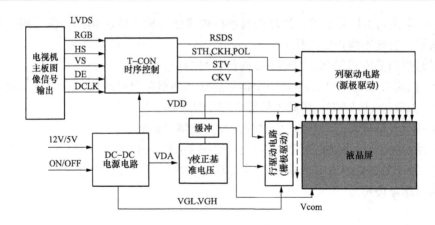

图 6-11　T-CON 电路的框图

成。该电路把主板电路送来的 LVDS 信号经过逻辑转换，产生液晶屏栅极驱动和源极驱动电路所需要的时序控制信号。

LVDS 信号包括图像的 RGB 基色信号及行同步、场同步信号及时钟信号；这些信号进入时序控制电路后，RGB 基色信号经过转换成为 RSDS 图像数据信号（串行排列的像素点信号）。行、场同步信号经过（依据 EEPROM 内的液晶屏参数）转换转变成为栅极驱动电路和源极驱动电路工作所需的辅助控制信号 STV、CKV、STH、CKH、POL。在转换的过程中根据不同的屏分辨率、屏尺寸、屏特性，由软件控制转换的过程。所以在具体的逻辑驱动电路中还有一块专门存储液晶屏参数的存储器 EEPROM，时序控制电路就是根据这块存储器里面的数据结合行、场同步信号生成行、列驱动电路所需的 STV、CKV、STH、CKH、POL 及图像数据信号（RSDS）。

由于 LVDS 在转换的过程中，需要打乱原来信号排列的时间顺序关系，进行新的分配排列，所以此电路称为"时序控制电路"。

对于液晶显示屏，其源极驱动电路会向屏列电极施加一个幅度变化的像素信号电压，而该电压的变化与屏产生光点亮度的大小是一个严重畸变的非线性变化关系，在图像信号电压低亮度和高亮度时，出现了液晶屏透光率变化迅速的现象，而在图像信号电压在中等亮度时，屏透光率变化非常缓慢，这样重现的图像会出现非常难看的灰度失真。针对这种失真现象专门采用一系列变化的灰阶电压对图像像素信号所携带的不同亮度信息进行赋值，以纠正液晶屏的图像灰度失真。这个校正过程称为 γ 校正，相关电路称为 γ 校正电路。

因此，如果 γ 校正电路出现异常，液晶彩电将出现大面积的亮度不均匀或白平衡异常现象。另外，在基准电压电路还要产生液晶屏工作所需的 V_{COM} 电压等。

（2）电源电路。

TFT 液晶屏驱动电路是一个独立系统。电路工作需要各种电源供电，如 V_{DD} 供电、栅极驱动供电（V_{GH}、V_{GL}）、γ 基准电压（V_{DA}）等。为了保证系统的稳定工作，在 T-CON 电路中，专门设置了一个独立的开关电源电路。该开关电源把液晶电视机主板送来的 5V 或者 12V 电压，经过 DC/DC 转换电路，产生逻辑驱动电路所需的 V_{DD}、V_{DA}、V_{GL}、V_{GH} 等电压。

这个 DC/DC 转换电路输出要求无干扰、电压精度高，是一个专门为逻辑驱动系统供电的开关电源电路。由于供电电路的工作特性，DC-DC 电路同样也是 T-CON 板上故障率最高的电路，所以在维修 T-CON 板时，DC/DC 电路是需要首先检查的。

（3）栅极驱动电路（行驱动）。

栅极驱动电路也称为扫描驱动电路，用来为液晶屏上控制液晶像素开启或关闭的 TFT 的栅极提供驱动脉冲。可以把液晶屏栅极驱动电路比作 CRT 彩电中的场输出电路，因为当栅极驱动电路出现故障时，液晶屏上会出现水平线或水平带故障现象。

（4）源极驱动电路（列驱动）。

源极驱动电路也称为数据驱动电路，它将视频数据信号加到液晶屏上控制液晶像素开启或关闭的 TFT 的源极。可以把液晶屏源极驱动电路看作 CRT 彩电中的视频输出电路和行输出电路的混合体，因为当源极驱动电路出现故障时，液晶屏上会出现垂直线或垂直带的故障现象。

6.4.2　驱动 IC 与液晶屏的连接方式

液晶屏驱动 IC 与液晶屏的连接之处是液晶面板中的薄弱点，也是液晶面板经常出现故障的地方，尤其是连接处接触不良是液晶面板最为常见的故障。驱动 IC 与液晶屏之间常用的连接方式主要有 5 种。

1. SMT 方式

SMT 即 Surface Mount Technology，译为表面安装技术。这是一种较为传统的安装方式，其优点是可靠性高，缺点是体积大，成本高，LCM 的体积大。

2. COB 方式

COB 即 Chip On Board，译为芯片被绑定在 PCB 上。IC 制造上封装形式为 QFP（SMT 的一种封装）的 LCD 控制及相关芯片的产量正在减小，今后产品中传统的 SMT 方式将逐步被取代。

3. TAB 方式

TAB 即 Tape Aotomated Bonding，译为各向异性导电胶连接方式。将封装形式为 TCP（Tape Carrier Package，带载封装）的 IC 用各向异性导电胶分别固定在 LCD 和 PCB 上。这种安装方式可减小 LCM 的重量和体积，安装方便，可靠性较好，应用比较广泛。

4. COG 方式

COG 即 Chip On Glass，译为芯片被直接绑定在玻璃上。这种安装方式可大大减小整个 LCD 模块的体积，且易于大批量生产，适用于消费类电子产品中的 LCD，如手机、PDA 等便携式电子产品。这种安装方式在 IC 生产商的推动下，将会是今后 IC 与 LCD 的主要连接方式。

5. COF 方式

COF 即 Chip On Film，译为芯片被直接安装在柔性 PCB 上。这种连接方式的集成度较高，外围元器件可以与 IC 一起安装在柔性 PCB 上，这是一种新兴技术。

6.4.3　LVDS 接口液晶面板

LVDS 接口液晶面板是液晶电视中使用最为广泛的一种，和 TTL 接口一样，LVDS 接口液晶面板也分为单路 6 位 LVDS 接口、双路 6 位 LVDS 接口、单路 8 位 LVDS 接口和双路 LVDS 接口等。

LC420W02-A4 为 LG-Philips 公司生产的 42 英寸 8 位液晶面板，分辨率为 1366×768（WXGA），以单路方式传输 RGB 数据，显示方式为常黑型（像素两端不加电压时光线不通过），电源电压为 12V，面板内含逆变器电路和背光源，逆变器供电电压为 24V。图 6-12 所示为 LC420W02-A4 液晶面板框图。

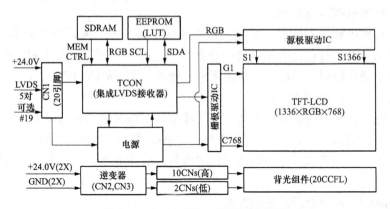

图 6-12　LC4201W02 液晶面板框图

LC420W02-A4 液晶面板使用 20 引脚信号输入插口，输入信号插口引脚功能如表 6-1 所列。

表 6-1　　　　　　　　　　**LC4201W02 液晶面板输入接口引脚功能**

引脚号	引脚名	功　能
1、2	V_{LCD}	12V 电源
3、4	GND	电源地线
5	RxIN0−	LVDS 差分数据信号输入 0−
6	RxIN0＋	LVDS 差分数据信号输入 0＋
7	GND	地线
8	RxIN1	LVDS 差分数据信号输入 1−
9	RxIN1＋	LVDS 差分数据信号输入 1＋
10	GND	地线
11	RxIN2	LVDS 差分数据信号输入 2−
12	RxIN2＋	LVDS 差分数据信号输入 2＋
13	GND	地线
14	RxCLKIN−	LVDS 差分时钟信号输入−
15	RxCLKIN＋	LVDS 差分时钟信号输入＋
16	GND	地线
17	RxIN3	LVDS 差分数据信号输入 3−
18	RxIN3＋	LVDS 差分数据信号输入 3＋
19	SELECT	该脚接地，面板接口格式是 LG；该脚接 VCC（3.3V），面板接口格式是 DISM
20	GND	地线

6.4.4　LVDS 输出接口电路实例分析

本节以康佳 LC-TM3718 型液晶电视为例，对 LVDS 输出接口电路进行分析。LVDS 输出接口电路如图 6-13 所示。

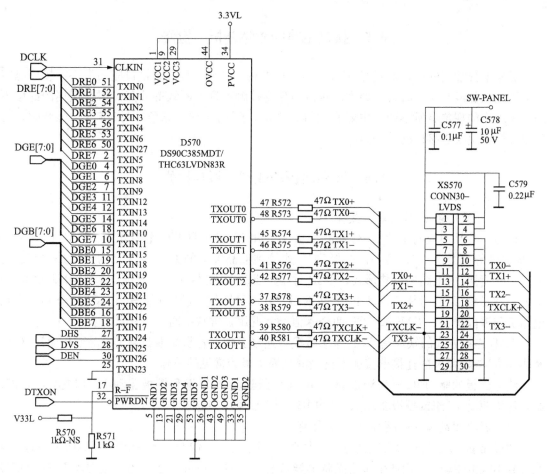

图 6-13　LVDS 输出接口电路

由图 6-13 可知，液晶电视 LVDS 发送器采用一片 8 位 LVDS 发送芯片 D570
（DS90C385MDT）。电路的具体工作过程如下：

由 PW181（MCU/去隔行处理/SCALER 多功能芯片）输出的奇路 R、G、B 数字信号
DRO [7：0]、DGO [7：0]、DBO [7：0] 未用，由 PW181 输出的偶路 R、G、B 数字信
号 DRE [7：0]、DGE [7：0]、DBE [7：0] 送到 LVDS 发送器 DS90C385 的 TXIN0～
TXIN22、TXIN27，由 PW181 输出的行同步信号 DHS、场同步信号 DVS 和数据输出使能
信号 DEN 送到 DS90C385MDT 的引脚 27、引脚 28、引脚 30，由 PW181 输出的像素时钟信
号 DCLK 送到 DS90C385MDT 的引脚 31。

输入到 LVDS 发送器 DS90C385MDT 芯片后的数据、定时信号经内部电路控制后，转换
成混合的 4 组 LVDS 串行数据流，在像素时钟信号 DCLK 的配合下，在每个时钟周期内，对
数据进行采样和发送。发送的数据和时钟信号由 DS90C385TMD 的 TX0＋（引脚 47）、TX0
－（引脚 48），TX1＋（引脚 45）、TX1－（引脚 46），TX2＋（引脚 41）、TX2－（引脚
42）、TX3＋（引脚 37）、TX3－（引脚 38）和 TXCLK＋（引脚 39）、TXCLK－（引脚 40）
串行输出，经电缆线送到液晶板内的 LVDS 接收器。

6.5　接口电路的故障分析与检修

　　液晶电视常用的接口形式有 TTL、LVDS 两种，其中，LVDS 接口应用最多。接口电路是连接主板和液晶屏的纽带，经常出现接口插座接触不良、断线等故障。根据损坏的部位不同，表现出的现象有所不同，主要有白屏、花屏、颜色异常（偏色）、黑屏等。维修时，可采用补焊和更换连接线的处理方法。

6.6　液晶面板的故障分析与检修

1. 液晶面板驱动 IC 引起的故障

　　目前，液晶面板的驱动 IC 与液晶屏大多使用 TAB（TCP）连接方式。TAB 的含义是"各向异性导电胶连接"，是一种将驱动 IC 连接到液晶屏上的方法。TCP 的含义是"带载封装"，是一种集成电路的封装形式，TCP 封装将驱动 IC 封装在柔性电缆上。TAB 驱动 IC 连接方式就是将 TCP 封装的驱动 IC 的两端用"各向异性导电胶"（缩写为 ACE）分别固定在电路板和液晶屏上。TAB 和 TCP 两个术语经常混用，常常指同一个意思。

　　TAB 连接方式的缺点是 TCP 连接电缆（连接引脚）容易受损断裂。液晶面板驱动 IC 以及驱动 IC 与液晶屏的连接处接触不良是液晶面板最为常见的故障。

　　液晶面板的驱动 IC 分为源极驱动 IC（数据驱动 IC）组和栅极驱动 IC（扫描驱动 IC）组，源极驱动 IC 组或栅极驱动 IC 组均由若干个驱动 IC 组成。

　　（1）源极驱动 IC 损坏引起的异常图像

　　源极驱动 IC 驱动垂直方向的像素，每个 IC 驱动若干个像素。当一个 IC 损坏或虚焊时，这些像素不能被驱动，从而产生垂直条状的异常图像，如图 6-14 所示。当源极驱动 IC 输出信号电路中的一个或几个损坏时，液晶屏上所对应的这一个或几个像素就不能被驱动，从而产生垂直线状的异常图像，可分为垂直亮线或暗（黑）线、垂直灰线或虚线，如图 6-15 所示。

　　（2）栅极驱动 IC 损坏引起的异常图像

　　栅极驱动 IC 驱动水平方向的像素，每个 IC 驱动若干行像素。当一个驱动 IC 损坏时，对应这些行的像素就不能被驱动，从而产生水平条状的异常图像，如图 6-16 所示。当栅极驱动 IC 输出信号电路中的一个或几个损坏时，液晶屏上所对应的这一行或几行像素就不能被驱动，从而产生水平线状的异常图像，可分为水平亮线或暗（黑）线、水平灰线或虚线，分别如图 6-17、图 6-18 所示。

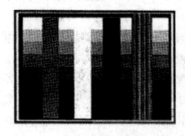 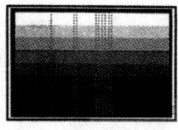 

　图 6-14　源极驱动 IC 不良引起的　　　图 6-15　源极驱动 IC 不良引起的　　　图 6-16　栅极驱动 IC 不良引起的
　　　　　　垂直条状异常图像　　　　　　　　　　垂直灰线或虚线　　　　　　　　　水平条状异常图像

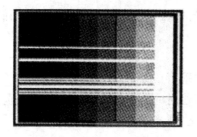 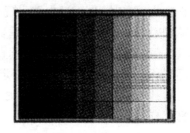

图 6-17　栅极驱动 IC 不良引起的　　　　图 6-18　栅极驱动 IC 不良引起的
亮线或暗线　　　　　　　　　　　水平灰线或虚线

2. 液晶屏的典型故障特征

液晶屏的典型故障特征如下：

① 液晶屏上出现垂直细线（任何颜色）。

② 液晶屏上出现垂直带，垂直带内包含有垂直细线（任何颜色）。或垂直带内包含有失真图像。

③ 液晶屏上出现固定的任何颜色的水平线或水平带。

④ 位置固定的单条或多条任何颜色的水平或垂直（像素）线。由 LCD 液晶屏与柔性驱动电路板之间的绑定问题而引起，驱动电路与液晶屏之间的连接可能出现开路（对相应像素行或列无激励信号）、短路（对相应像素行或列一直进行激励）或接触不良问题，根据液晶屏与柔性驱动电路板之间的绑定问题的类型不同，会在屏幕上出现单条或多条水平垂直线，这些故障线的颜色可以是黑色、白色或红、绿、蓝等其他任意颜色。

由液晶屏与柔性驱动电路板之间绑定问题所导致屏幕上出现的垂直或水平线往往都十分锐利，这也是判断绑定故障的一个依据。

液晶屏出现故障时，不仅仅是出现水平线或垂直线，当液晶屏栅极驱动电路出现故障时，可能在故障栅极驱动电路点以下部分都出现水平性异常图像，根据液晶屏上有故障的栅极驱动电路位置不同，异常图像（或花屏）可能仅出现在液晶屏底部的一小块区域。而如果有故障的栅极驱动电路接近液晶屏上部，则液晶屏上可能出现大面积的图像异常现象。

屏幕上出现 2 英寸宽的异常垂直条带，是因为位于液晶屏上方整个驱动 IC 阵列的每个 IC 所驱动的液晶像素列的宽度大概在 2 英寸宽左右，因此，如果某一驱动 IC 出现故障，就会在液晶屏与该故障驱动 IC 的对应位置出现约 2 英寸宽的垂直带。

液晶屏上有黑块或者某些部位的色彩不正常。

图像重影。有时液晶屏上可出现多个重影。

3. T-CON 电路板典型故障现象

T-CON 电路板典型故障现象如下：

① 垂直条纹。

② 负像、颗粒状图像。

③ 半屏正常图像。

④ 局部白平衡不良/晕光。

4. T-CON 电路板故障特征总结

前面介绍了一些 T-CON 电路板的典型故障现象，T-CON 电路板有问题时出现的故障现象肯定不止这些，有时 T-CON 电路出现故障时，与主板数字电路故障表现又很相似。

① 屏幕布满均匀间隔相同彩色的垂直竖线。

② 屏幕上出现重复图案（多色）垂直条纹。

当液晶屏幕上出现花屏现象具有固定、对称的垂直线条图案时，大多数都是 T-CON 板故障所致，这是典型的 T-CON 电路定时 IC 出现问题时的故障现象。有时在多色垂直线（花屏）的屏幕上有一部分显示出活动图像，这是确定故障不在主板 Scaler 部分而在 T-CON 板的关键。

注意不要将液晶屏驱动电路故障以及驱动电路绑定故障引起的液晶屏垂直线现象与屏幕上出现满屏垂直条纹故障相混淆，满屏出现垂直条纹故障多由 T-CON 板故障引起。

③ 半屏图像丢失。

④ 半屏或全屏图像异常。

T-CON 电路输出的液晶屏驱动信号是分成两半部分输出的，如果这两个输出电路中的一个发生故障，液晶屏上就会出现正好一半屏幕有图像，而另一半屏幕无图像的现象。这时，有图像的那一半中图像显示正常（显示的半屏图像仍为活动图像），而且液晶彩电的伴音也正常。另外，如果液晶屏上出现以屏幕垂直中心线为界，屏幕左右两边的彩色不相同，一半正常，另一半彩色异常，也是 T-CON 电路板损坏的典型特征。

⑤ GAMMA 校正不正常。

⑥ 局部白平衡异常。

⑦ 图像上出现白色或者彩色晕光。

T-CON 电路的主要任务是将接收自主板的串行 LVDS 信号重新转换成并行视频信号，并向液晶屏栅极驱动电路和源极驱动电路输出正确的定时与驱动信号。

T-CON 电路的另一项功能是对视频信号进行 GAMMA 校正处理，GAMMA 校正将整个液晶屏分成不同的区域进行处理，校正数据存储在 T-CON 板的 EEPROM 存储器中，如果由于某种原因使 EEPROM 存储器中的 GAMMA 校正数据出现损坏或丢失，则液晶屏上得某一区域就会出现严重的白平衡失衡故障。

⑧ 屏幕上有固定的随图案。

⑨ 液晶屏上出现彩色斑块。

⑩ 无图案。

⑪ 花屏（视频信号时序问题）。

⑫ 英寸宽垂直透明色带。

5. 区分主板无图像故障和 T-CON 板无图像故障

主板上的很多电路都可引起无图像故障，但此处讨论的主要是如何区分"主板无图像故障"和"T-CON 板无图像故障"。图 6-19 所示流程图给出了区分主板无图像故障和 T-CON 板无图像故障的基本检修思路。

另外，背光电路的很多故障（如过压、过流）都可以引起液晶彩电的保护动作，不表现为无图像故障，但液晶彩电背光电路也会出现某些故障致使

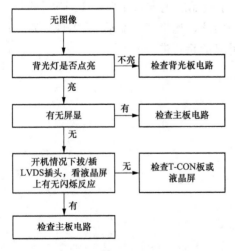

图 6-19　无图像故障的基本检修思路

背光灯不能点亮，且不触发保护电路动作，从而出现无图像（黑屏）的故障。由于背光灯未点亮所导致的液晶彩电黑屏，不在此讨论。

对于无图像故障，首先应检查电视图像信号和其他外接输入是否都无图像，如果有某一路输入能有图像显示或者有屏显显示，则说明 T-CON 电路、液晶屏以及背光电路肯定是正常的。如果液晶彩电在 TV 和任何外接信号输入端输入信号都无图像，那么应首先检查液晶彩电是否能够出现屏显信息。

（1）无图像有屏显

如果液晶屏上有屏显信息显示，则可证明**液晶面板（T-CON 板和液晶屏）**是正常的，故障一般在主板电路。而如果没有屏显信息显示，则还需要做进一步的检查。

（2）无图像无屏显

如果液晶屏上不能显示屏显信息，既有可能是主板上的主控电路没有产生屏显信息或没能将屏显信息送往液晶面板，也有可能是主板已经输出了屏显信息，因为液晶面板有故障不能显示。

当出现无图像且无屏显时，可首先用示波器检查主板 LVDS 信号输出端或 T-CON 电路板输入端检查是否有液晶面板供电电压。如果主板送往 T-CON 板的 LVDS 接口中检查不到 LVDS 信号或信号弱，说明主板有故障；若 LVDS 信号正常，故障则在液晶面板。

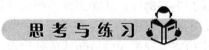

一、判断题

1. TTL 接口属于串行方式传输数据的接口。（　　）

2. 在液晶电视中必须设置一个能够在液晶电视视频信号中选出有效视频信号区间的同步定时信号，这个信号就是 DE 信号。（　　）

3. DE 信号是液晶电视中非常重要的一个同步定时信号。（　　）

4. T-CON 电路产生的时序控制信号分别送到液晶屏栅极驱动电路及源极驱动电路。（　　）

二、选择题（单选和多选）

1. LVDS 接口位于（　　）与液晶面板间。

A. SCALER 电路　　　B. MCU 电路　　　　C. DC/DC 变换器　　　D. AGC 电路

2. （　　）接口在液晶电视中得到广泛应用。

A. TTL　　　　　　　B. LVVS　　　　　　C. TMDS　　　　　　D. LVDS

三、问答题

1. 液晶面板输入接口电路的类型有哪些？

2. 液晶面板接口的数据传输方式？

3. 驱动 IC 与液晶屏的连接方式有哪些？

4. T-CON 电路的组成及各部分作用？

一、实践训练内容

通过拆卸液晶电视找到 T-CON 板，并描述该部分出现故障后所会引起的故障现象。

二、实践训练目的

通过本实践训练，提高学生对液晶电视 T-CON 板认知，更好地进行故障检修。

三、实践训练组织方法及步骤

1. 实践训练前准备。对实践训练的内容以及使用的工具进行资料准备。

2. 以 3 人为单位进行实践训练。

3. 对实践训练的过程做完整记录，并进行总结撰写实践训练报告（实践训练参考样式见附录 B）。

四、实践训练成绩评定

1. 实践训练成绩评定分级

成绩按优秀、良好、中等、及格、不及格 5 个等级评定。

2. 实践训练成绩评定准则

（1）成员的参与程度。

（2）成员的团结进取精神。

（3）撰写的实践训练报告是否语言流畅、文字简练、条理清晰，结论明确。

（4）讲解时语言表达是否流畅，PPT 制作是否新颖。

项目七　数字电视实用技术

项目要求

熟悉数字电视的基本技术和数字电视机顶盒的功能。

知识点

- 数字电视的基本理论；
- 数字电视信号的产生；
- 数字电视信号的信源编码；
- 数字电视信号的信道编码；
- 数字电视信号的调制；
- 数字电视机顶盒。

重点和难点

- 数字电视信号的信源编码；
- 数字电视信号的信道编码；
- 数字电视信号的调制。

7.1　数字电视系统概述

1. 数字电视系统的概念

数字电视（Digital Television，DTV）系统是采用数字信号广播图像和声音的电视系统，是从节目采编、压缩、传输到接收电视节目的全过程都采用数字信号处理的系统。

数字电视具体传输过程：由电视台输出的图像及声音信号，经数字压缩和数字调制后，形成数字电视信号，经过卫星、地面无线广播或有线电缆等方式传送，由数字电视接收后，通过数字解调和数字视音频解码处理还原出原来的图像及伴音。从发送到接收全过程均采用数字技术处理，信号损失小，接收效果好。

2. 数字电视系统的优点

与模拟电视系统相比，数字电视系统有如下优点：

① 收视效果好，图像清晰度高，音频质量高，更好地满足人们感官的需求。

② 抗干扰能力强。数字电视不易受外界的干扰，避免了串台、串音、噪声等影响。

③ 传输效率高。利用有线电视网中的模拟频道可以传送 8～10 套标准清晰度数字电视

节目。

④ 兼容现有模拟电视机。通过在普通电视机前加装数字机顶盒即可收视数字电视节目。

⑤ 提供全新的业务。借助双向网络，数字电视不但可以实现用户自点播节目及自由选取网上的各种信息，而且可以提供多种数据增值业务。

3. 数字电视系统的分类

按信号传输方式数字电视分为地面数字电视、卫星数字电视和有线数字电视。

按图像清晰度数字电视可分为数字高清晰度电视（HDTV）、数字标准清晰度电视（SDTV）、数字普通清晰度电视（LDTV）。

按产品类型数字电视系统可分为数字电视显示器、数字电视机顶盒和一体化数字电视接收机。

按显示屏幕宽高比，数字电视可分为 4∶3 和 16∶9 两种。

4. 数字电视系统的传播方式与传输标准

数字电视信号的传播与模拟电视的电波传播截然不同，它是靠由数字 0 和 1 构成的二进制数据流来传播的，目前来说主要有 3 种途径：地面开路广播、卫星传输、有线电视网传输。

正如模拟电视有 NTSC、PAL、SECAM 等制式一样，数字电视也要制定本身的标准。目前，数字电视标准有 3 种：美国的 ATSC（Advanced Television System Committee，美国高级电视系统委员会）标准、欧洲 DVB（Digital Video Broadcasting）标准及日本的 ISDB（Integrated Services Digital Broadcasting）标准，其中欧洲 DVB 标准应用最广泛。

DVB 标准是一个系列标准，它以 MPEG-2 标准为基础，内容涵盖了数字电视广播的各个方面。DVB 传输标准是以 DVBS（卫星）、DVBC（有线）、DVBT（地面）为核心的。因为它们的传输方式不同，其信道编码也采用了不同的方式。

5. 数字电视系统的组成

数字电视系统由信源编码/解码、传送复用、信道编码/解码、调制/解调等部分组成。数字电视系统的结构框图如图 7-1 所示。

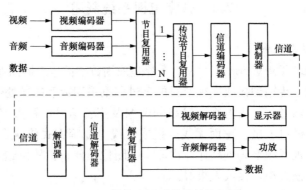

图 7-1　数字电视系统的结构框图

信源编码技术包括视频压缩编码技术和音频压缩编码技术。无论是数字高清晰度电视还是数字低清晰度电视，被压缩的数字电视信号都具有很高的数据传送速率。为了能在有限的频带内传送电视节目，必须对电视信号进行压缩处理。

多路复用是将视频、音频和辅助数据的码流按照一定的方法复合成单路串行的数据流，数字视频、音频信号经过多路复用以后，送到信道编码器中。

信道编码即为纠错编码，可提高信号在传输中的抗干扰能力。通常情况下，编码码流不能或不适合直接通过传输信道传输，必须经过某种处理使之变成适合在规定信道中传输的形式。常用的调制方式有四相相移调制（QPSK）、正交振幅调制（QAM）、编码正交频分复用（COFDM）和残留边带调制（VSB）等，这种处理也称为信道编码与调制。

经纠错编码与调制后的信号，通过传输信道实现远距离的传输。

接收端的过程与发送端相反。可采用数字电视一体机直接接收。数字电视一体机具备输入接口、调谐接收、信道解码、解多路复用、信源解码等功能，能将压缩编码后的码流解码还原为视频和音频信号，即可在显示终端看到图像，并听到伴音。也可利用模拟电视机＋数字机顶盒的方式接收，数字机顶盒具有调谐接收、解调、信道解码、解多路复用、解扰等功能。

条件接收（Conditional Access，CA）系统是一个综合性的系统，集成了数据加扰和解扰、加密和解密及智能卡等技术，同时也涉及用户管理、节目管理及收费管理等信息应用管理技术，能实现各项数字电视广播业务的授权管理和接收控制。条件接收系统是数字电视广播实行收费所必需的技术保障。

7.2 数字电视信号的产生

在数字电视系统中，数字电视信号除可以直接由数字电视摄像机及数字录像机等数字设备产生外，还可采用视频采集卡把模拟视频信号转换成数字信号，并按数字视频的文件保存下来。彩色电视信号的数字化一定要经过采样、量化和编码 3 个过程。这个数字化的过程又称为脉冲编码调制（PCM）。

7.2.1 取样、量化及编码

1. 取样

通常把在时间上不连续的取样值代替原来连续变化的模拟信号的过程称之为取样。取样的频率越高，取样点越多，重现的波形越接近原始信号。在对模拟信号进行采样时，当取样频率 f_s 大于信号中最高频率 f_{max} 的两倍时，取样之后的数字信号完整地保留了原始信号中的信息，这个定理称为奈奎斯特（Nyquist）取样定理。即

$$f_s \geqslant 2f_{max}$$

国际标准 CCIR601 建议中，亮度信号取样频率为 13.5MHz，两个色差信号取样频率为 6.75MHz。

2. 量化

取样后，模拟信号变成了离散脉冲，还需对这些脉冲振幅加以量化。量化的目的是为了能用有限长的数码来表示每个取样点的幅度。量化方法通常有舍入量化和截尾量化两种，舍入量化的量化误差最大值为 1/2 的量化单位，截尾量化的量化误差最大值为 1 个量化单位。由于量化误差是以量化噪声的形式引入到整个系统中的，因此降低量化噪声是模/数变换中很重要的一项指标。量化噪声的大小很大程度上取决于量化的位数，位数越高，噪声越小。

3. 编码

编码是按预定的计算方法把量化的取样值变成二进制数码。

7.2.2　音频信号的数字化技术

声音是通过空气传播的一种连续的波，即声波。声音信号的两个基本参数是频率和幅度。

频率小于 20Hz 的信号被称为亚音（subsonic）信号或次音信号；频率高于 20kHz 的信号被称为超声波（ultrasonic）信号。这两种声音均是人耳听不到的。人耳可以听到的声音频率在 20Hz～20kHz 的声波，称之为音频（audio）信号。人类的发音器官发出的声音频率在 80～3400Hz，一般人说话的信号频率通常在 300～3000Hz，常把这种频率范围的信号称为语（话）音信号（音频信号）。在多媒体技术中，处理的信号主要是音频信号，包括音乐、语音、风声、雨声、鸟叫声及机器声等。

对声音信号的分析表明，声音信号是由许多不同频率和幅度的信号组成的，这类信号通常称为复合信号。音频信号一般都是复合信号。音频信号的另一个重要参数就是带宽，用来描述组成复合信号的频率范围。

数字音频的音质随着采样频率及所使用的量化位数的不同而有很大的差异。

人耳听觉的频率上限在 20kHz，为了保证声音不失真，采样频率应大于 40kHz，采样频率越高，声音失真越小、音频数据量越大。经常采用的量化位数有 8 位、12 位及 16 位。量化位数越多，音质越好，数据量也越大。

7.2.3　视频信号的数字化技术

视频信号转化为电视信号大体上有两种方式：模拟方式，或称作模拟基带信号；数字方式，或称作数字基带信号。一般情况下先将模拟基带信号数字化，形成数字基带信号。如数码照相机、数字摄像机等，可以直接输出数字信号。

对彩色电视信号的数字化有两种编码方式，即复合编码和分量编码。复合编码是将复合彩色信号直接编码成 PCM 形式。复合彩色信号指彩色全电视信号，包含有亮度信号和以不同方式编码的色度信号。分量编码是将三基色信号 R、G、B 分量或亮度和 2 个色差信号 [Y、(B−Y)、(R−Y)] 分别编码成 PCM 形式。复合编码的优点是码率低，设备较简单，适用于在模拟系统中插入单个数字设备的情况；缺点是数字电视的采样频率必须与彩色副载波保持一定的关系，而目前各国采用的电视制式的副载频各不相同，难以统一，另外，采用复合编码时由采样频率和副载频间的差拍造成的干扰影响图像的质量，因此，电视信号数字化不使用复合编码方式。

与复合编码相比，分量编码有下述优点。

① 分量编码中，从摄像机输出到发射机输入的所有环节信号形式都是数字信号。不仅避免了复合编码时因反复解码所引起的质量损伤和器件的浪费，而且分量编码几乎与电视制式无关，大大简化了国际间的节目交换。同时，分量编码使 625 行系统与 525 行系统适用同一种标准，为建立世界统一的数字编码标准铺平了道路。

② 现代电视节目创作技术中，后期制作的实时预处理十分重要，常用的静止图像和存储（或记录）图像的慢动作回放必须用数字信号的分离分量来完成。复合编码需进行数字解码，会引起图像的质量损伤。分量编码只要求采样频率与行频保持一定的关系（$f_s = mf\mathrm{H}$），采样点排列是固定的正交结构，为行、帧间的信号处理提供了方便。

③ 由于分量编码对 Y、(B−Y)、(R−Y) 分别进行编码，在传输时可采用时分复用方式，避免了复合编码采用频分复用带来的亮度、色度串扰问题，可获得高质量的图像。

④ 分量编码对各分量信号分别进行 PCM 编码，亮度信号和色度信号的带宽可取得高些

或低些，便于制定一套适用于各种图形质量需要的可互相兼容的编码标准。

由于分量编码的优点，1982 年 2 月，在国际无线电咨询委员会（CCIR）第 15 次全会上通过了以分量编码作为电视演播室数字编码的国际标准。

7.2.4 ITU-R601 标准

1980 年，国际无线电咨询委员会（CCIR）提出了电视信号模/数转换标准的建议，即称为数字演播室标准的 CCI-R601 建议。后来 CCIR 改名为国际电信联盟无线电标准化部门，即 ITUR，相应的 CCIR-601 建议也改称为 ITU-R601 建议，它是模拟电视向数字电视转变过程中的第一个标准规范。

ITU-R601 建议采用分量数字视频编码方式的国际标准，即以亮度分量 Y、两个色差分量 R-Y 与 B-Y 为基础进行编码，它在 1982 年被采纳为电视演播中心数字化编码国际标准。ITU-R601 标准适应了国际上已经存在的 PAL、NTSC、SECAM 三种彩色电视制式的编码参数，既支持每帧 525 行、每秒 60 场的格式，也支持每帧 625 行、每秒 50 场的格式。视频图像信号是由三个分量组成的复合信号，即一个亮度分量 Y，两个色差分量 U（即 B-Y）与 V（即 R-Y）。根据对三个分量的不同处理方式可分为数字化分量视频和数字化复合视频两类。ITU-R601 标准规定如表 7-1 所列。

表 7-1 ITU-R601 的主要参数

参 数		525 行/60 场	525 行/50 场
分量编码信号		Y R−Y	B−Y
每行样点数	亮度 Y	858 像素	864 像素
	每个色差 R−Y、B−Y	429 像素	432 像素
每数字有效样点数	亮度	720 像素	
	每个色差	360 像素	
抽样频率	亮度	13.5MHz	
	每个色差	6.75MHz	
抽样结构		正交：行、场和帧重复，两色差的样点同位置，并和每行第奇数个（1，3，5，…）亮度点同位	
编码方式		对于亮度和两个色差信号均采用采样值 8 位的均匀量化 PCM 编码	
视频信号电平与量化级之间的对应值	亮度	共 220 个量化级，黑电平对应第 16 级，峰值白电平对应第 235 级	
	每个色差	共 224 个量化级，零信号对应 0～255 量化级的中心，即第 128 级	

7.3 数字电视信号的信源编码

信源编码就是在图像、声音信号进行 PCM 编码后，再对图像、声音信号的数据通过减少冗余，进行数据压缩的处理过程，是数字电视信号处理的一个重要组成部分。信源编码又称压缩编码。

数字电视信号的信源编码包括视频信号源编码和音频信号源编码。对于视频图像信源，静止图像的编码采用 JPEG 标准，运动图像信号采用 MPEG 标准。对于音频信号的信源编码则采用 MUSICAM 编码器和 AC-3 编码器。

7.3.1 数字视频信号压缩的必要性和可行性

1. 数字视频信号压缩的必要性

数字化的视频数据量十分巨大，不利于传输与存储。若不经压缩，数字视频传输所需的高传输速率和数字视频存储所需要的巨大容量将成为推广应用数字视频通信的最大障碍。

2. 数字视频信号压缩的可行性

图像信号具有很强的相关性，原始数据在空间及时间上的冗余度很大，存在大量无需传送的多余信息。因而对图像信号的压缩来自以下两个方面：

①图像中存在大量冗余度可供压缩，并且这种冗余度在解码后还可无失真地恢复；

②利用人眼的视觉特性，在不被主观视觉察觉的容限内，通过减少表示信号精度的信息，以一定的客观失真换取数据压缩。

图像数据中主要存在以下几个方面的冗余：

• 空间冗余　在同一幅图像中规则的物体和规则的背景都具有很强的相关性，称之为空间冗余。

• 时间冗余　在图像序列中的两幅相邻的图像之间有较大的相关性，称之为时间冗余。

• 结构冗余　有些图像从大域上看存在着非常强的纹理结构称之为结构冗余。

• 视觉冗余　人眼的视觉效果是图像质量的最直接也是最终的检验标准，对于人眼难以识别的数据或对视觉效果影响甚微的数据，都可认为是多余的数据，可以省去。这些多余部分就是视觉冗余。

在数字电视系统中，压缩编码直接决定了电视的基本格式与信号编码效率，决定了数字电视最终如何在实际系统中实现，因而信源编码是数字电视技术的核心与关键技术。

7.3.2 数字电视视频压缩编码技术

1. 数据压缩编码方法的分类

① 根据解码后的数据与原始数据是否完全相同进行分类，可分为有损压缩编码和无损压缩编码。

② 按照其作用域在空间域或频率域可分为：空间方法、变换方法和混合方法。

③ 根据是否自适应可分为自适应编码和非自适应编码。

④ 根据压缩方法的原理大致分为：预测编码、变换编码和统计编码等。

2. 图像压缩编码的过程

图像压缩编码的过程分 3 步完成：

① 对表示信号的形式进行某种映射，即变化一下描写信号的方式。

② 在满足对图像质量—定求的前提下，减少表示信号的精度信息，通过符合主观视觉特性的量化来实现。

③ 利用统计编码消除统计冗余。

图像压缩编码流程如图 7-2 所示，该过程也是信源编码的过程。

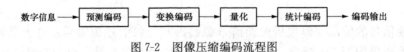

图 7-2　图像压缩编码流程图

3. 数字视频压缩编码的发展情况

MPEG-1、MPEG-2、H.261 及 H.263 标准所采用的视频压缩编码技术均属于第一代编码技术，是基于数据统计的、以去除视频冗余为目的的压缩编码技术。第一代视频编码技术并未考虑到信息接收者的主观特性、视频信息的具体含义和重要程度，只是力图去除数据冗余，这是一种低层次的编码技术。

真正代表视频压缩编码方向的是基于内容的第二代视频编码技术，是去除视频内容的冗余，在进行视频编码时充分考虑了人眼视觉特性的影响。MPEG-4 标准采用了基于内容的第二代视频编码技术。第二代视频压缩编码技术属于模型编码方式，基于模型的编码方法是由轮廓纹理思路发展而来的，人眼的视觉系统正是一种最优的图像编码系统。根据不同的图像模型，第二代视频压缩算法主要有图像轮廓或纹理编码、分型编码及模型基编码等一些新的视频编码技术。

4. 常用的视频压缩编码技术

(1) 预测编码

预测编码主要是减少数据在时间和空间上的相关性，是一种有损压缩。空间冗余和时间冗余均采用预测编码。空间冗余反映了一帧图像内相邻像素之间的相关性，可采用帧内预测编码；时间冗余反映了图像帧与帧之间的相关性，可采用帧间预测编码。预测编码系统的框图如图 7-3 所示。

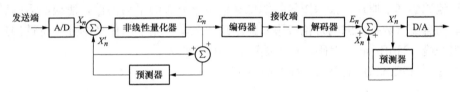

图 7-3　预测编码系统的框图

预测编码也称差分脉冲编码调制 (DPCM)，DPCM 不直接传送图像样值本身，而是对实际样值与其预测值之间的差值进行再次量化和编码。

预测编码的基本原理是：利用图像数据的相关性，用已传输的像素值对当前像素值进行预测，然后对当前像素实际值与预测值的差值（即预测误差）进行编码传输，不对当前像素值本身进行预测编码。当预测比较准的时候，预测误差接近于 0，预测误差方差比原始图像序列的方差小。因此对预测误差进行编码所需传送的位数要比原始图像像素本身进行编码所需传送的位数少得多，可以达到压缩的目的。在接收端将收到的预测误差的码字解码后，再与预测值相加，即可得到当前像素值。

(2) 变换编码

在图像数据压缩技术中，变换编码与预测编码一起成为最基本的两种编码方法。变换编码利用图像在空间分布上的规律性来消除图像冗余，其基本思想是把原来在集合空间描写的图像信号，变换在另一个正交矢量空间（变换域）进行描写。变换前后的差别明显。集合空间域的像块中像素之间存在很强的相关性，能量分布比较均匀。经过正交变换后，变换域的变换系数近似是统计独立的，相关性基本解除，并且能量主要集中在直流和少数低空间频率的变换系数上，解相关过程就是冗余压缩过程。正交变换后，在变换域滤波，进行与视频特性匹配的量化和统计编码，就可以实现有效的数码率压缩，去除图像的空间冗余度。变换编码框图如图 7-4 所示。

图 7-4　变换编码的框图

常用的离散余弦变换（Discrete cosine Transform，DCT）是变换编码的一个典型例子，也是国际标准建议采用的编码方式，DCT 编码框图如图 7-5 所示。

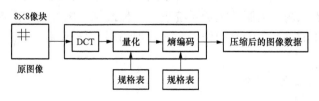

图 7-5　DCT 编码的框图

（3）统计编码

统计编码又称熵编码，它对不同概率的事件（符号）分配不同长度的码字，即对概率大的事件（符号）分配短的码字，对概率小的分配长的码字，从而使平均码长最短。

统计编码的基本原理是去除图像信源像素值概率分布的不均匀性，使编码后的图像数据接近于其信息熵（数据压缩的理论极限）而不产生失真，基于图像概率分布特性的主要编码方法有霍夫曼（Huffman）编码、算术编码、游程编码等。

霍夫曼（Huffman）编码的过程如图 7-6 所示。

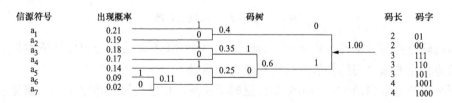

图 7-6　霍夫曼编码过程

① 先将 K 个信源符号根据出现的概率按由大到小顺序排列，如图 7-6 所示。

② 将最小的两个概率相加，并将其中概率大者赋予"0"概率小者赋予"1"；当然，也可以反过来，将概率大者赋予"1"概率小者赋予"0"如图 7-6 所示。应注意赋值方法需始终保持一致。

③ 把相加求出的和作为一个新的概率集合，再按照第②步方法重排。如此重复，直到剩下两个概率值。

④ 分配码字。码字分配从最后一步开始反向进行。对最后两个概率值（0.40 和 0.60）赋值，一个赋予"0"码，一个赋予"1"码。由图 7-6 可知，这个编码过程实际上是一个二叉树的过程。

概率大的符号分配较短的码字，如 0.21 分配为 01，而概率小的比如 0.02 则分配较长的码字（1000），这样就提高了编码效率。

统计编码已被广泛应用于各种静止和活动图像编码上，它可以用一维信源符号编码，也可以用多维信源符号编码。但是统计编码要求事先知道各信源符号出现的概率，否则编码频率会明显下降。

5. 其他视频压缩编码技术

- 具有运动补偿的帧间编码；
- 具有运动补偿的帧间内插编码；
- 矢量量化编码；
- 子带编码；
- 小波变换编码；
- 分级编码；
- 分形编码；
- 模型基编码。

7.3.3　数字电视声音压缩编码技术

1. 声音信号压缩编码的必要性

数字声音信号与图像信号一样，通过取样、量化、编码后的数据量也非常大，无法直接传输与存储。

2. 声音压缩编码的可能性

在人类的听觉上，一个较强声音的存在可以隐蔽另一个较弱声音的存在，这就是人耳的掩蔽效应。人耳的掩蔽效应是一个较复杂的心理学和生理学现象，主要表现为频谱掩蔽效应和时间掩蔽效应。

（1）频谱掩蔽特性

人类可以听见的最小声级叫绝对可听域。在 20Hz～20kHz 的可听范围内，人耳对频率在 3～4kHz 的声音信号最为敏感，对太低和太高频率的声音感觉很迟钝。

（2）时间掩蔽效应

在时域内，听到强音之前的短暂时间内，已经存在的弱音可以被掩蔽而听不到，这种情况称为前掩蔽；当强音和弱音同时存在时，弱音被强音掩蔽，这种情况称为同期掩蔽；当强音消失后，经过较长时间的持续，才能重新听到弱音信号，这种情况称为后掩蔽。

3. 几种声音压缩编码的方法简介

（1）MPEG-1 音频压缩编码

人耳的听阈是一条曲线，各频率间不同。为了最大限度地压缩编码数据，可采用子带滤波器，将整个频段进行分段，分别采用不同的量化长度。MPEG-1 音频编码就是基于子带编码方式。子带编码是把输入信号分割成多个频段（称为子带），用各频段功率的不均匀性，再利用人耳的听觉特性，对各频段独立地进行编码，以减小动态范围，再根据各子带的信号能量采用不同的码长分配比特。频带分割（即形成子带）是利用多个正交镜像滤波器的多相滤波器库来实现的，其基本结构如图 7-7 所示。音频比特流如图 7-8 所示。

① 子带分析滤波器

16 位线性量化的 PCM 数字音频信号首先进入子带分析滤波器库进行子带分析。子带分析是利用 512 抽头的多相滤波器库（PFB）将输入的数字信号分割成 32 个频段的子带信号。这样，按时域分布的输入信号就被转换成由 32 个频段构成的频域信号。

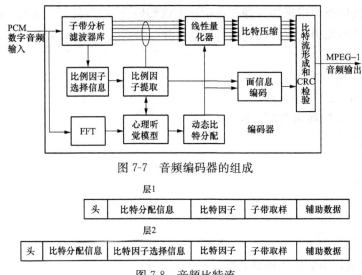

图 7-7 音频编码器的组成

层1

头	比特分配信息	比特因子	子带取样	辅助数据

层2

头	比特分配信息	比特因子选择信息	比特因子	子带取样	辅助数据

图 7-8 音频比特流

② 比例因子算法

为了识别各子带信号的响度（即电平幅度），按动态范围一致的标准要求提取各子带信号的比例因子，计算方法如下：

首先在层 1 格式中对每个频段进行 12 个取样，32 个频段则进行 384 个取样，作为提取比例因子的依据。然后将每个子带的 12 个取样作为一组，搜索绝对值最大的取样，从所给的比例因子表中选择相匹配的数值，作为比例因子。

在层 2 格式中对每个频段的取样数是层 1 格式的 3 倍，为 36 个取样，共 1152 个取样，分组和计算比例因子的方法与层 1 格式相同。

这样，在层 2 中，取样频率提高，从而清晰度和编码质量均得到提升。不过此时的数据量也增加了，导致压缩率降低。为此，在层 2 格式中根据 3 个比例因子的组合分配新的值，以防止压缩率降低。

③ 比特分配

根据心理听觉模型分析，决定各子带的比特分配。在分配前先要从可能利用的总比特中扣除头、CRC 检验和辅助数据等。分配中，要探索具有最小掩蔽噪声比（MNR）的子带，将适用于子带的量化级减小 1 级，求出新的可能分配的比特数。反复进行这些工作，以便使可能分配的比特为正的最小值。

④ 量化

量化在线性量化器中进行，根据比特分配量对各子带信号进行量化。量化后的子带信号可进行比特压缩。压缩的依据是心理听觉特性，压缩的结果既保证了原有的音质，又省掉了对人耳不起作用的音频信号。这就是 MPEG-1 音频压缩处理的含义。

⑤ 比特流的形成

压缩后的子带数据与面信息编码器输出的辅助信息一起在比特流形成器中被格式化。在格式化过程中，还要加进循环冗余检验（CRC）码，形成比特流输出。

（2）AC-3 编码

AC-3 编码技术起源于为高清晰度电视（HDTV）提供高质量的声音，是美国联邦通信委员会（FCC）在 1995 年最后确定的标准。AC-3 编码器接收声音 PCM 数据，最后产生压缩数据流，AC-3 算法对声音信号频域表示进行粗略量化，可以达到很高的编码增益。

7.3.4 视音频压缩编码国际标准

1. 视频编码国际标准

数字视频技术的广泛应用带动了视频编码相关标准的制定和完善。H. 261 标准是世界上第一个得到广泛承认并产生巨大影响的数字视频图像压缩编码标准，此后国际上制订的 JPEG、MPEG-1、MPEG-2、MPEG-4、MPEG-7、H. 262 和 H. 263 等数字图像编码标准都是以 H. 261 标准为基础和核心。

2. 静止图像压缩标准 JPEG

JPEG（Joint Photographic Experts Group）是联合照片（静止）图像专家组的英文缩写，不仅适用于静止图像的压缩编码，也适用于电视图像序列的帧内压缩编码。

采用 JPEG 标准可以得到不同压缩比的图像，在使图像质量得到保证的同时，可以从每个像素 24 位减到每个像素 1 位甚至更小。

电视图像信号的帧内压缩采用的是 JPEG 标准压缩中的有损压缩，即基于 DCT（离散余弦变换）的压缩方式，运动图像采用 MPEG 标准。

基于 DCT 的 JPEG 算法框图如图 7-9 所示。

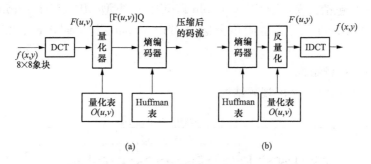

图 7-9 JPEG 算法框图

（a）JPEG 编码框图；（b）JPEG 解码框图

该算法主要有三个步骤：

① 用 DCT 去除图像数据的空间冗余；

② 用人眼视觉最佳效果的量化表来量化 DCT 系数；

③ 对数据进行熵编码。

3. 活动图像压缩标准 MPEG

MPEG（Moving Picture Expert Group）是"运动图像专家组"的英文缩写。主要任务是对应于数字存储媒介、广播电视及通信的运动图像及其相关声音制定的一种通用数字编码标准。针对不同的应用，MPEG 专家组现已制定了一系列标准，如 MPEG-1、MPEG-2、MPEG-4、MPEG-7 及 MPEG-21。

MPEG-1 是 MPEG 于 1992 年制定的第 1 个标准，国际标准号是 ISO/IEC11172，MPEG-1 是针对 1.5Mbit/s 以下数据传输率的数字存储媒介应用的运动图像及其伴音编码的国际标准。MPEG-1 是一个开放的、统一的标准，在商业上获得了巨大的成功。尽管其图像质量仅相当于 VHS（录像系统）视频的质量，还不能满足广播级的要求，但已广泛应用于 VCD 等家庭视听产品中。

MPEG-2 是 MPEG 于 1994 年制定的第 2 个标准，国际标准号是 ISO/IEC13818。MPEG-2 不是 MPEG-1 的简单升级，它在系统和传送方面做了更加详尽的规定和进一步的完善。其应用领域非常广泛，包括存储媒介中的 DVD、广播电视中的数字电视和 HDTV 以及交互式的视频点播（VOD）和准视频点播（NVOD）。

（1）MPEG-2 的三个主要部分

第一系统部分：主要涉及多路音频、视频和数据的复用和同步；

第二视频部分：主要涉及各种比特率的数字视频编码；

第三音频部分：扩充了 MPEG1 的音频标准，达到了 5.1 声道之多。

MPEG-2 已在多媒体技术和广播电视领域中得到广泛的应用。

（2）MPEG-2 视频的型和级

MPEG-2 视频标准充分考虑了各种应用的不同要求，有较强的通用性。标准规定了 4 种图像格式，称为级（Levels）；还规定了不同的压缩处理方法，称为型（Profiles）。

级（Levels）包括：低级 LL 信源格式是 CI 格式；主级 ML 信源格式是 SDTV 的图像格式；高级 H-1440 是 HDTV 发展过渡中的信源格式；高级 HL 是高清晰度电视（HDTV）的信源格式。

型（Profiles）包括：简单型 SP（Simple Profile）、主型 MP（Main Profile）、信杂比可分级型 SNR（SNR Scalable）、空间可分级型 SSP（Spatially Scalable）、高型 HP（High Profile）。

（3）MPEG-2 视频结构

图 7-10 所示为 MPEG-2 的视频结构。

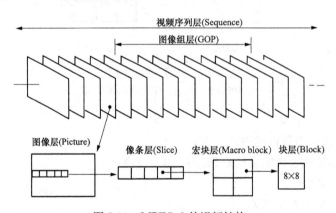

图 7-10　MPEG-2 的视频结构

• 视频序列（video sequence）：由一系列图像组（GOP）组成。

• 图像组（group of pictures）：由连续的几个图像组成，GOP 是编码后视频码流进行编辑的随机存取视频单元。

• 图像（pictures）：是一个独立的显示单元，也是图像编码的基本单元，分为 I、P、B 三种编码图像。

• 像条（slice）：由一系列连续的宏块组成。像条的宏块应处于同一水平宏块行内。像条是发生误码且不可纠正时，数据重新获得同步从而能正常解码的基本单元。

• 宏块（macro block）：一个宏块由一个 16×16 像素的亮度阵列和相应区域内的 Cb、Cr 色差信号阵列共同组成，是运动预测的基本单元。

• 块（Block）：一幅图像以亮度数据阵列为基准被分为若干个 8×8 像素的阵列，简称为块。它是 DCT 变换编码的基本单元。

（4）MPEG-2 的三种图像

MPEG-2 定义了三种编码图像，各编码示意图如图 7-11 所示。

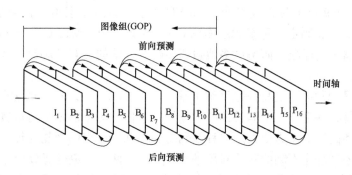

图 7-11　I、B、P 帧编码示意图

① I 帧帧内编码图像。只使用本帧内的数据进行编码的图像。压缩比一般不高。一个 GOP 中的第一个编码帧应为 I 帧（Intra pictures）。

② P 帧（Predicated pictures）前向预测编码图像。根据前面最靠近的 I 帧或 P 帧作为参考帧进行前向预测编码的图像。P 帧使用了运动补偿压缩方法，压缩比高于 I 帧。P 帧可以作为 B 帧和后面的 P 帧的参考帧。

③ B 帧双向预测编码图像。根据一个过去的参考帧和一个将来的参考帧进行双向预测的编码图像。B（Bidrectionalpictures）帧是在两个参考帧基础上双向预测得出的，其预测精度很高，压缩比较大。

（5）MPEG 编码器工作原理。MPEG 压缩编码算法包括了帧内编码、帧间编码、DCT 变换编码、自适应量化、熵编码和运动估计、运动补偿等一系列压缩方法。

（6）MPEG-2 系统复用。MPEG-2 系统部分主要规范如何将一个或多个视频流、音频流和其他辅助数据流复合成一个数据流以适应存储和传送。单路节目的视音频数据流的复用框图如图 7-12 所示。

视频和音频信号压缩编码后的码流称为基本数据流 ES。

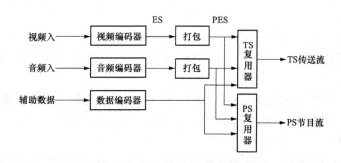

图 7-12　单路节目的视音频数据流的复用框图

① 打包了的基本码流。一帧一个 PES（Packetized Elementary Stream）包。为实现解码的同步，还需插入相关的标志信息。

② 节目流。ES 流经过 PS（Program Stream）复用器后输出 PS 流，PS 流是针对误码比较小的环境设计的，适用于演播室、家庭环境和存储媒介的应用。

③ 传输流。ES 流经过 TS（Transport Stream）复用器后输出 TS 流，TS 流是针对容易发生误码的环境设计的。TS 包的长度是固定的，为 188 字节，应用于较差的信道环境中。

MPEG-4 于 1999 年 1 月正式发布。MPEG（运动图像专家组）在制定了 MPEG-1 和 MPEG-2 标准之后，又制定一种新的压缩标准——MPEG-4。MPEG-4 并不仅仅着眼于定义不同码流下的压缩编码标准，而是更多地强调多媒体通信的交互性和灵活性，以及多工业领域的融合。

MPEG-4 标准视频的主要特征是采纳了基于对象（object based）的编码等第二代编码技术。所谓的对象是在一个场景中能够访问和操纵的实体，对象的划分可以其独特的纹理、运动、形状、模型和高层语义为依据。这种编码是一种基于内容的数据压缩方式，如将图像分割为运动物体对象和静止不动的背景对象平面，并对这两个对象进行分别处理。

MPEG-4 包括系统、视频、音频和多媒体传送集成框架（DMIF）等部分，随着标准的发展，MPEG-4 的内容不断被充实和改进。

MPEG-4 的视频编码包括形状编码、运动估计和补偿、纹理编码、可分级编码及 Sprite 编码等。

纹理编码：MPEG-4 中静止图像的编码又称为静态纹理编码，单独提供了一种模式，与基于 DCT 的活动纹理编码技术相比，这种静态纹理编码技术提供了更强的可分级能力，主要基于小波变换和算术编码。

视频序列可分为基本层和增强层两层。基本层提供了视频序列的基本信息，增强层提供了视频序列更高的分辨率和细节，基本层可以单独传输和解码，增强层必须与基本层一起传输和解码。

Sprite 编码：Sprite 是指一个相对静止的长背景。例如，在摄像机摇镜头过程中拍摄到的背景可以组成一个 Sprite，Sprite 包括了整个过程中所拍摄到的全部背景像素。实际上，Sprite 只需在传送开始时发送一次，因此压缩效率很高。

MPEG-4 标准的目标是多媒体的多领域应用，包括实时通信（视频会议、可视电话等）、移动多媒体（PDA 等）、交互媒体存储（DVD 等）、交互视频游戏、节目制作及广播业务等。

4. 音频压缩编码国际标准

（1）MPEG-1

MPEG-1 不仅有视频压缩编码部分，还有音频压缩部分以及复用系统。MPEG-1 的音频部分只涉及单声道和立体声，定义了 48kHz，44.1kHz，32kHz 共 3 种采样频率。

（2）MPEG-2

MPEG-2 的音频编码采用 MUSICAM 标准，即自适应掩蔽型通用子带综合编码和复用。兼容 MPEG-1 的音频编码方法。

（3）MPEG-4

MPEG-4 的音频编码分为自然声音和合成声音两种。自然声音的频率范围为 2～64kbit/s，又分为三种类型的压缩：对于最低比特率 2～6kbit/s，运用采样速率为 8kHz 的参数语音编码；对于中等比特率 6~24kbit/s，采用 8 或 16kHz 采样速率的激励线性预测优化后的语音编码；而大于 16kbit/s 的音频，MPEG-4 采用 MPEG-2AAC（Advanced AudioCoding，先进音频编码）压缩算法提供高质量音频压缩。

（4）AC-3

AC-3 是在 DOLBY（杜比）AC1 的基础上发展起来的，采用自适应增量调制（ADM）。

AC-3 提供了 5 声道即正前方的左（L）、中（C）、右（R）及后方的两个独立的环绕声道左后（LS）、右后（RS）。DOLBY AC-3 在 1993 年被定为美国 HDTV 音频标准，可用于影碟、CD 唱片、DBS（数字广播系统）、CATV（有线电视）及 DBS（直播卫星）上。

5. 数字电视信号视频压缩编码国际标准应用情况简介

数字电视信号视频压缩编码国际标准应用情况如下：

①H.261 应用于会议电视。

②JPEG 应用于静止图像压缩。

③MPEG-1 应用于活动图像，主要在光盘上使用。

④MPEG-2 应用于活动图像，为目前数字电视普遍使用的压缩方式，如数字有线电视、数字卫星电视广播、DVD、高清晰度电视等，MPEG-1 是 MPEG-2 的一个子集。

⑤MPEG-4 应用于基于音频和可视对象的编码。MPEG-4 标准将众多的多媒体应用集成在一个完整的框架内，旨在为多媒体通信提供标准算法和工具，用于实现视听数据的有效编码及更为灵活的存取。

⑥MPEG-7 应用于对庞大的图像、声音信息的管理和迅速检索。

⑦MPEG-21 为多媒体框架标准，使多媒体信息在异构网络中有效传播，协调不同层次的多媒体标准。

7.4 数字电视信号的信道编码

7.4.1 信道编码概述

数字电视广播将图像、声音和数据等信号快速、可靠地传送出去，使接收端用户能满意地收看、收听。传送的方法通常是对所需的信号进行编码调制。数字电视信号的编码包括信源编码、信道编码和密码编码。信源编码主要是对数据信号进行压缩；信道编码则是提高信息传送或传输的可靠性，采取增加码率或频带，即增大所需的信道容量来提高传输可靠性；密码编码主要用于条件接收。调制是使数字基带信号（原始电信号）按一定的方式载在高频上，使高频信号通过传媒（传输信道）向外传送。

信道编码又称差错控制编码或检错纠错编码，其原理是为了使信源具有检错和纠错能力，按一定的规则在信源编码的基础上增加一些冗余码元（也称为检错纠错码或监督码元）与被传信息码元之间建立一定的关系，发送端完成这个任务的过程称为纠错编码。在接收端，根据信息码元与监督码元的特定关系实现检错和纠错，输出原信息码元，完成这个任务的过程称为纠错解码。

为了能判断发送端的信息是否有误，并且可以纠错，增加这些附加数据（检错纠错码）是必要的。这些附加数据在不发生误码的情况下，是完全多余的，但若发生误码，可起到检错纠错作用。无论检错与纠错，都有一定的差错量识别范围，误码严重而超过识别范围时，将不能实现检错和纠错，甚至越纠越错。

7.4.2　信道编码的原因与要求

1. 信道编码的原因

信道编码的作用就是提高信息传送或传输的可靠性，即信号的抗干扰能力。为了提高整个系统的可靠性，需要在载波调制之前对数字基带信号进行某种编码，这就是信道编码。抗干扰能力是指在传输通道中存在各种干扰因素的情况下，系统能保持正常传输接收能力，即能保证接收可靠，保障图像和声音质量的能力。

2. 信道编码的要求

①编码效率要高、抗干扰能力要强。

②对传输信号应有良好的透明性，即传输通道对于传输信号的内容不加限制。

③编码信号的频谱特性应与传输信道的通频带有最佳的匹配性。

④编码信号内应包含有数据定时信息与帧同步信息，以便接收端能够准确解码。

⑤编码的数字信号应具有适当的电平范围。

⑥发生误码时，误码的扩散蔓延小。

7.4.3　信道编码的一般结构

数字电视系统信道编码技术包括纠错编码技术、数据交织技术、卷积编码技术、网格编码技术、均衡技术等，可提高数字电视的抗干扰能力。经过信道编码技术处理后，利用调制技术可将数字电视信号放在载波或脉冲串上，为信号发射做好准备。信源编码以后的所有编码，包括扰码、交织、卷积等都可以划分到信道编码的范畴，由此可构造出信道编码结构框图，如图 7-13 所示。

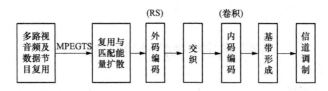

图 7-13　信道编码结构框图

7.4.4　检错纠错码

1. 误码的产生及特点

数字信号在传输过程中，会受到系统本身及外界环境的干扰，使接收端产生判决错误，因此产生误码。干扰噪声按其性质分为系统外部干扰和系统内部干扰两类。

（1）系统外部干扰

由外部进入系统的噪声干扰包含两类：一类是外部引起的电磁干扰（如天气干扰，像闪电）、电气开关的电弧、电力线引入的干扰；另一类是由于无线电设备产生的无线电干扰，如邻频干扰、谐振干扰等。

传输通道中常存在一些瞬间出现的短脉冲干扰，引起的不是单个码元误码，而往往是一串码元内存在大量误码，前后码元的误码之间表现为一定的相关性，这样的信道称为突发信道，也称为有记忆信道。一串误码中第一个至最后一个误码间的距离可称为突发长度。

突发信道误码成串集中地出现，在短促的时间内发生大量误码，对此也有相应的差错控制编码措施，如交织纠错码。

（2）系统内部干扰

系统内部的噪声干扰来自导体热运动产生的随机噪声及电子器件的器件噪声。如电子管、半导体管器件形成的散弹噪声。内部噪声一个很重要的特点是可以看成高斯分布的平稳随机过程。

产生随机误码的信道，称为随机信道。随机信道指数据流在其中传输时会受到随机噪声的干扰，使高低电平的码元在信道输出端产生电平失真，导致接收端解码时发生码元值的误判决，形成误码。

随机噪声一般是指加性高斯噪声，噪声能量电平按正态规律分布，造成的误码之间是统计独立、互不相关的。所以，随机信道也称为无记忆信道。

随机信道引起的误码一般是孤立偶发的单个码元误码形式，连续两个码元的误码可能性很小，连续 3 个码元误码的概率更极其稀少。这种随机性误码需要有相应的纠正错误的差错控制编码措施，如 RS 纠错码。

实际的传输通道通常不是单纯的随机信道或突发信道，而是两者兼有，或者以某个信道属性为主。这种两类特性并存的信道称为混合信道或复合信道。

2. 检错纠错的基本方式

（1）反馈纠错方式（ARQ）

反馈纠错方式又称检错重发方式。发送端发出的检错码，在接收端可发现传输中有错码，但不知道错码的确切位置，通过反向通道把判决结果通知给发送端，然后发送端把有错的部分信息（如一帧）重新发送，直至接收端确认接收到正确信息为止。这种方式的纠错设备和程序比较简单，但必须有双向通道，适合于非实时通信系统，如计算机数据通信系统。

（2）前向纠错方式（FEC）

前向纠错方式不需要反向通道，也不存在重发造成的时延。适合于单向广播系统和要求实时好的系统，如音频和视频系统，但该方式译码设备比较复杂。

（3）混向纠错方式（HEC）

混向纠错方式是反馈纠错方式和前向纠错方式的结合。如有少量差错，在其纠错能力之内，就进行前向纠错；如发现大量错误，超出它的纠错能力，就进行反馈纠错。

3. 检错纠错码的分类

对具体的纠错码，可以从不同角度将其分类，图 7-14 所示即为纠错码的分类情况。检错纠错码按照检错纠错功能的不同，可分为检错码、纠错码和纠删码三种。检错码只能检知一定的误码而不能纠错；纠错码具备检错能力和一定的纠错能力；纠错码能检错纠错，对超其纠错能力的误码则将有关信息删除或采取误码隐匿措施将误码加以隐藏。其中纠错码又可以从不同角度将其分类，如图 7-14 所示为纠错码分类情况。

4. 检错纠错码的能力

（1）信息码元与监督码元

信息码元又称信息序列或信息位，是发送端由信源编码后得到的被传送的信息数据比特，通常以 k 表示。

监督码元又称监督位或附加数据比特，是为了检纠错码而在信道编码时加入的判断数据位，通常以 r 表示，有 $n=k+r$ 或 $r=n-k$。

经过分组编码后的码又称为 (n, k) 码，即总码长为 n 位，其中信息码长（码元数）为

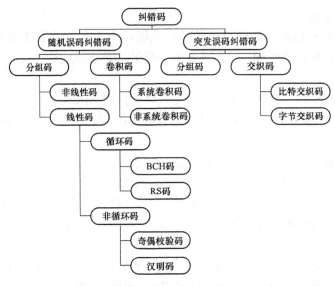

图 7-14　纠错码的分类

k 位，监督码长（码元数）为 $r=n-k$。通常称为长为 n 的码字（或码组、码矢）。

（2）许用码组与禁用码组

① 码长为 n 的码组，其总码数应为 2^n，比如 $n=3$，$2^3=8$，即三位二进制码有 8 种可能的组合，即 000、001、010、011、100、101、110、111。

② 如果这 8 种码组都用于传送信息，即每个码组都是许用码组，则发生一个误码就变成另一个码组，并且查不出来，即没有检错和纠错能力。

③ 若只选用其中的 000、001、101、110 这 4 种码组作为许用码组，相当于只传递 00、01、10、11 这 4 种信息，第 3 位是附加的监督码元，监督码元保证每个许用码组中"1"码的个数为偶数。

另外 4 种码组为禁用码组，若接收端收到禁用码组，则表明传输过程中发生了差错。用这种简单的检验关系就可检错，但不能纠错，因为不能判断哪一组码发生了差错。

通常又把信息码元数目 k 与编码后的总码元数目（码组长度）n 之比称为信道编码的编码效率或编码速率，表示为 $\eta=k/n=k/(k+r)$。

编码效率是衡量纠错码性能的一个重要指标，一般情况下，监督位越多（即 r 越大），检纠错能力越强，但相应的编码效率也随之降低。

（3）码重与码距

在分组编码后，每个码组中码元为"1"的数目称为码的重量，简称码重。

两个码组对应位置上取值不同（1 或 0）的位数，称为码组的距离，简称码距，又称汉明距离，是信道编码的一个重要参数，通常用 d 表示。例如：000 与 101 之间码距 $d=2$；000 与 111 之间码距 $d=3$。对于 $(n，k)$ 码，许用码组为 2^k 个，各码组之间距离最小值称为最小码距，通常用 d_0 表示。

最小码距的大小与信道编码的检纠错能力密切相关。以下举例说明分组编码的最小码距与检纠错能力的关系。

假设有两个信息 A 和 B，用 1 个比特标记，0 表示 A，1 表示 B，码距 $d_0=1$。如果直接传送该信息码，就没有检错纠错能力，无论 0 错为 1 或 1 错为 0，接收端都无法判断正确与否，更不能纠正错误，因为 0 和 1 都是信息码的许用码组。如果对 A 和 B 两个信息各增加 1 比特监督码元，组成（2，1）码组，便具有检错能力。

码组（2，1）其中 $n=2$，可能的码组有 $2^2=4$ 个，即 00、01、10 和 11。假设有两个信息 A 和 B，码距 $d=2$，可用码组数为 $2^1=2$ 个，从中选出一对码组，例如 00 作为 A，11 作为 B 那么 01 和 10 则为禁用码组。于是，00 或 11 在传送中发生一位误码时，接收端得到的是 01 和 10，便可检知出现了 1 位误码。也就是说，对（2，1）码组可检知 1 位误码，但不能纠错。而上述码组的最小码距 $d_0=2$，也可以说，当 $d_0=2$ 时，码组的检错能力 $e=1$，而纠错能力 $t=0$。

为了提高检错和纠错能力，可在每个 1 位信息码元上附加 2 位监督码元，即组成（3，1）码组，便具有检 2 位错、纠 1 位错的能力。

总码组数为 $2^3=8$ 个，即 000、001、010、011、100、101、110、111，许用码组数为 $2^1=2$ 个，其余 6 个码组均为禁用码组。信息 A 和 B 有 4 种选择方式，即（000 与 111）、（001 与 110）、（010 与 101）和（011 与 100），它们的码距都是 3。如果选择 000 与 111，当发生 1 位或 2 位误码时，接收端都能检知是错误码组；若发生 1 位误码，例如 000 错成 001、010 或 100，则由于它们与 000（A）的码距为 1，与 111（B）的码距为 2，根据误码概率，接收端可判断信息为 A，这就是说，$d_0=3$ 时的检错能力 $e=2$，而纠错能力 $t=1$。

3 位码组的检错、纠错能力可归纳如表 7-2 所列。

表 7-2　　　　　　　　　　　3 位码组的检错、纠错能力

码　组	许用码	禁用码	码　距	检错位数	纠错位数
0，1	0，1	无	1	0	0
00，01，10，11	00，11	01，10	2	1	0
000,001,010,011,100,101,110,111	000，111	001,010,011,100,101,110	3	2	1

综上所述，可以得到分组编码最小码距与检纠错能力关系的结论：

① 在一个码组内为了检测 e 个误码，要求最小码距应满足 $d_0 \geq e+1$。

② 在一个码组内为了纠正 t 个误码，要求最小码距应满足 $d_0 \geq 2t+1$。

③ 在一个码组内为了纠正 t 个误码，同时能检测 e 个误码（$e>t$），要求最小码距应满足 $d_0 \geq e+t+1$。

7.4.5　常用的检错纠错编码方法

1. RS 编码技术

RS 码是广泛应用在数字电视传输系统中的一种纠错编码技术，由 Reed 和 Solomon 两位研究者发明，故称为里德—所罗门（Reed-Solomon）码，简称 RS 码。RS 码以字节为单位进行前向误码纠正（FEC），具有很强的随机误码及突发误码纠正能力。

2. 数据交织技术

RS 码具有强大的抵御突发差错的能力，如果再对数据进行交织处理，则可进一步增加抵御能力。数据交织是指在不加纠错码字的前提下，利用改变数据码字传输顺序的方法提高接收端去交织解码时的抗突发误码能力。采用数据交织与解交织技术，使传输过程中引入的突发连续性误码元数量限制在 RS 码的纠错能力之内，可分别纠正，大大提高了 RS 码在传输过程的抗突发误码能力。

3. 卷积码

卷积码又称内码或循环码，是一种非分组码，其前后码字或码组之间存在一定约束关系。在数字电视信道编码系统中，卷积编码是 RS 编码与数据交织的有效补充，当信道质量较差时，通常采用 RS 码与卷积码级联的形式作为信道编码。

4. 网格编码调制

网格编码调制（TCM）指将多电平、多相位调制技术与卷积纠错编码技术相结合，采用欧式距离进行空间分割，在一系列信号点之间引入依赖关系，仅对某些信号点序列允许可用，并模拟化为格状结构。TCM 技术的本质是在频带受限的信号中，在不增加信道传输宽带的前提下，将编码技术与调制技术相结合，进一步降低误码率。

5. 级联编码技术

数字电视系统采用卫星传输、有线传输、地面传输进行单向广播，只能采用正向纠错编码技术（FEC）进行纠错编码。由于实际的传输信道非常复杂，不同信道的质量差别也较大，因此所采用的纠错编码技术也不尽相同，数字电视信道编码的关键技术主要是 RS 编码技术、卷积编码技术、Turbo 编码技术、数据交织技术、TCM 技术等。实际的信道编码系统通常采用级联编码技术，即采用两级纠错编码来实现高性能，其编码系统也不复杂。编码部分主要由外编码、交织编码及内编码 3 部分组成；解码部分则由内解码、解交织及外解码 3 部分组成。级联编码系统的各部分需联合设计，以使整个系统性能满足数字电视卫星广播、数字电视有线广播及数字电视地面广播的需要。

7.5　数字电视信号的调制

7.5.1　数字调制技术概述

图像压缩编码与信道编码传输是数字电视系统实现的关键技术，而调制解调技术作为信道编码传送技术的重要组成部分，在数字电视领域非常重要。与模拟调制系统中调幅、调频和调相相对应，数字调制系统有幅度键控（ASK）、频率键控（FSK）、相位键控（PSK）3种方式，其中，相位键控调制方式具有抗干扰噪声能力强、占用频带窄的特点，因而在数字化设备中应用广泛。数字调制方式可分为二进制调制方式与多进制调制方式两大类，由于多进制调制方式可以进一步提高信号传输码率，因此在实际中应用更广泛。多进制数字调制技术有正交相移键控（QPSK）、正交振幅调制（QAM）、正交频分复用调制（OFDM）、残留边带调制（VSB）及扩频调制 5 种。目前在数字电视传输系统中采用的调制技术主要包括正交相移键控（QPSK）、多电平正交幅度调制（MQAM）、多电平残留边带调制（MVSB）以及编码正交频分复用调制（OFDM）。

数字调制还可分为相干和不相干的数字调制。其区别在于，当接收端对接收到的已调波进行解调时，是否需要在接收机中再生出与所接收的高频载波具有相干关系的参考载波。对于传输中较难保持高频载波相位稳定性的信道，宜采用非相干数字调制方式，解调时接收机中不需要再生出具有相干性的参考载波。ASK 和 FSK 为非相干调制方式，不设置参考载波再生电路。虽然减少接收机的复杂性，但误码性能有所下降。也可采用相干解调方式，尽管电路复杂些，但抗干扰性能高。

与 ASK 和 FSK 不同，PSK 属于相干性数字调制，接收机通过本机振荡电路和鉴相器与接收载波的基准相位进行锁相，产生出稳定的、准确的参考载波，然后按照一定的门限作出判决，实现对已调波的解调。

差分移相键控（DPSK）某种意义上说是非相干性数字解调。DPSK 以前一个比特期间或符号期间的载波相位作为参考相位进行数据解调的，要求信道高频信号有足够的相位稳定性，在前后比特或符号之间不引入大的载波相位干扰。

7.5.2 二进制数字调制技术

数字基带信号中含有丰富的低频分量，由于传输信道的频率特性有限，因此数字基带信号的频谱特性与信道频率特性不匹配，不适于在传输信道中直接传送。通常在传输前要对数字基带信号进行处理。

数字调制技术是将数字基带信号调制在载波上，使其变化成适合信道传输的数字频带信号，从而实现频谱搬移。通常有二进制幅度键控（2ASK）、二进制频率键控（2FSK）、二进制相位键控（2PSK）3 种基本的调制方式。

1. 2ASK

2ASK 是二进制幅度键控，由二进制数据 1 和 0 组成的序列对载波进行幅度调制。典型波形如图 7-15 所示。

2ASK 的信号解调如图 7-16 所示。

2ASK 依靠判断斩波幅度来解调数据信号，信号电平不稳定、多径反射和噪声干扰等都容易造成接收端解调时发生误码。当基带数据流本身经过信道编码后具有较强的检错、纠错能力时，可以在一定程度上补偿高频领域内发生的误码情况，在解调后的基带领域内经过纠错可得到正确的数据。

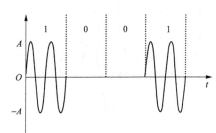

图 7-15 2ASK 的典型波形

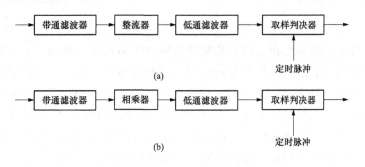

(a)

(b)

图 7-16 2ASK 信号解调
（a）包络检波；（b）相干解调

2. 2FSK

2FSK 是用两个不同频率的载波来传送二元码数字信号。在二进制频率键控中载波频率随着调制信号"1"和"0"而变，"1"对应的频率为 f_1，"0"对应的频率为 f_2，其调制器可采用模拟调频电路来实现。典型波形如图 7-17 所示。

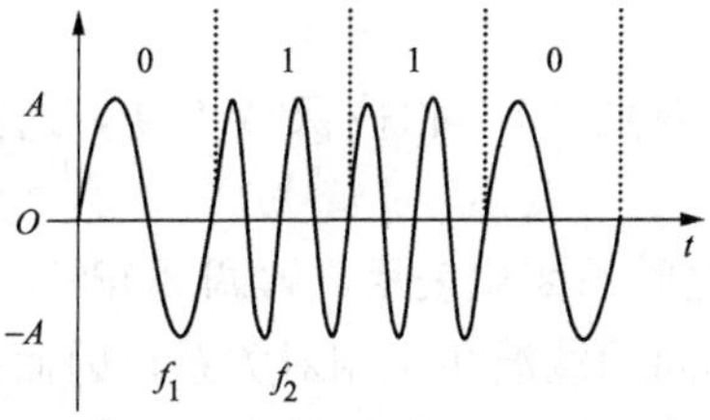

图 7-17 2FSK 的典型波形

解调方法可采用非相干和相干解调，更为简便的方法是采用过零检测法，原理框图如图 7-18 所示。

图 7-18　2FSK 信号过零解调法

3. 2PSK

2PSK 使用同一个载波的两种不同相位来表示数字信号。由于 PSK 系统的抗噪性能优于 ASK 和 FSK，且频带的利用率高，因此在中高速数字通信中广泛使用。二进制键控调制时，载波的两个相位随调制信号 1 和 0 变化，通常用相位 0 和 π 来表示。典型波形如图 7-19 所示。

2PSK 信号的解调必须采用相干解调方法，接收端所需的与发送端基准载波同相的参考波的获得是个关键问题。由于 2PSK 信号是载波抑制的双边带信号，不存在基准载波分量，因而无法从已调制信号中直接用调谐滤波法提取基准载波后通过鉴频器得出参考载波。为此，需采用非线性变换电路来产生新的频率分量——基准载波。图 7-20 所示为 2PSK 的一种解调电路。

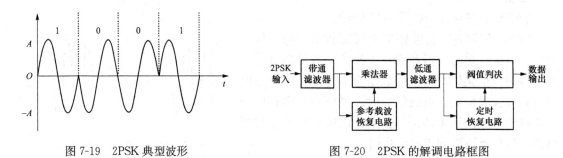

图 7-19　2PSK 典型波形　　　　　　图 7-20　2PSK 的解调电路框图

4. 2DPSK

在 2PSK 信号中，相位变化是以未调载波的相位作为参考基准的。由于其利用载波相位的绝对值传送数字信息，因而又称为绝对调相。解调时也必须有一个相位固定的载波。如果参考相位发生了倒相，则恢复的数字信号就会发生 0 和 1 码反相，这种情况称反相工作。另一种利用载波相位传送数字信息的方法称为相对调相（2DPSK）。它不是利用载波相位的绝对数值传送数字信息，而是用前后码元的相对变化传送数字信息。与绝对调相不同的是，DPSK 系统中只与前后码元的相对相位有关系，而与绝对相位无关，解调时不存在反相工作的问题。在实际工程应用中大多采用 DPSK 方式。

例如，已知信息代码 1101001，画出 2PSK 和 2DPSK 信号时间波形示意图。如图 7-21 所示。

应注意的是，2DPSK 波形必须画出前一个参考波形，遇到"1"相位保持不变，遇到"0"倒相。

2DPSK 信号中，数字信息由前后码元已调相信号相位之间的变化表示，解调 2DPSK 信号时，并不依靠固定的载波参考相位，仅仅取决于前后码元间的载波相位相对关系。因而即使应用相位有 0、π 模糊度的参考载波进行相干解调，也不影响相对相位关系。虽然解调得

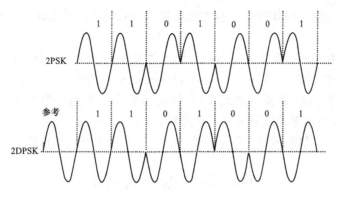

图 7-21 2PSK 和 2DPSK 信号时间波形示意图

到的相对码可能完全是 0、1 倒换的，但经过差分译码变换后将全部纠正过来，从而克服了相位模糊度问题。2PSK 相干解调电路框图如图 7-22 所示。

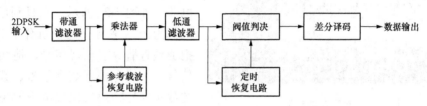

图 7-22 2DPSK 的相位比较法（相干解调）电路框图

2DPSK 信号的另外一种解调方法是差分相干解调，方框图如图 7-23 所示。它不需要恢复出本地参考载波，而通过直接比较前后码元之间的相位差解调，故可称为相位比较法解调。

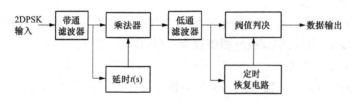

图 7-23 2DPSK 的差分相干解调电路框图

7.5.3 多进制数字调制技术

在送入信道前，必须将数字码流调制到适合信道传输的载波上，或变换为适合信道传输的形式，为了提高频谱利用率，可采用多进制的调制方式。这种方式在一个码元上可传输多个比特，可降低码速，减少信道带宽。用 M 进制数字基带信号调制载波的幅度、频率和相位，可分别产生出 MASK、MFSK 及 MPSK 等多种多进制载波数字调制信号。正交相移键控（QPSK）、正交振幅调制（QAM）及残留边带调制（VSB）等都是常用的多进制调制方法。

正交振幅调制（QAM）：调制效率高，要求传送途径的信噪比高，适合有线电视电缆传输。

正交相移键控（QPSK）：调制效率高，要求传送途径的信噪比低，适合卫星广播。

残留边带调制（VSB）：抗多径传播效应好（即消除重影效果好），适合地面广播。

编码正交频分调制（COFDM）：抗多径传播效应和抗同频干扰好，适合地面广播和同频网广播。

COFDM 调制方式不再是单载波调制而是多载波调制。编码 C（Code）指信道编码采用编码率可变的卷积编码方式，以适应不同重要性数据的保护要求；正交频分（OFD）指使用大量具有相等频率间隔的载波（副载波），频率间隔为一个基本振荡频率的整数倍；复用（M）指多路数据源相互交织地分布在上述大量载波中，形成复合信号。

COFDM 技术具有很强的抗多径干扰能力，适合数字电视地面广播。

7.6　数 字 电 视 机 顶 盒

7.6.1　机顶盒的基本概念

机顶盒（Set Top Box，STB）或称为综合解码接收机（Integrated Receiver Decoder，IRD）是扩展电视机功能的一种新型家用电器，如图 7-24 所示。它是利用有线电视网作为传输平台、电视机作为用户终端，把卫星直播数字电视信号、地面数字电视信号、有线电视网数字信号、甚至互联网的数字信号转换成模拟电视机可以接收的信号，观看数字电视节目，进行交互式数字化娱乐、教育和商业化活动的消费类电子产品。

图 7-24　机顶盒的外形

机顶盒包含了数字调制、信道解码、解复用、条件接收和信源解码等数字电视的核心技术。

7.6.2　机顶盒的分类

按信源传输方式不同，数字电视机顶盒分为数字卫星电视机顶盒（DVB-S）、数字地面电视机顶盒（DVB-T）和数字有线电视机顶盒（DVB-C）三种。

1. 数字卫星电视机顶盒

数字卫星电视机顶盒用来接收数字卫星电视节目。目前所看到的许多卫星节目都是有线电视台通过专业的 IRD 从卫星接收下来，再通过有线电视送入用户家中的。目前，数字卫星电视机顶盒基本采用 DVB-S 标准。

2. 数字地面电视机顶盒

数字地面电视机顶盒的功能与数字卫星电视机顶盒类似，所不同的只是传输介质由卫星信道变成了地面广播信道。该类机顶盒所使用频率与有线电视频率相同，但由于无线信道的情况比有线电视网络复杂得多，所以其信号传输技术与数字有线电视机顶盒也有较大差别。

3. 数字有线电视机顶盒

数字有线电视机顶盒的信号传输介质是有线电视广播所采用的全电缆网络或光纤/同轴混合网（Hybrid Fiber Coaxial，HFC）。

数字有线电视机顶盒可以支持几乎所有的广播和交互式媒体应用，如数字电视广播接收、电子节目指南（EPG）、准视频点播（NVOD）、按次付费观看（PPV）、软件在线升级、Internet 接入、数据广播、电子邮件（Email）、IP 电话和视频点播。

（1）电子节目指南

拥有机顶盒的用户都知道，当用户使用遥控器操作机顶盒时，常常会看见屏幕上显示的一长串节目信息列表，这就是电子节目指南 EPG（Electronic Program Guide）的可操作界面，观众可方便地找到自己喜欢的节目。用户查询时不受地点、时间的限制，而且可根据自己的爱好提前预约选定节目，到时自动播放。

（2）准视频点播

准视频点播 NVOD 用户和服务提供者之间没有真正的交互，服务提供者将节目的标题广播下来，用户仅仅可选择所提供的频道，该机制由 EPG 支持。

（3）数据广播

数据广播 DVB 定义了四种数据广播标准：数据管道（data pipe）、数据流（data stream）、多协议封装（Multiple Protocol Encapsulation）和数据/对象轮流传送（Data/Object Carousel）。数据管道支持异步端到端的数据传输业务；数据流方式可以在数字电视广播系统中实现面向流的、端到端的数据传输；多协议封装对需要在数字电视广播系统中传送符合通信协议的数据报的数据业务提供技术支持；数据/对象轮流传送可以支持需要周期性传送数据模块的各种应用。通过这些标准，我们可以实现各种数据广播应用，如股票信息广播、票务信息广播等。

（4）软件在线升级

软件在线升级可看成是数据广播的应用之一。数据广播服务器按 DVB 数据广播标准将升级软件广播下来，机顶盒能识别该软件的版本号，在版本不同时接收该软件，并对保存在存储器中的软件进行更新。

（5）Internet 接入和电子邮件

有线电视数字机顶盒可以通过内置的电缆调制解调器方便地实现 Internet 接入功能，用户可以通过机顶盒内置的浏览器上网，发送电子邮件，同时机顶盒也可以提供各种接口与 PC 相连，使用 PC 与 Internet 连接。

（6）IP 电话

通过电缆调制解调器，还可实现 IP 电话。用户在使用该功能时，只需将普通电话与机顶盒的 RJ-11 接口相连即可。电缆调制解调器可保证传输语音时的服务质量。

（7）视频点播

为每个用户提供视频点播功能，让用户在所希望的时间和地点观看想看的节目，是服务提供商最理想的服务方式。有线电视数字机顶盒利用交互式数据信道和广播信道，为实现该功能营造理想的技术基础。广东环网公司在最新推出的全功能数字机顶盒中已经实现了该功能，并能实现快进、快退、暂停、恢复等 VCR 操作。

7.6.3　数字有线电视机顶盒的关键技术

1. 数字有线电视机顶盒的基本原理

数字有线电视机顶盒的基本功能是接收数字电视广播节目，如图 7-25 所示。调谐模块接收射频信号并下变频为中频信号，经 A/D 转换变为数字信号，送入 QAM 解调模块进行解调，输出 MPEG 传输流串行或并行数据，解复用模块接收 MPEG 传输流，从中抽出一个节目的 PES（打包的基本码流）数据，包括视频 PES 和音频 PES。视频 PES 送入视频解码模块，取出 MPEG 视频数据，并对 MEPG 视频数据进行解码，然后输出到 PAL/NTSC 编码器，编码成模拟电视信号，再经视频输出电路输出。音频 PES 送入音频解码模块，取出 MPEG 音频数据，并对 MPEG 音频数据进行解码，输出 PCM 音频数据到 PCM 解码器，PCM 解码器输出立体声模拟音频信号，经音频输出电路输出。

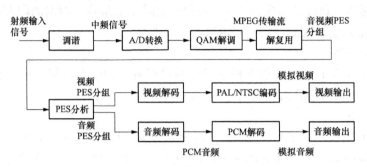

图 7-25　数字电视广播接收解码示意图

机顶盒的硬件逻辑结构由以下几部分组成：数字电视广播接收前端、MPEG 解码、视音频和图形处理、电缆调制解调器、CPU 及存储器，以及各种接口电路。数字电视广播接收前端包括调谐器和 QAM 解调器，该部分可以从射频信号中解调出 MPEG 传输流；MPEG 解码部分包括解复用、解扰引擎和 MPEG 解压缩，输出 MPEG 视音频基本流及数据净荷。视音频和图形处理部分完成视音频的模拟编码以及图形处理。电缆调制解调模块由一个双向调谐器、下行 QAM 解调器、上行 QPSK/QAM 调制器和媒体访问控制（MAC）模块组成，该部分实现电缆调制解调的所有功能。CPU 与存储器模块用来存储和运行软件系统，并对各个模块进行控制。接口电路则提供丰富的外部接口，包括通用串行接口 USB、高速串行接口 1394、以太网接口、RS232 和视音频接口等。

2. 实时操作系统

大家对 PC 的操作系统都比较熟悉，如 DOS、Windows 98、Windows NT、Unix、Mac OS。与这些操作系统不同，机顶盒中的操作系统不是非常庞大，但要求可以在实时的环境中工作，并能在较小的内存空间中运行。这种操作系统称为实时操作系统。

目前流行的实时操作系统有 WindRiver System 公司的 VxWorks、Integrated SystemsIncorporated 公司的 pSOS、Microware 公司的 DAVID OS-9、ST 公司的 OS20、前面介绍的 WindowsCE，以及专为机顶盒开发的 PowerTV。这些操作系统各有所长，在机顶盒中都有应用。其中 VxWorks、pSOS、OS-9、OS20 等是通用的实时操作系统，在其他的嵌入式应用中也有广泛的应用，在机顶盒中，应与下面将要介绍的中间件结合使用。PowerTV 是专为机顶盒开发的，将中间件集成在一起的操作系统，在美国应用较广。另外，随着 Linux 的兴起，嵌入式的 Linux 已渐渐成熟。它不仅为机顶盒厂商提供一种选择，而且由于 Linux 的开放性和先进的结构，对现有的实时操作系统构成巨大的威胁。

3. 中间件

中间件是一种将应用程序与底层的操作系统、硬件细节隔离开来的软件环境，通常由各种虚拟机构成，如 HTML 虚拟机、JavaScript 虚拟机、Java 虚拟机、MHEG-5 虚拟机等。中间件在机顶盒的位置如图 7-26 所示。

一个完整的数字机顶盒由硬件平台和软件系统组成，可将其分为 4 层，从底向上分别为：硬件、底层软件、中间件、应用软件，如图 7-26 所示。硬件提供机顶盒的硬件平台；底

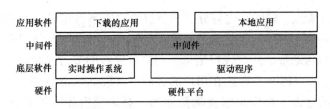

图 7-26　数字机顶盒软硬件环境

层软件提供操作系统内核及各种硬件驱动程序；应用软件包括本机存储的应用和可下载的应用；中间件将应用软件与依赖硬件的底层软件分隔开来，使应用不依赖具体的硬件平台。

成熟的商用中间件产品有 Opentv 的 EN2、Liberate 的 TV Navigator for DTV、Enreach 的 Enreach TV for DTV、Canel＋的 Mediahighway 和 Intellibyte 的 IBEPG、IB SI Manager、IBBrowser 等。这些产品在市场上都占有一席之地，彼此不兼容。

目前，标准组织已经认识到这个问题，并且开始着手建立公开的中间件标准。DVB 提出了基于 Java 虚拟机的中间件标准 DVBMHP（多媒体家庭平台）；ATSC 成立 T3/S17 技术专家小组委员会为机顶盒定义软件环境，该软件环境称为 DTV 应用软件环境（DASE）。AT－VEF（先进电视发展论坛）也创建了一种称为 Advanced Television Enhancement Forum Specification for Interactive Television 的规范。

4. 加解扰技术

加解扰技术用于对数字节目进行加密和解密。目前，国际上有 OpenCable 定义的 POD 标准及 DVB 定义的 Simul Crypt 和 MultiCrypt 标准。OpenCable 定义的 POD 是通过 PCM-CIA 接口与机顶盒相连的模块，该模块除了解扰功能外，还要完成与前端的交互功能。DVB 的 MultiCrypt 也是采用 PCMCIA 接口与机顶盒连接，但它只有解扰功能。DVB 的 Simul-Crypt 则需要机顶盒具有 ISO7816 的 SmartCard 接口和具有硬件解扰引擎。下面简述 DVB 的有条件接入的基本原理。

"有条件接入"的基本原理如图 7-27 所示。节目在播出前，要经过加扰处理，加扰过程是将复用后的传送流（transport stream）与一个伪随机加扰序列做模 2 加，这个伪随机序列由控制字发生器提供的控制字（Control Word，CW）确定。有条件接入的核心实际上是控制字传输的控制。在 MPEG 传输流中，授权控制信息（ECMs）和授权管理信息（EMMs）是与控制字传输相关的两个数据流。由业务密钥（SK）加密处理后的控制字在 ECMs 中传

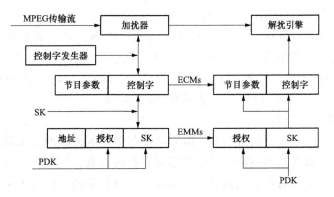

图 7-27　有条件接入基本原理示意图

送，其中还包括节目来源、时间、内容分类和节目价格等节目信息。对控制字加密的业务密钥在授权管理信息中传送，并且业务密钥在传送前要经过用户个人分配密钥（PDK）的加密处理，EMMs 中还包括地址、用户授权信息、用户可以看的节目或时间段、用户付的收视费等。用户个人分配密钥（PDK）存放在用户的智能卡（SmartCard）中。

在用户端，机顶盒为了再生出解扰随机序列，必须获取相关的条件接收控制信息。首先，机顶盒根据 PMT 和 CAT 表中 CA _ descriptor，获得 EMMs 和 ECMs 的 PID 值。然后，从 TS 流中过滤出 ECMs 和 EMMs，通过 SmartCard 接口送给 SmartCard。SmartCard 首先读取用户个人分配密钥（PDK），用 PDK 对 EMMs 解密，取出 SK，然后利用 SK 对 ECMs 进行解密，取出 CW，并将 CW 通过 SmartCard 接口送给解扰引擎，解扰引擎利用 CW 就可以将已加扰的传输流进行解扰。

5. 电缆调制解调器

到目前为止，各种研究机构对电缆调制解调器进行了广泛的研究，这些研究成果最终形成了几个国际性组织定义的标准：IEEE 定义的 IEEE802.14 协议、DAVIC 定义的 DAVIC 协议和 MCNS 定义的 DOCSIS 协议。

在这些协议中，MCNS 标准的目的最为简单和明确，就是在有线网络上透明地传输 IP 数据包，因此该协议对 IP 的支持最好；DAVIC 的目的主要是给用户提供交互式的数字视音频服务，同时也兼顾提供数据传输，该协议对数字视频的支持最好；IEEE802.14 的目的是建立一个基于 HFC 的城域网，并使该网络能支持各种业务，包括固定比特率 CBR、可变比特率 VBR 及有效比特率 ABR 服务，该协议对 ATM 有很好的支持。

不同的目的使得各个标准间存在很大的差异，这些差异主要体现在各个标准定义的物理层、MAC 层的帧格式和 MAC 协议。

IEEE802.14 对 ATM 信元有很好地支持，并能通过 ATM 信元很好地支持 OoS。在传输 ATM 信元方面，该协议与 MCNS 相比有较小的延迟和延迟抖动。但在支持 IP 方面，必须通过 AAL5 来支持，因而在传输 IP 分组的吞吐量方面比 MCNS 标准低，DAVIC 协议也存在同样的问题。

在 MAC 层，MCNS 标准的上行信道访问方式和碰撞解析算法比 IEEE802.14 和 DAVIC 都简单，使得用户端设备比较简单，再加上对 IP 有最好的支持，使 MCNS 标准在目前的市场上前景很好。由于其简单，在采用 MCNS 的 CableModem 进行话音和视频业务时存在一些缺陷，如在使用 MCNS 标准的 CableModem 支持 IP 电话和可视电话方面，需要增加支持 QoS 的机制。但随着 DOCSIS1.1 的发布，该标准已逐步完善起来。

在对数字视频业务的支持上，DAVIC 由于对数字电视广播的兼容和具有带外信道的优势，在数字机顶盒的标准中有重要影响。事实上，北美的 OpenCable 标准就是将 MCNS 与 DAVIC 有机地结合的产物，欧洲的 EuroBox 和 EuroModem 实际上就是采用 DAVIC 标准。最早开始制定的 IEEE802.14 协议，已渐渐地被市场抛弃。

7.6.4　数字电视一体机

数字电视一体机是将数字信号调制、解码功能与传统电视机的显示功能合二为一的电视机，这样的电视机在收看数字电视的时候就不再需要机顶盒，它代表了未来数字电视机发展方向。目前通过机顶盒收看数字电视是数字电视发展过程中的一种过渡性措施。

思 考 与 练 习

一、填空题

1. 彩色电视信号的数字化一定要经过采样、量化及编码 3 个过程。这个数字化的过程又称为_____。

2. 数字电视信号的编码包括_____编码、_____编码和密码编码。

3. 数字调制系统有_____、_____、_____ 3 种方式。

4. 数字电视的标准有_____、_____、_____ 3 种。

二、判断题

1. 数字电视（Digital TV）是指音频、视频和数据信号从信源编码、调制、接收到处理均采用数字技术的电视系统。（   ）

2. 信道编码的作用是提高信息传送或传输的可靠性，即信号的抗干扰能力。（   ）

3. MPEG 是静止图像压缩标准，JPEG 是活动图像压缩标准。（   ）

4. 人耳可以听到的声音的频率在 20Hz～200kHz 的声波。（   ）

5. 信源编码主要是对数据信号进行压缩，有利于数据的传输与存储。（   ）

三、选择题

1. 按图像清晰度分类，数字高清晰度电视的缩写为（   ）。

A. SDTV   B. LDTV   C. MDTV   D. HDTV

2. 按照奈奎斯特采样定理，20kHz 声音信号的最低采样频率为（   ）kHz。

A. 10   B. 20   C. 30   D. 40

3. 下面哪一个多进制数字调制技术（   ）。

A. ASK   B. OFDM   C. PSK   D. FSK

四、问答题

1. 什么是数字电视以及数字电视的优点？

2. 数字电视的分类有哪些？

3. 数字电视的传播有哪三种方式？

4. 数字电视的传输标准有哪些？

5. 简述数字电视的传输系统及其关键技术是什么？

6. 电视信号数字化的三个步骤是什么？

7. 什么是复合编码，什么是分量编码？

8. 为什么要对图像数据进行压缩，其压缩原理是什么？

9. 对符号的概率分别为 0.51，0.2，0.1，0.15，0.4 进行 Huffman 编码。

10. JPEG、MPEG 的含义是什么？

11. 数字电视信号的信道编码有何意义？

12. 信道编码一般有哪些主要结构？

13. 简述二进制数字调制技术的种类有哪些？

14. 什么是数字电视机顶盒？机顶盒怎样分类？

实 践 训 练

一、实践训练内容

数字机顶盒的安装与调试，并总结机顶盒的安装调试方法、步骤及注意事项。

二、实践训练目的

通过本实践训练，提高学生对机顶盒的内部结构及外围接口的认知，理解其工作原理及信号处理流程；掌握数字机顶盒的调试、使用及检修技术；掌握机顶盒软件升级的方法。

三、实践训练组织方法及步骤

1. 实践训练前准备。对实践训练的内容以及使用的工具进行资料准备。

2. 以 3 人为单位进行实践训练。

3. 对实践训练的过程做完整记录，并进行总结撰写实践训练报告（实践训练参考样式见附录 B）。

四、实践训练成绩评定

1. 实践训练成绩评定分级

成绩按优秀、良好、中等、及格、不及格 5 个等级评定。

2. 实践训练成绩评定准则

（1）成员的参与程度。

（2）成员的团结进取精神。

（3）撰写的实践训练报告是否语言流畅、文字简练、条理清晰，结论明确。

（4）讲解时语言表达是否流畅，PPT 制作是否新颖。

项目八　3D 电视技术简介

项目要求

熟悉 3D 电视技术原理及分类。

知识点

- 3D 电视显示技术；
- 3D 图形的处理技术。

重点和难点

- 3D 电视显示技术。

8.1　3D 电视技术原理

3D 是 Three-Dimension 的缩写，3D 是指三维或三维空间。2D 只传输了一个平面的信息，而 3D 画面更加立体逼真，让观看者有身临其境的感觉。所以，3D 电视又被称为立体电视。

人的两眼左右相隔在 65mm 左右，这意味着假如你看着一个物体，两只眼睛是从左右两个视点分别观看的。左眼将看到物体的左侧，而右眼则会看到物体的右侧。当两眼看到的物体在视网膜上成像时，左右画面合起来，就会产生立体感觉，在大脑中形成具有立体纵深感的画面，人的两个眼睛视线差是 3D 显示技术需要利用和还原的关键。如图 8-1 所示。

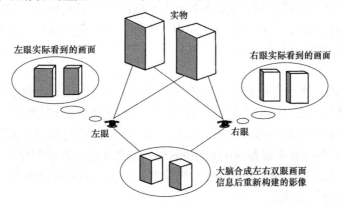

图 8-1　人眼立体成像原理

8.2　3D电视显示技术分类

3D电视显示技术可以分为眼镜式和裸眼式两大类。裸眼3D目前主要用于公用商务场合，将来还会应用到手机等便携式设备上。而在家用消费领域，无论是显示器、摄影机或者电视，现在都是需要配合3D眼镜使用。

1. 眼镜式3D技术

在眼镜式3D技术中，又可以分出三种主要的类型：色差式、偏光式和快门式。

(1) 色差式

色差式又称互补色，大家常见红蓝，红绿等有色镜片类的都是色差式的3D眼镜。色差式可以称为分色立体成像技术，是用两台不同视角拍摄的影像分别以两种不同的颜色印制在同一副画面中。用肉眼观看的话会呈现模糊的重影图像，只有通过对应的红蓝等立体眼镜才可以看到立体效果。其是对色彩进行红色和蓝色的过滤，形成视差，此时两只眼睛看到的不同影像在大脑中重叠就会呈现出3D立体效果。

具体原理：左放映机的画面通过红色镜片（左眼），拍摄时剔除掉的红色像素自动还原，从而产生真实色彩的画面，当它通过蓝色镜片（右眼）时大部分被过滤掉，只留下非常昏暗的画面，这就很容易被人脑忽略掉；反之亦然，右放映机拍摄到的画面通过蓝色镜片（右眼），拍摄时剔除掉的蓝色像素自动还原，产生另一角度的真实色彩画面，当它通过红色镜片（左眼）时大部分被过滤掉，只留下昏暗画面，人眼传递给大脑后被自动过滤。

(2) 偏光式

偏光式3D技术也称偏振式3D技术，英文为Polarization3D，配合使用的是被动式偏光眼镜。偏光式3D技术的图像效果比色差式好，而且眼镜成本也不算太高，目前比较多电影院采用的也是该类技术，不过该技术对显示设备的亮度要求较高。

偏光式3D眼镜可以分为圆偏振式3D眼镜和线偏式3D眼镜两种，圆偏振式的效果比线偏振式的更好，更真实。

具体原理：立体感产生的主要原因是左右眼看到的画面不同，左右眼位置不同所以画面会有一些差异。拍摄立体图像时就是用2个镜头一左一右。然后左边镜头的影像经过一个横偏振片过滤，得到横偏振光，右边镜头的影像经过一个纵偏振片过滤，得到纵偏振光。

立体眼镜的左眼和右眼分别装上横偏振片和纵偏振片，横偏振光只能通过横偏振片，纵偏振光只能通过纵偏振片。这样就保证了左边相机拍摄的东西只能进入左眼，右边相机拍摄到的东西只能进入右眼，最终就立体了。

(3) 快门式

快门式3D技术，使用一副主动式LCD快门眼镜，交替左眼和右眼看到的图像以至于人的大脑将两幅图像融合成一体来实现，从而产生了单幅图像的3D深度感。

具体原理：根据人眼对影像频率的刷新时间来实现的，通过提高画面的快速刷新率（至少要达到120Hz），左眼和右眼各60Hz的快速刷新图像才会让人对图像不会产生抖动感，并且保持与2D视像相同的帧数，观众的两只眼睛看到快速切换的不同画面，并且在大脑中产生错觉，便观看到立体影像。

2. 裸眼式 3D 技术

裸眼式 3D 技术可分为光屏障式（barrier）、柱状透镜（lenticular lens）技术和指向光源（directional backlight）三种。

由于人的双眼观察物体的角度略有差异，因此能够辨别物体远近，产生立体的视觉。三维立体影像电视正是利用这个原理，把左右眼所看到的影像分离。3D 液晶的立体显示效果，是通过在液晶面板上加上特殊的精密柱面透镜屏，将经过编码处理的 3D 视频影像独立送入人的左右眼，从而令用户无需借助立体眼镜即可裸眼体验立体感觉，同时能兼容 2D 画面。

裸眼式 3D 技术最大的优势是摆脱了眼镜的束缚。但裸眼 3D 显示技术的缺点也非常明显，人们在观看屏幕时，必须位于一定的范围才能观察到立体画面，若距离屏幕位置太远或观察角度太大的时候，3D 效果并不明显。

3. 各种 3D 技术比较

色差式 3D 技术、偏光式 3D 技术、快门式 3D 技术、裸眼式 3D 技术的优缺点如表 8-1 所示。

表 8-1　　　　　　　　　　　　各种 3D 技术比较

分类	优点	缺点
色差式 3D 技术	技术难度低，成本低廉	3D 画质效果不理想，图像和画面边缘容易偏色
快门式 3D 技术	资源相对较多，厂商宣传推广力度大，3D 效果出色	快门眼镜价格昂贵
偏光式 3D 技术	偏光式眼镜价格低廉，3D 效果出色，市场份额大	安装调试繁琐，成本高，画面分辨率，难实现全高清
裸眼式 3D 技术	最大的优势便是摆脱了眼镜的束缚	分辨率、可视角度和可视距离等方面还存在很多不足，目前仅用在大型的公共场所

偏光式 3D 技术与主动快门式 3D 技术的比较如表 8-2 所列。

表 8-2　　　　　　　　　偏光式 3D 技术与主动快门式 3D 技术比较

	偏光式	主动快门式
画面质量	图像效果略差，画面分辨率减半，画面亮度大大降低，很难实现真正的全高清 3D 影像	图像效果出色，能保持画面原始分辨率，实现真正的全高清 3D 效果，不会造成画面亮度降低。这一点在 PDP 上体现尤为明显
技术实现	对显示设备的亮度要求较高。要求具备 204Hz 以上刷新率。对 LED 而言，要将刷新率提升到 480Hz，技术风险、成本都将大幅增加	要求左、右眼接收到频率在 60Hz 以上的图像，PDP 因本身采用 60Hz 子场驱动，无论 2D 还是 3D，子场频率不变。在技术实现上具备先天优势
成本支出	配套的 3D 眼镜更为轻便。价格相当低廉。即使本身已戴眼镜的观众，只要再夹上偏光眼镜片即可	快门式 3D 技术所匹配的 3D 眼镜价格较为昂贵，携带不便。但未包括 PDP 面板资源和设备、技术实现等问题
整体优势	更注重便利实用。画面稳定性更好，而且配带的眼镜可以更为轻巧，舒适性上略为占优	更注重画质表现 3D 效果逼真、视角范围宽泛。PDP ＋3D＋主动快门式更具优势
缺陷	分帧正理对图像显示精度较大影响视角较窄，当用户在超过 30°的水平视角上观看，3D 效果大打折扣	同步难、易疲劳特性

8.3　3D图形的处理技术

1. MEMC 技术

运动预测和运动补偿（Motion Estimateand Motion Compensation，MEMC），是针对下一个帧运动图像进行估算，然后做预处理。

MEMC 技术原理是采用动态映像系统，在传统的两帧图像之间加插一帧运动补偿帧，将普通平板电视的 50/60Hz 刷新率提升至 100/120Hz。可以改善液晶电视的动态解析度（减少残影），这样运动画面更加清晰流畅，优于常态响应效果，从而达到清除上一帧图像的残影，提高动态清晰度的效果，将影像拖尾降至人眼难以感知的程度。这样原来的场频就不足以显现现在所有的帧，所以就需要将场频提高一倍，即从 50/60Hz 提高到 100/120Hz，可见 MEMC 技术和 100/120Hz 技术是分不开的。

MEMC 技术的优势：

① 消除运动抖动；

② 消除运动拖尾；

③ 对角线补偿：重显斜线图像信息时，消除了阶梯状的轮廓；

④ 清晰度增强：恢复原汁原味的边际轮廓定义。

MEMC 技术的缺陷：

① MEMC 是通过特定的插帧算法来实现的，这种技术本身会带来运动中图像的边缘不清晰；

② 不能对各种场景下的图像都能起到相应的补偿作用，当屏幕中的物体运动的路线无法预测时，则 MEMC 算法有失效的可能；

③ 对低场频的片源转成 50/60Hz 码流播出的图像效果不好。

2. FRC 技术

FRC 是对几何物体进行估计，通过先进的算法，计算图像如何改变，对于复杂动态效果的处理更好。所以说经过 FRC 技术处理的图像，应该比现行的 MEMC 技术具有更好的效果的处理更好。

思考与练习

1. 3D 电视显示技术分类。
2. 各种 3D 技术的优缺点。

实 践 训 练

一、实践训练内容

通过配戴 3D 眼镜和 VR 眼镜观看视频，描述自己所看到的视频效果以及 3D 眼镜与 VR 眼镜的区别。

二、实践训练目的

通过本实践训练，进一步提高学生对 3D 电视技术的认识。

三、实践训练组织方法及步骤

1. 实践训练前准备。对实践训练的内容进行相关资料的搜集和准备。

2. 以 3 人为单位进行实践训练。

3. 对实践训练的过程做完整记录，并以 PPT 的形式进行展示。

四、实践训练成绩评定

1. 实践训练成绩评定分级

成绩按优秀、良好、中等、及格、不及格 5 个等级评定。

2. 实践训练成绩评定准则

(1) 成员的参与程度。

(2) 成员的团结进取精神。

(3) 撰写的实践训练报告是否语言流畅、文字简练、条理清晰，结论明确。

(4) 讲解时语言表达是否流畅，PPT 制作是否新颖。

附录 A　液晶电视中常用的电子元器件

A. 1　二极管

二极管是由半导体材料制成的具有单向导电特性的两端器件，即半导体二极管。在液晶电视中，常用半导体二极管主要有开关二极管、整流二极管、肖特基稳压二极管等。它们有贴片式和直插式两种，实物如附图 A-1 和附图 A-2 所示。

A. 1. 1　开关二极管

开关二极管是利用 PN 结单向导电特性制成的半导体开关器件，应用于计算机和各种自动控制系统中。因此，开关二极管是液晶电视机中的一种重要元器件，常用于各种控制电路中。

1. 特性

开关二极管的特性及参数是衡量开关二极管基本性能的重要依据。因此，不同规格的开关二极管都有一定的技术要求。

在电子电路中，由于开关二极管在工作中总是处于正向偏置导通和反向偏置截止的交替变化之中。因此，开关二极管能以多快的速度由一种偏置状态转变为另一种偏置状态，就成为一个重要的问题，通常称其为开关二极管的瞬变特性，也称渡越特性。渡越特性有两个方面：一个是二极管由加正向偏压突变为反向偏置的反向渡越；另一个是二极管由反向偏置到正向偏置的正向渡越。实践表明，反向渡越所需时间比正向渡越长得多，这也是决定开关二极管开关速度的主要因素。因此，对开关二极管而言最值得关注的是反向渡越过程中电流随时间的变化情况，其特性曲线如附图 A-1 所示。

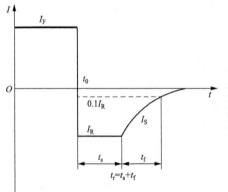

图中，当时间 $t=t_0$ 时，二极管由正向偏置突然到反向偏置时，通过二极管的电流，并不是立即由正向电流 I_F 变为反向饱和电流 I_S，而是先经过一个较大的恒定的反向电流 I_R 的阶段，然后再逐渐衰减到反向饱和电流。在 I_R 阶段的时间为存储时间，用 t_s 表示。电流从 I_R 开始下降到 $0.1I_R$ 的时间为下降时间，用 t_f 表示。t_s 与 t_f 之和叫做开关二极管的反向恢复时间，用 t_r 表示。

附图 A-1　开关二极管反向渡越特性

在附图 A-1 中，反向恢复时间 t_r 限制了二极管的开关速度。在电路中，若输入的负脉冲的持续时间与反向恢复时间相近，二极管就会失去开关作用。因此，为保证二极管良好的开关作用，输入脉冲的间隔时间至少应是反向恢复时间的 10 倍。

2. 种类及型号

开关二极管的种类及型号较多，但在整体上主要分为贴片式和直插式两大类。

贴片式开关二极管型号较多，封装形式也不完全一致。一些常见贴片式开关二极管不同封装实物图如附图 A-2、附图 A-3、附图 A-4（内部电路结构如附图 A-5）、附图 A-6 和附图 A-7 所示。

附图 A-2　DL-35 封装实物图

附图 A-3　LL-34 封装实物图

附图 A-4　SOT-23 封装实物图

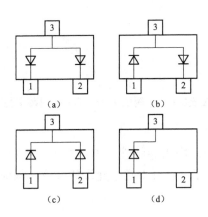
（a）　　　　（b）

（c）　　　　（d）

附图 A-5　SOT-23 封装内部电路形式

附图 A-6　SOD-123 封装实物图

附图 A-7　SOD-323 封装实物图

A.1.2　整流二极管

整流二极管是一种专门把交流电源整流成直流电源的器件。但它是面结型的功率器件，其额定正向电流 I_F 的范围在 30mA～800A，最高反向电压工作范围为 25～2000V。

1. 特性

整流二极管的特性及参数是影响整流二极管正常工作的重要因数，因此，不同规格的整流二极管都有严格的技术要求。

整流二极管的基本特性是，在二极管处于导通状态，PN 结上的正向电压降就有一个确定的数值，且在一定温度下，正向电流随外加电压按指数上升，电压降改变 0.06V，电流就会变化 10 倍。

2. 种类

整流二极管的类型及型号繁多，它主要分为贴片式和直插式两大类。

（1）常见贴片式整流二极管型号

贴片式整流二极管型号较多，其技术参数及封装形式也不完全相同。其中不同封装实物如附图 A-8～附图 A-10 所示。

附图 A-8　D0-214AA 封装实物图　　附图 A-9　D0-214AC 封装实物图　　附图 A-10　D0-213AB 封装实物图

（2）常见直插式整流二极管型号

直插式整流二极管的种类及型号较多，封装形式也不完全相同。其中不同封装实物如附图 A-11～附图 A-13 所示。

附图 A-11　D0-14 封装实物图　　附图 A-12　D0-14 封装实物图　　附图 A-13　D0-14 封装实物图

A.1.3　稳压二极管

稳压二极管是一种面结型硅二极管，具有陡峭的反向击穿特性，工作在反向击穿状态。但它在应用电路中常需串接限流电阻，以使稳压管击穿后电流不超过允许的数值，保证击穿状态长期持续，并能很好地重复工作而不致损坏。

1. 特性

稳压二极管的基本特性是在反向电压增加到击穿电压后，稳压管进入击穿状态，电流急剧增加，但在一定范围内，尽管反向电流有很大变化，稳压管两端电压 V_Z 仍会保持不变，如附图 A-14 所示。

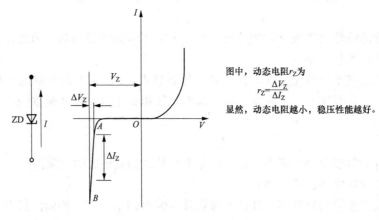

图中，动态电阻 r_Z 为

$$r_Z = \frac{\Delta V_Z}{\Delta I_Z}$$

显然，动态电阻越小，稳压性能越好。

附图 A-14　稳压二极管的特性曲线

2. 类型及型号

稳压二极管的类型及型号较多，它主要分为贴片式和直插式两大类型。

A.1.4　肖特基二极管

肖特基二极管是为纪念发明人华特·肖特基命名的一种肖特基势垒二极管，常用符号表示 SDB。目前 SDB 已被广泛应用于电子电路中。

1. 基本特性

肖特基二极管是利用金属与半导体接触形成的热载流子二极管，其主要特点是功耗低、电流大、反向恢复时间短（可以小到几纳秒）、正向导通电压降仅为 0.4V 左右，且整流电流可达到几千毫安。其特性曲线如附图 A-15 所示。

2. 种类及型号

肖特基二极管的种类及型号较多，但主要分为贴片式和直插式两大类。

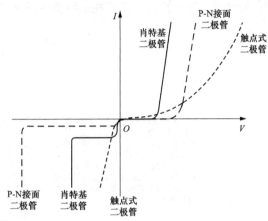

附图 A-15　肖特基特性曲线图

A.2　晶体管

晶体管是由两个 PN 结构成的三端电子器件，又称半导体三极管或三极管，它是电子电路中的重要器件之一。晶体管主要有普通晶体管和场效应晶体管两大类型。

A.2.1　普通晶体管

普通晶体管是由硅晶体或锗晶体制成的含有两个 PN 结的三端电子器件，分为 NPN 和 PNP 两种类型。最常见的是 NPN 硅晶体管，它是在一块 N 型硅平面的部分区域上用扩散方法掺入硼杂质，以形成 P 型区，然后在 P 型区再用扩散方法引进磷杂质，成为 N^+ 型区。N^+ 型区为发射区，引出线为发射极；P 型区引出线为基极；P 型区下面的 N 型区为集电区，引出线为集电极，硅平面晶体管结构如附图 A-16 所示。

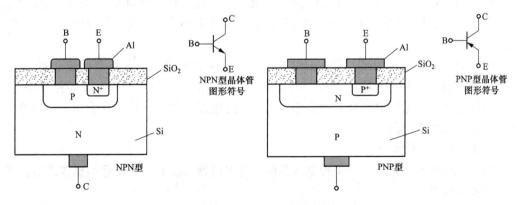

附图 A-16　硅平面晶体管结构图

注：晶体管的正常偏置是，发射结正向偏置，集电结反向偏置。

1. 基本特性及主要参数

晶体管的基本特性及主要参数是检验晶体管质量的重要依据。因此，不同型号规格的晶体管都有严格的技术要求。

晶体管的基本特性是在一定条件下能够工作在放大状态或进入饱和导通状态，但它主要有输入和输出两种特性，其特性曲线如附图 A-17 所示。

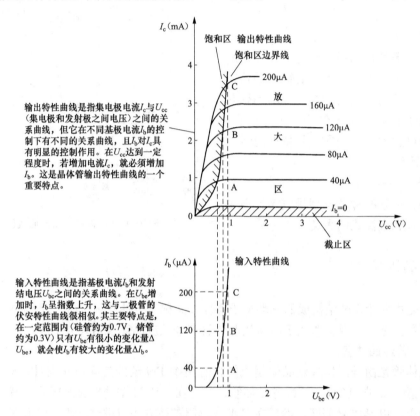

输出特性曲线是指集电极电流I_c与U_{cc}（集电极和发射极之间电压）之间的关系曲线，但它在不同基极电流I_b的控制下有不同的关系曲线，且I_b对I_c具有明显的控制作用。在U_{cc}达到一定程度时，若增加电流I_c，就必须增加I_b。这是晶体管输出特性曲线的一个重要特点。

输入特性曲线是指基极电流I_b和发射结电压U_{bc}之间的关系曲线。在U_{be}增加时，I_b呈指数上升，这与二极管的伏安特性曲线很相似。其主要特点是，在一定范围内（硅管约为0.7V，锗管约为0.3V）只有U_{be}有很小的变化量ΔU_{be}，就会使I_b有较大的变化量ΔI_b。

附图 A-17　晶体管输入/输出特性曲线图

在附图 A-16 的输出特性曲线中，各条曲线开始向下弯曲时进入的区域通常称为饱和区，这个区域越窄越好。在饱和区内 I_c 值随着 U_{ce} 减小会迅速下降，也就是 I_b 对 I_c 的控制作用迅速减弱。在 U_{ce} 减小到等于 U_{be} 时，晶体管将处于临界饱和状态。这是晶体管的重要性质。

2. 种类

晶体管的种类及型号较多，它主要分为大、中、小三种类型，并有高低频之别，同时，在小功率晶体管中又有一些贴片形式。小功率晶体管多用于小信号处理及开关控制等电路，中功率晶体管多用于激励输出及视频信号放大输出灯电路，大功率晶体管多用于电源开关稳压及大功率输出级等电路。

A. 2. 2　场效应晶体管

场效应晶体管是（FET）是一种电压器件，与双极型（普通）晶体管相比较具有许多优点，其主要表现是

① FET 是依靠多数载流子工作的器件，没有少子存储效应，适于高频和高速工作。

② FET 在大电流工作状态下，具有负的温度系数，即温度升高时，工作电流下降（这

是由于材料的迁移率 μ 是由负温度系数决定的），可以避免热不稳定性二次击穿，而在双极功率晶体管中却很难避免。

③ 由于 FET 中可以不包含 PN 结，因而可以采用 GaAS（砷化镓）、InP（磷化铟）等高迁移材料，以获得工作效率很高的器件；利用禁带宽度较宽的材料，获得高温工作器件。

④ FET 的输入阻抗高。实际上不需要输入电流，所以在模拟开关电路、高输入阻抗放大器、微波放大器中获得了广泛应用。

⑤ FET 基本上是一种平方律或线性器件，所以信号之间的互调和交叉调制比采用双极型晶体管小得多。

1. 场效应晶体管的基本特性

场效应晶体管主要有结型场效应晶体管（JFET）、肖特基场效应晶体管（MESFET）和绝缘栅型场效应晶体管（MOSFET）三大类，它们都有严格的技术要求。

（1）结型场效应晶体管（JFET）

结型场效应晶体管常有 N 沟道和 P 沟道两种形式，其表示符号如附图 A-18 所示。但它们的工作原理是一致的。其中 N 沟道结型场效应晶体管的结构示意图如附图 A-19 所示。

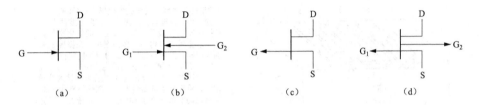

(a)　　　　(b)　　　　(c)　　　　(d)

附图 A-18　结型场效应晶体管符号

(a) N 沟道耗尽型；(b) N 沟道增强型；(c) P 沟道耗尽型；(d) P 沟道增强型

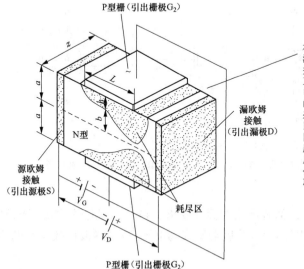

在一块N型材料两端做上欧姆接触，分别称为源（source）和漏（drain）；两侧各做上一个PN结，并且连在一起，称为栅（gate）。当漏源间加上正电压 V_D，电子将从源极流向漏极，形成漏极电流 I_D，如果同时在栅极上加相对于源极为负的电压 V_G，PN结处于反偏，由于P型栅极中掺杂浓度大于N型沟道中的掺杂浓度，所以耗尽区就如图中所示，伸入到沟道中，使沟道变窄。因此，FET是一个压控电阻器，改变栅极上负压大小，就可以改变耗尽区伸入到沟道中的程度，从而改变沟道的电阻。当栅偏压足够负时，会使两边耗尽区在沟道中间平面完全闭合，I_D 就完全截止。

附图 A-19　N 沟道结型场效应管基本结构图

（2）肖特基场效应晶体管（MESFET）

肖特基场效应晶体管是以金属与半导体间的接触势垒（肖特基势垒）代替了结型场效应晶体管中的 PN 结势垒，但它的工作原理与结型场效应晶体管相似，其基本结构如附图 A-20

所示。

（3）绝缘栅型场效应晶体管（MOSFET）

绝缘栅型场效应晶体管是利用栅压 V_G 控制沟道导电能力，从而改变流过沟道电流的电子器件，其基本结构示意图如附图 A-21 所示。但绝缘栅型场效应晶体管有 N 沟道和 P 沟道两种形式，其表示符号如附图 A-22 所示。

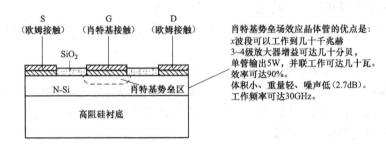

肖特基势垒场效应晶体管的优点是：
x波段可以工作到几十千兆赫
3~4级放大器增益可达几十分贝，
单管输出5W，并联工作可达几十瓦。
效率可达90%。
体积小、重量轻、噪声低（2.7dB）。
工作频率可达30GHz。

附图 A-20　金属-半导体（肖特基势垒）场效应管基本结构图

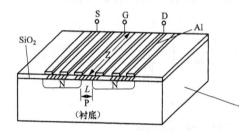

用P型硅作衬底，表面先氧化形成一层SiO₂，光刻出源与漏窗口，通过窗口扩散形成两个高掺杂N⁺区，最后在源、漏之间的氧化膜上蒸上一层金属（铝）电极，作为栅极。在栅极上未加电压时，源极与漏极之间为两个反向相接的PN结，阻止任何一个方向的电流流过；当栅极上加电压时，在半导体-氧化物界面下边的半导体中，感应产生可动负电荷，氧化物界面在源和漏之间提供一个导电沟道，并受栅压V_G控制。这是MOSFET的基本特性。

附图 A-21　N 沟道 MOSFET 基本结构图

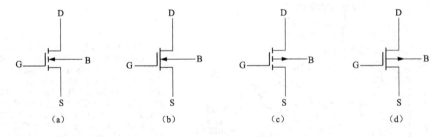

附图 A-22　MOSFET 晶体管的符号

（a）N 型沟道增强型；（b）N 型沟道耗尽型；（c）P 型沟道增强型；（d）P 型沟道耗尽型

（4）主要参数符号

场效应晶体管的技术参数较多，且都有严格的标准要求。在实际维修中主要考虑 V_{DSS} 漏源击穿电压，I_D 漏极电流，V_{gs} 栅源电压，V_{th} 开启电压或阀电压，P_D 漏极耗散功率或 P_{DM} 漏极最大耗散功率等一些主要参数。

2. 种类

场效应晶体管的种类较多，但大体上主要分为贴片式和直插式两大类。

A. 2. 3　液晶电视电源板的实物图

液晶电视电源板的实物图及各部分元器件的作用，如附图 A-23 所示。

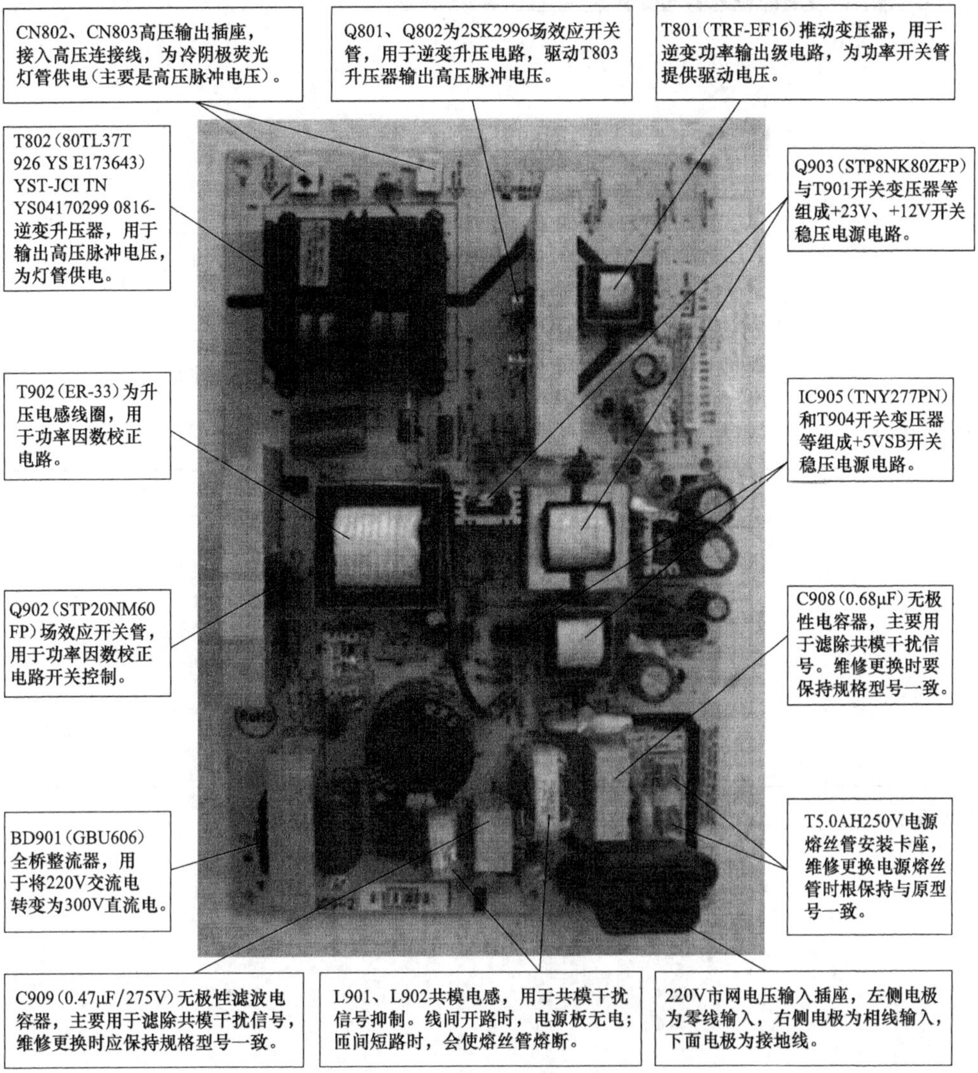

CN802、CN803高压输出插座，接入高压连接线，为冷阴极荧光灯管供电（主要是高压脉冲电压）。

Q801、Q802为2SK2996场效应开关管，用于逆变升压电路，驱动T803升压器输出高压脉冲电压。

T801（TRF-EF16）推动变压器，用于逆变功率输出级电路，为功率开关管提供驱动电压。

T802（80TL37T 926 YS E173643）YST-JCI TN YS04170299 0816-逆变升压器，用于输出高压脉冲电压，为灯管供电。

Q903（STP8NK80ZFP）与T901开关变压器等组成+23V、+12V开关稳压电源电路。

T902（ER-33）为升压电感线圈，用于功率因数校正电路。

IC905（TNY277PN）和T904开关变压器等组成+5VSB开关稳压电源电路。

Q902（STP20NM60FP）场效应开关管，用于功率因数校正电路开关控制。

C908（0.68μF）无极性电容器，主要用于滤除共模干扰信号。维修更换时要保持规格型号一致。

BD901（GBU606）全桥整流器，用于将220V交流电转变为300V直流电。

T5.0AH250V电源熔丝管安装卡座，维修更换电源熔丝管时根保持与原型号一致。

C909（0.47μF/275V）无极性滤波电容器，主要用于滤除共模干扰信号，维修更换时应保持规格型号一致。

L901、L902共模电感，用于共模干扰信号抑制。线间开路时，电源板无电；匝间短路时，会使熔丝管熔断。

220V市网电压输入插座，左侧电极为零线输入，右侧电极为相线输入，下面电极为接地线。

附图 A-23　电源板实物图

A.2.4　场效应功率放大管实物及测量方法

液晶电视开关电源电路中的 K3569N 沟道场效应功率管实物及测量方法，如附图 A-24所示。

K3569N的①脚，相对②脚和③脚的正反向电阻值均为∞（用MF47型指针式万用表的R×1k挡和R×10k挡测量）。

K3569为N沟道绝缘栅MOSFET场效应功率放大管，其最大电压为600V，电流10A，功率45W，可与K2843互换。

K3569的②脚，相对①脚的正、反向阻值均为∞；相对③脚正向阻值（红表笔接②脚，黑表笔接③脚）约为6.5kΩ，反向阻值∞。

K3569的③脚，相对②脚正向阻值（黑表笔接③脚，红表笔接②脚）约为6.5kΩ，反向阻值（红表管接③脚，黑表笔接②脚）为∞。

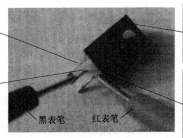

黑表笔　　　红表笔

附图 A-24　K3569N 沟道场效应功率管实物及测量方法

附录 B 实践训练报告参考样式

实验训练报告

系部: _____ 班级: _____ 学号: _____ 姓名: _____

实践训练名称: _____

实践训练目的:
实践训练器材:
实践训练原理、步骤、数据及数据处理:

问题讨论与结论（描述实践训练存在的难点、疑惑，提出自己的看法，改进建议等）：

实践训练小结：

指导教师（签名）：_____　　　　　　　　　　　　_____年_____月_____日

附录 C　液晶电视多功能实验台

附图 C-1　液晶电视多功能实训平台

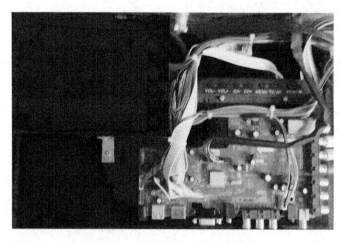

附图 C-2　电源板＋主板实物模块

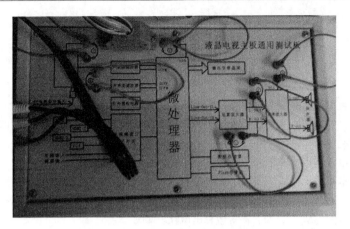

附图 C-3 液晶电视主板通用测试模块

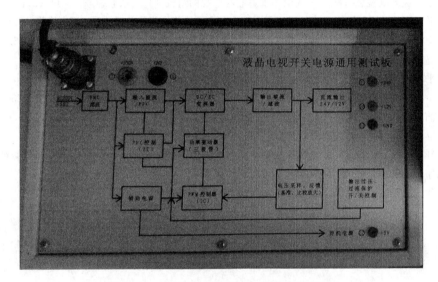

附图 C-4 液晶电视开关电源通用测试模块

参 考 文 献

[1]　安平. 液晶彩色电视机易修精要 [M]. 北京：人民邮电出版社，2009.

[2]　韩雪涛. 液晶、等离子彩电故障维修全程指导 [M]. 北京：化学工业出版社，2010.

[3]　金明. 数字电视原理与应用 [M]. 南京：东南大学出版社，2005.

[4]　刘大会. 数字电视实用技术 [M]. 北京：北京邮电大学出版社，2008.

[5]　童建华. 数字电视技术 [M]. 北京：高等教育出版社，2008.

[6]　刘俊起，王俊. 彩色电视机原理与维修 [M]. 辽宁：大连理工大学出版社，2008.

[7]　张新芝. 电视技术 [M]. 北京：高等教育出版社，2003.

[8]　章夔. 电视机原理与维修 [M]. 北京：高等教育出版社，2002.

[9]　肖运虹. 电视技术 [M]. 西安：西安电子科技大学出版社，2009.

[10]　唐海平. 液晶电视怎么修——认识和了解液晶电视的组成 [J]. 家电维修，2011（2）：35.

[11]　唐海平. 液晶电视怎样修——认识液晶电视中各个组件板之间的关系 [J]. 家电维修，2011（2）：36.

[12]　吴铭. 液晶彩电的显像原理与电路结构（下）[J]. 家电维修（大众版），2011（9）：4-5.

[13]　赵一鸣. 剖析液晶电视电源组件维修（上）[J]. 家电维修，2011（10）：4-5.

[14]　刘午平. 液晶彩电维修完全图解 [M]. 北京：化学工业出版社，2012.

[15]　郝铭. 液晶屏驱动电路原理、电路分析及故障检修（六）[J]. 家电维修，2012（3）：23-24.

[16]　宋佳楠. 解密 OLED 电视 [J] 家电科技，2010（9）.

[17]　孙立群. 新型液晶彩电维修技能速成 [M]. 北京：机械工业出版社，2013.

[18]　孙立群，贺学金. 液晶彩色电视机故障分析与维修项目教程 [M]. 北京：电子工业出版社，2014.

[19]　杨成伟. 图解液晶彩色电视机检修从入门到精通 [M]. 北京：机械工业出版社，2014.

[20]　王松武. 电子创新设计与实践 [M]. 2 版. 北京：国防工业出版社，2010.